智能建筑楼宇自控系统研究

梅晓莉　王波　著

中国纺织出版社有限公司

内 容 提 要

随着建筑业的不断发展，建筑智能化已成为 21 世纪我国建筑业发展的主流。建筑智能化主要体现在五大系统：楼宇自动化系统、办公自动化系统、通信自动化系统、安全防范系统、消防自动化系统。楼宇自控系统在智能建筑中的应用越来越广泛，本书以智能建筑为主线，以楼宇自动化系统为重点，对楼宇通信系统、设备监控系统、火灾自动报警及消防联动控制系统等进行了详细的分析，最后对智能小区和智能家居做了概念阐述。本书可作为建筑电气工程技术人员和技术工人的参考用书。

图书在版编目（CIP）数据

智能建筑楼宇自控系统研究 / 梅晓莉，王波著 . --
北京：中国纺织出版社有限公司，2023.11
　ISBN 978-7-5180-9697-8

Ⅰ . ①智…　Ⅱ . ①梅…②王…　Ⅲ . ①智能化建筑—自动控制系统—研究　Ⅳ . ① TU855

中国版本图书馆 CIP 数据核字（2022）第 125321 号

责任编辑：段子君　　责任校对：高　涵　　责任印制：储志伟

中国纺织出版社有限公司出版发行
地址：北京市朝阳区百子湾东里 A407 号楼　邮政编码：100124
销售电话：010—67004422　传真：010—87155801
http://www.c-textilep.com
中国纺织出版社天猫旗舰店
官方微博 http://weibo.com/2119887771
北京虎彩文化传播有限公司印刷　各地新华书店经销
2023 年 11 月第 1 版第 1 次印刷
开本：710×1000　1/16　印张：17.25
字数：290 千字　定价：99.90 元

前　言

近些年，随着建筑业的不断发展，楼宇自控系统在智能建筑中的应用越来越广泛。建筑智能化已成为 21 世纪我国建筑业发展的主流。智能化技术的发展与应用在我国已有了明显变化，人们对新技术、新产品的开发和使用不仅势头不减，而且更加注重产品与实际的结合，更加注重探讨在设计过程中、工程施工中和建后应用中的问题及其解决方法。楼宇自控系统的设计正是大家所关注的内容之一。智能建筑通过楼宇自动化系统实现建筑物（群）内设备与建筑环境的全面监控与管理，为建筑的使用者营造一个舒适、安全、经济、高效、便捷的工作和生活环境，并通过优化设备运行与管理降低运营费用。楼宇自动化系统涉及建筑的电力、照明、空调、通风、给排水、防灾、安全防范、车库管理等设备与系统，是智能建筑中涉及面最广、设计任务最重、工程施工量最大的子系统，它的设计水平和工程建设质量对智能建筑功能的实现有直接的影响。建筑智能化主要体现在五大系统上，即楼宇自动化系统、办公自动化系统、通信自动化系统、安全防范系统、消防自动化系统。

本书以智能建筑为主线，以楼宇自动化系统为重点，对电话通信系统、有线电视系统、视频会议技术，以及设备监控系统、火灾自动报警及消防联动控制系统等进行了详细分析。最后对智能小区和智能家居做了概念阐述。本书可作为建筑电气工程技术人员和技术工人的参考用书。

由于作者的学识水平有限，书中难免存在疏漏，敬请各位专家和读者朋友提出宝贵意见和建议，以便修订时完善。

梅晓莉

2022 年 4 月

目　录

第一章　从智能建筑到智慧建筑

第一节　中国建筑业信息化发展概述

我国信息化发展的基本脉络可总结为：办公自动化、互联网、物联网、云计算、大数据、"互联网＋"、智能制造、人工智能、"智能＋"。

我国信息化的五大应用领域为：

（1）经济领域，包括农业信息化、工业信息化、服务业信息化、电子商务等。

（2）社会领域，包括教育、体育、公共卫生、劳动保障等。

（3）政治领域，包括OA、门户网站、重点工程等。

（4）文化领域，包括图书、档案、文博、广电、网络治理等。

（5）军事领域，包括装备、情报、指挥、后勤等。

信息化包括7个要素，即信息通信网络、信息产业、信息化应用、信息资源、信息化人才、政策法规和标准规范、信息安全保障体系。从这7个要素体系看，信息化包括信息通信网络、信息通信技术和信息产业的发展，包括信息化应用推进、信息资源开发利用和信息安全保障，还包括信息化人才培育、相关政策法规和标准规范的制定。

党的十九大提出了两个与智慧建筑息息相关的新名词：智慧社会、数字中国。"智慧社会"是未来"智慧中国"的代名词，现在"数字中国"的将来时，其显著标志之一可以理解为从人工智能助理（Assistant Intelligent）到完全人工智能（Alone Intelligent），"人更懂你，城市更懂你"。

近两年，数字经济、人工智能、网络安全、区块链、分享经济、金融科技、自动驾驶等成为全球信息化领域的热点，各国政府积极出台相关法律和政策，一方面的目标是力图抢占行业领域发展的制高点，另一方面的目标是积极探索寻求创新性解决方案、推动信息科技进步。新近发布的具有代表性的相关政策法规如下：

网络安全方面的法规。《中华人民共和国网络安全法》（以下简称《网络安全法》）于 2017 年 6 月 1 日起正式实施。该法确立了网络安全的基本原则，提出制定网络安全战略，明确网络空间治理目标，提高了我国网络安全政策的透明度。进一步明确了政府各部门的职责权限，完善了网络安全监管体制。强化了网络运行安全，重点保护关键信息基础设施。完善了网络安全义务和责任，加大了违法惩处力度；监测预警与应急处置措施制度化、法治化。《网络安全法》是我国第一部全面规范网络空间安全管理方面问题的基础性法律，确立了网络安全的基本制度，也是国际社会关注的焦点。尤其在关键基础设施保护、数据跨境流动等方面建章立制，在网络安全保障方面开辟了新的路径，其后续配套政策的落地对互联网产业及发展将产生深远影响。

建筑业信息化是建筑业发展战略的重要组成部分，也是建筑业转变发展方式、提质增效、节能减排的必然要求，对建筑业绿色发展、提高人民生活品质具有重要意义。建筑业信息化也是传统建筑产业与信息化技术的有机融合，典型的应用如：建筑产品生产过程自动化，施工机械自动化控制与管理，施工现场实时监测与控制，计算机辅助设计（CAD），建筑结构计算（PKPM），计算机辅助制造（CAM），工程造价管理系统，PROJECT 概预算管理系统等。迄今为止，在研究、探讨及实践中出现的与建筑业信息化密切相关的术语包括：智能建筑、智慧建筑、AI 建筑、数字建筑、数字城市、智慧城市、数字地球、数字中国等。在我国住房和城乡建设领域信息化发展历程中，具有里程碑意义的工作可总结为以下几个方面：城市信息化、建筑及居住区信息化、企业信息化、市政监管信息化、城市 3S 技术应用、建筑信息模型（BIM）。

特别值得重视的纲领性文件是住房和城乡建设部 2016 年 8 月发布的《2016—2020 年建筑业信息化发展纲要》，该政策特别强调：要增强 BIM、大数据、智能化、移动通信、云计算、物联网等信息技术集成应用能力。提出四项任务：企业信息化、行业监管与服务信息化、专项信息技术应用、信息化标准。在专项信息技术应用方面，研究建立建筑业大数据应用框架，统筹政务数据资源和社会数据资源；积极利用云计算技术改造提升现有电子政务信息系统、企业信息系统及软硬件资源，降低信息化成本；加强低成本、低功耗、智能化传感器及相关设备的研发，积极开展建筑业 3D 打印设备及材料的研究，开展智能机器人、智能穿戴设备、手持智能终端设备、智能监测设备、3D 扫描设备等在施工过程中的应用研究，提高施工质量和效率，降低安全风险；探索智能化技术与大数据、移动通信、云计算、物联网等信息技术在建筑业中的集成应用，促进智慧建造和智慧企业发展。《2016—2022 年建筑领业信息化发展纲要》提出，"十三五"时期，全面提高建筑业信息化水平，着力增强 BIM、大数据、智能化、移动通信、云计算、物联网等信息技术集成应用能力，建筑业数字化、网络化、智能化取得突破性进展，初步建成一体化行业监管和服务平台，数据资源利用水平和信息服务能力明显提升，形成一批具有较强信息技术创新能力和信息化应用达到国际先进水平的建筑企业及具有关键自主知识产权的建筑业信息技术企业。

从政策导向看，推动我国现代建筑业可持续发展的几个重要着眼点在于：绿色建筑、装配式建筑、节能建筑、信息化建筑，以及融合以上几个方面优势的智慧建筑。总的来看，目前我国建筑业的发展现状是：建筑业大而不强，仍属于粗放式劳动密集型产业，企业规模化程度低，建设项目组织实施方式和生产方式比较落后，产业现代化程度不高，技术创新能力不足，信息化程度尚有较大提升空间。随着建筑业信息化、智能制造、人工智能、智慧城市等相关重大政策的密集出台和大力支持，建筑业信息化正驶入快车道，迎来发展的黄金期。

第二节　新一代人工智能发展概况

人工智能（Artificial Intelligence，AI）是一门融合了计算机科学、统计学、脑神经学和社会科学的前沿综合性学科。它的目标是希望计算机拥有像人一样的智力，可以替代人类实现识别、认知、分类、预测、决策等多种能力。20 世纪 70 年代以来，人工智能被称为世界三大尖端技术（空间技术、能源技术、人工智能）之一，也被认为是 21 世纪三大尖端技术（基因工程、纳米科学、人工智能）之一。近 30 年来，人工智能获得了迅速发展，在很多学科领域都获得了广泛应用，并取得了丰硕成果，人工智能已逐步发展为一个独立的分支，无论在理论还是实践上都已自成系统。人工智能在发展过程中产生了很多流派，如符号主义、连接主义和行为主义，这些流派的发展推进了人工智能学科的发展。"人工智能"一词最初是在 1956 年达特茅斯学会上提出的。从学科定义上来说，人工智能是研究、开发用于模拟、延伸和扩展人的智能的理论、方法、技术及应用系统的一门新的技术科学。人工智能企图了解智能的实质，并生产出一种新的能以人类智能相似的方式做出反应的智能机器。美国斯坦福大学人工智能研究中心尼尔逊教授对人工智能的定义是："人工智能是关于知识的学科——怎样表示知识以及怎样获得知识并使用知识的科学。"美国麻省理工学院的温斯顿教授认为："人工智能就是研究如何使计算机去做过去只有人才能做的智能工作。"人工智能是研究人类智能活动的规律，构造具有一定智能的人工系统，研究如何让计算机去完成以往需要人的智力才能胜任的工作，也就是研究如何应用计算机的软硬件来模拟人类某些智能行为的基本理论、方法和技术。

人工智能在几乎所有可以想象的行业里都蕴藏着无尽潜力，几乎影响了包括城市、社会、政府、商业等方方面面。

从机器模拟源头看，人工智能不仅包括模拟人类智能，还包括模拟动物（狗、羚羊、马、鱼、鸟、蚁群、蜂群等）的仿生智能。从人工智能存在的形态来看，人工智能不仅包括有形智能（如机器人、无人车、无人机、智能语音终端等装备或装置），也包括无形智能（广泛存在于各种系统中的智能推理、诊断、选择、预测、分类、聚类、规划、分析、决策、优化、控制）。

根据应用深度的不同，人工智能可以分为专用人工智能、通用人工智能和超级人工智能三类，这三个类别也代表了人工智能的不同发展阶段。

为抢抓人工智能发展的重大战略机遇，构筑我国人工智能发展的先发优势，加快建设创新型国家和世界科技强国，按照党中央、国务院部署要求，国务院于 2017 年 7 月 8 日印发了《新一代人工智能发展规划》（以下简称《规划》），提出了面向 2030 年我国新一代人工智能发展的指导思想、战略目标、重点任务和保障措施，部署构筑我国人工智能发展的先发优势，加快建设创新型国家和世界科技强国。《规划》明确了我国新一代人工智能发展的战略目标：到 2020 年，人工智能总体技术和应用与世界先进水平同步，人工智能产业成为新的重要经济增长点，人工智能技术应用成为改善民生的新途径；到 2025 年，人工智能基础理论实现重大突破，部分技术与应用达到世界领先水平，人工智能成为我国产业升级和经济转型的主要动力，智能社会建设取得积极进展；到 2030 年，人工智能理论、技术与应用总体达到世界领先水平，成为世界主要人工智能创新中心。《规划》提出六个方面的重点任务：一是构建开放协同的人工智能科技创新体系，从前沿基础理论、关键共性技术、创新平台、高端人才队伍等方面强化部署。二是培育高端高效的智能经济，发展人工智能新兴产业，推进产业智能化升级，打造人工智能创新高地。三是建设安全便捷的智能社会，发展高效智能服务，提高社会治理智能化水平，利用人工智能提升公共安全保障能力，促进社会交往的共享互信。四是加强人工智能领域军民融合，促进人工智能技术军民双向转化、军民创新资源共建共享。五是构建泛在安全高效的智能化基础设施体系，加强网络、大数据、高效能计算等基础设施的建设升级。六是前瞻布局新一代人工智能重大科技项目，针对新一代人工智能特有的重大基础理论和共性关键技术瓶颈，加强整体统筹，形成以新一代人工智能重大科技项目为核心、统筹当前和未来研发任务布局的人工智能项目群。

第三节 智能建筑

来自不同机构从各种视角定义的智能建筑如下：

国际上智能建筑的一般定义为：通过将建筑物的结构、系统、服务和管理四项基本要求以及他们的内在关系进行优化，来提供一种投资合理，具有高效、舒适和便利环境的建筑物。

国家标准《智能建筑设计标准》（GB 50314—2015）对智能建筑定义为："以建筑物为平台，基于对各类智能化信息的综合应用，集架构、系统、应用、管理及优化组合为一体，具有感知、传输、记忆、推理、判断和决策的综合智慧能力，形成以人、建筑、环境互为协调的整合体，为人们提供安全、高效、便利及可持续发展功能环境的建筑。"

智能建筑的理论基础是智能控制理论。智能控制是在无人干预的情况下能自主地驱动智能机器实现控制目标的自动控制技术。控制理论发展至今已有 100 多年的历史，经历了"经典控制理论"和"现代控制理论"的发展阶段，已进入"大系统理论"和"智能控制理论"阶段。智能控制以控制理论、计算机科学、人工智能、运筹学等学科为基础。其中应用较多的分支理论有：模糊逻辑、神经网络、专家系统、遗传算法、自适应控制、自组织控制、自学习控制等。自适应控制比较适用于建筑环境的智慧化管控。自适应控制采用的是基于数学模型的方法。实践中我们还会遇到结构和参数都未知的对象，比如一些运行机理特别复杂，目前尚未被人们充分理解的对象，不可能建立有效的数学模型，因而无法沿用基于数学模型的方法解决其控制问题，这时需要借助人工智能学科。自适应控制所依据的关于模型和扰动的先验知识比较少，需要在系统的运行过程中不断提取有关模型的信息，使模型越来越准确。常规的反馈控制具有一定的鲁棒性，由于控制器参数是固定的，当不确定性很大时，系统的性能会大幅下降，甚至失稳。自适应控制多适用于系统参数未知或变化的系统，模型很难确立，对智能建筑这类复杂控制对象，很难建立整个建筑物自动化系统的控制系统模型，只能分设备分子系统地去建立各个局部系统的模型，再进行系统级连接和统一协调控制。

第四节　绿色智慧建筑发展新趋势

随着科学技术的进步，绿色智慧建筑以用户的真实需求为调整对象，让人们居住的建筑更加环保，更加智能，极大地方便了人们的生活。绿色智慧建筑通过智能控制系统的计算，提高用户住在绿色智慧建筑的满意度，为用户提供个性化的定制服务，提高用户居住在绿色智慧建筑的舒适度，减少绿色智慧建筑对周边环境的污染。

一、发展绿色智慧建筑的意义

（一）节约能源和环境保护

在建造绿色智慧建筑时的能源消耗远小于普通建筑，这样就可以节约资源，保护绿色智慧建筑周围的环境，同时减少碳排放量。绿色智慧建筑使用的建筑材料，也是可重复利用和可回收的。这样的绿色无污染建筑材料能在很大程度上保护环境、节约能源。

（二）健康舒适

绿色生存建筑可以为人们提供一个健康舒适的生活环境和工作环境，在绿色智慧建筑里通过使用绿色环保的建筑材料，减少有害气体的产生，同时智能设备的综合运用可以提高人们的效率，也提高了人们居住在绿色智慧建筑的舒适性。

（三）自然和谐

绿色智慧建筑可以使居住在建筑里的人们更加贴近自然。因为在建设绿色智慧建筑时，会充分考虑周围的自然环境，通过技术手段使绿色智慧建筑更好地融入自然环境。居住者在居住和使用绿色智慧建筑时，能更好地接触自然、了解自然，绿色智慧建筑使居住者在绿色环保的环境中健康地生活，也能最大程度地减少对环境的影响。

（四）提高建筑功能的使用效率

绿色智慧建筑可以通过先进的科学技术手段控制、调整室内的温度和制定符合居住者需求的照明功能。同时配合先进的摄像功能和安保系统，可以在最大程度上保证居住者的居住安全。利用传感器和中央控制系统，可以动态地保障绿色智慧建筑的低功耗使用。减少绿色智慧建筑对能源的消耗，如果在建筑物内出现无人的情况时将会自动关闭灯。绿色智慧建筑配套的温度控制器系统也可以结合自然环境保证室内温度。当绿色智慧建筑内部出现故障时，会立即通知维修人员来确保绿色智慧建筑高效地运转，为居住者提供便捷的服务。

（五）营造绿色生态

绿色智慧建筑可以打造绿色生态环境。绿色智慧建筑，通过技术手段加强了与周边自然环境的融合。在房屋的建设和使用的过程中，有效地利用自然环境资源和人力资源，有效地减少了对自然环境的污染。绿色智慧建筑的碳排放量相比于普通建筑大大减小，同时绿色智慧建筑为居住者创造了亲近自然、舒适健康的生活空间，也降低了对自然能源的消耗。

（六）减少环境负荷

普通建筑在设计制造时会使用大量的建筑耗材，这些建筑耗材会消耗大量的自然资源和能源，并且这些消耗都是不可再生的。造成大量的环境污染和资源的浪费，因此，在设计和建设绿色智慧建筑时使用的材料都是绿色环保可再生材料，这些材料对环境的危害性小，使用寿命长，有利于居住者的身心健康。这些绿色建筑材料是可以被回收利用的，这样就极大地减少了对资源环境的污染和损耗。

二、现有建筑存在的问题

（一）建筑能耗大，运行维护成本高

我国现有的建筑能耗消耗较大，占我国总能耗的40%，并且每年都在增长，根据相关的调查分析，我国最近两年建设的建筑中大部分都是高耗能建筑，这些高耗能建筑的平均耗能相较于国外发达国家建筑的平均耗能提高了2～3倍。与高能耗相比，我国的能源储备紧张。因此我国要加大力度发展绿色智慧建筑，减少能源的消耗，充分地利用现有的能源。绿色智慧建筑对能源的消耗量相较于普通建筑可以降低70%左右。此外，在建设绿色能源建筑时要确保建筑的稳定性和可持续性，保证绿色能源建筑在实际的使用中维护的成本较低。

（二）建筑装修材料污染严重

随着经济的发展，人们对居住环境和生活水平的要求越来越高。目前许多人非常注重对房屋的装修，一些建筑材料不能达到国家规定的环保标准，甚至包含一些有毒的挥发性物质，造成室内环境严重污染，而且现在建筑设计结构较为封闭。当外界环境变化较大时，就会造成室内环境质量大幅下降，例如，空气质量、温度、湿度、舒适度、自然采光、隔音等条件的大幅度变化，室内环境往往不利于健康，不能满足人们对居住环境健康舒适度的要求。此外，新建房屋的二次装修也给人们的居住环境带来了诸多问题。购买的新房在入住前，通常要重新装修，拆除一些未使用的建筑构件和设备，造成材料、劳动力和经济的巨大浪费。同时，在拆迁和重新装修过程中会产生大量的建筑垃圾，这不仅增加了建筑材料，也对环境增加了污染。在重新装修的过程中，也有可能将重要的建筑构件拆除，对整个建筑产生较大的安全隐患。

（三）不能充分利用当地资源，建筑风格与自然环境不协调

一部分人为了追求奢华的风格，不使用或者减少使用适合当地环境的材料。甚至将一些高档的建筑材料从外地或国外用飞机运输过来，造成了其他资源和能源的浪费。建筑内部的风格设计上使用一些商务风格，利用商业化生产技术进行复制，缺乏当地的特色和传统文化风貌，部分地区形成一模一样的建筑群。这些建筑对自然环境的利用率极低，不利于自然环境生态的发展。

三、绿色智慧建筑的优势

（一）绿色智慧建筑精细化运营

绿色智慧建筑精细化运营是在现有科学技术的支持下运行的。物联网技术的普及，使绿色智慧建筑的操作变得简单易控制。能源从进入建筑开始就被中央控制系统调控，实现各个能源节点上的节约，最大程度地减少能源的损失。居住建筑里的用户可以通过智能设备详细地了解绿色动能建筑内部的情况，如果发生任何问题，中央处理系统都会将这一情况及时反馈给居住者，方便居住者纠正和改善。随着物联网技术的不断发展，绿色智能系统可以和多种设备进行连接，与多个系统协调合作，利用数据分析和计算机计算，监控、预测和控制绿色智慧建筑的能源分配、空调系统和照明系统等方便人们生活的智能系统。

（二）合理利用清洁能源

绿色智慧建筑加强了对自然可再生能源的利用。太阳能是地球上一种资源非常丰富的可再生能源，绿色智慧建筑加强了对太阳能资源的利用，利用太阳能光伏屋顶、太阳能光伏玻璃等多种方式，将太阳能转化为绿色智慧建

筑使用的电能和热能。绿色智慧建筑还将建筑的通风系统和风力发电、风能加热设备相结合，将自然界另一项丰富的可再生能源利用到绿色智慧建筑。最大限度地利用了自然可再生资源，减少了对化石能源的损耗，有利于维护自然环境。

（三）旧建筑材料的回收利用

绿色智慧建筑利用的建筑材料，都是可回收利用的建筑材料。这些建筑材料的来源是自然且无污染的。绿色建筑材料具有耐久性强、无刺鼻气味等优点。如果出现建筑拆迁、拆除等情况，会产生大量旧建筑材料。将这些旧建筑材料进行加工和改造，可以满足可回收利用的原则。

四、绿色智慧建筑的发展趋势

（一）绿色健康可持续发展

绿色、健康、可持续发展是当今时代的潮流，绿色智慧建筑符合绿色健康发展的条件。绿色智慧建筑在节约能源和保护环境方面具有先天的硬件优势，既可以保护自然环境，也可以减少对能源的消耗，同时可以营造一种适合工作和生活的自然环境。绿色智慧建筑应用智能设备减少建筑对能源的消耗，利用可再生的清洁能源，减少对化石能源的需求。

（二）政府不断完善绿色智慧建筑的相关标准

政府要加大对绿色智慧建筑的立项规划和验收等多个环节的监管力度，对于一些不符合绿色建筑标准的项目不予批准或者不允许其施工，从根本上解决不合格的绿色智慧建筑的建设。对已经建成的绿色智慧建筑要加大审核和监管力度，确保这些建筑在能源消耗、节约材料、环保等多个领域符合标准。不断地制定和完善绿色智慧建筑相关的标准，确保对自然环境能源的节约，保护自然环境，提倡就地取材，合理规定建材运输范围，降低材料运输过程中的能源消耗。提高对绿色智慧建筑的扶持，大力推广绿色智慧建筑的建设。

（三）降低能源消耗，保护自然环境

由于一些城市的建筑用地规划和建筑设计不合理，自然和经营资源的浪费十分严重，建筑的单位能耗比发达国家高了 2～3 倍，部分城市的取暖设备造成了十分严重的空气污染。根据统计，世界上有二分之一的能源用于建筑。人们从大自然获取的各种原材料有二分之一流入了建材市场，用于建设建筑。可见建造建筑消耗的能源非常大。绿色智慧建筑可以减少建筑对环境的影响。利用可回收的建筑材料减少对自然环境的污染和浪费。同时绿色智慧建筑可以通过清洁的可再生能源，对建筑内的温度进行控制，这样就可以减少温室气体的排放，促进人类社会可持续发展。绿色智慧建筑可以通过智能系统监测各种能源的使用，为居住者提供相关的参考建议，减少能源的消耗。

（四）系统集成

在目前的智能楼宇中，有四种网络：局域网、电话网、双向有线电视网和控制网。在信息化的智能建筑环境中，存在四种信息：数据、语音、视频和控制。在设计系统时，必须注意系统集成和各种信息融合的问题。其目的是帮助优化网络结构，避免功能重复，减少投资；有利于资源集中和信息共享，有利于系统维护和系统开发扩展的科学集中管理。实践证明，系统集成和信息融合是必要的，其优势十分明显。在现有技术条件下进行系统集成设计时，应注意控制网络和信息网络的层次化设计。通过信息网络实现子系统的交互时，要注意实时性和可靠性，增加硬件连锁交互，以保证可靠性。

（五）多种信息融合模式

在智能楼宇中，局域网是系统各种信息集成的核心。在互联网上，不仅能传输数据信息，还能传输语音、视频和控制信息。例如，各种各样的智能设备与局域网相连，实现数据和语音信息的融合；局域网与数码相机系统的融合，实现数据和视频信息的融合；局域网与控制系统的集成，实现数据与控制信息的集成。在智能楼宇局域网中，实现多种信息的融合是发展的方向。

在大家的意识里绿色智慧建筑建造的成本高于普通建筑，这也直接导致了绿色智慧建筑的推广速度较慢。这其实是错误的想法，因为从长远的角度来看，如果能够加大建造绿色智慧建筑的研究就可以大大降低后期绿色智慧建筑的维护和运营成本。同时绿色智慧建筑可以减少对自然能源的消耗，保护自然环境，有利于提高建筑的经济效益。目前，全球各国都出现了能源危机，迫切地需要节约能源，而绿色智慧建筑的出现为各国提供了一个新的选项。绿色智慧建筑可以很好地实现可持续发展，在方便人们居住的同时，减少对自然环境的污染和消耗。绿色智慧建筑既可以保证工作的高效率，同时还可以营造一种健康自然的居住环境。

第二章　智能建筑楼宇自动化基础

楼宇自动化系统又称建筑设备自动化系统，它是建筑智能化不可缺少的组成部分，其任务是对智能建筑物内部的能源使用、环境、交通及安全设施进行实时检测、控制与管理。楼宇自动化系统是采用计算机技术、自动控制技术和通信技术组成的高度自动化的综合管理系统，它能够对建筑物或建筑群中的电力供应、暖通空调、给水排水、防灾、保安、停车场等设备或系统进行集中监视和统筹科学管理，综合协调、维护保养，保证机电设备高效运行，安全可靠、节能长寿，给用户提供安全、健康、舒适、温馨的生活环境与高效的工作环境。通常，楼宇自动化系统包括楼宇内的信号检测、楼宇设备控制、楼宇网络设备控制等系统。

第一节　检测技术

检测技术是自动化学科的重要组成部分，一个完整的检测过程包括信号的获取，信号的转换、存储与传输，信号的分析处理及显示记录。

一、楼宇检测技术概述

在楼宇自动化系统中，往往需要对大楼内的温度、湿度、压力、流量、浓度、液体等参数进行检测和控制，使之处于最佳的运行状态，以便用最少的材料及能源消耗，获得最好的经济效益；同时，也要对建筑内部关系到人身安全、设备与系统运行安全、环境与财产安全的因素与状态进行全面监视，及时发现危险源或险情，并采取有效的防范措施，保证建筑环境的质量与安全，最大限度地保护人身与财产安全。因此必须及时掌握描述它们特性、运行过程的各种参数和反映安全状态的相关变量，首先就要求测量这些参数和变量的值。

测量是取得各种事物的某些特征的直接方法。从计量角度来讲，测量就是把待测的物理量直接或间接地与另一个同类的已知量比较，并将已知量或标准量作为计量单位，进而定出被测量是该计量单位的若干倍或几分之几，也就是求出待测量与计量单位的比值作为测量的结果。

二、检测系统的组成

由于楼宇内被测对象复杂多样，已经不能局限在简单的手动检测。楼宇建筑内的许多检测都是靠自动检测系统来完成。因此，自动检测技术可以分为两大类：一类是对电压 U、电流 I、功率 P、阻抗 Z、功率因数 λ 等电量参数的检测，如图 2-1 所示；另一类则是运用一定的转换手段，把非电量（如温度 T、湿度 ρ、压力 F、流量 P、液位 H 等）参数转变为电量参数，然后进行检测，如图 2-2 所示。这些非电量参数到电量参数的转换，是根据电学性质或原理与被测非电量之间的特定关系来实现的，如热敏电阻就是利用温度变化引起被测物体电阻的变化，然后根据电学原理，将温度值变换成对应的电流或电压值。将非电量转换为电量的器件，通常称为传感器。传感器在自动检测技术中占有极为重要的地位，在某些场合成为解决实际问题的关键。

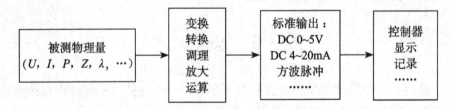

图 2-1　电量自动检测单元基本结构

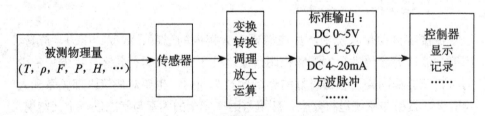

图 2-2　非电量自动检测单元基本结构

三、传感器

（一）传感器的概念

传感器是实现测量的首要环节，是自动检测系统的关键部件，如果没有传感器对原始被测信号进行准确可靠的捕捉和转换，那么可想而知，一切准确的测量都将无法实现。工业生产、楼宇自动化等过程的自动化测量，几乎都要依靠各种传感器来检测运行过程中的各个参量，使设备和系统运行在最佳状态，从而保证生产过程的高效率和高质量。

传感器又称换能器、变换器，广义而言，传感器是将被测的某一物理量（信号）按一定规律变换成与其对应的另一种（或同种）物理量或信号的输出装置。目前对传感器的理解常常是指非电物理量与电量的变换，即传感器是将被测的非电物理量（如压力、力矩、应变、位移、温度、流量、转速等）变换成与之对应的电量的一种装置（热电偶即这类传感器）。也有少部分传感器，其能量变换是可逆的，即可以实现非电物理量与电量的相互变换。

传感器的输出量 y 与输入量 x 的函数关系 $y=g(x)$ 称为变换函数，又称灵敏度函数，它表示传感器的输入、输出特性，对该函数进行微分，得：

$$s = \frac{\mathrm{d}y}{\mathrm{d}x} = \frac{\mathrm{d}g(x)}{\mathrm{d}x}$$

式中，s 称为传感器的灵敏度。理想状况下，变换函数为一元函数，但由于测量对象与测量环境的干扰，实际上变换函数为一多元函数，即输出量 y 与输入量 x 不能单值的对应，因此，在选用传感器时首要任务是恰当地选用变换元件，把干扰对输出量的影响限制在最低水平。

（二）传感器分类

目前由于被测的非电物理量种类繁多，因此，与之对应的传感器也品种繁多，对其进行适当的分类，将有助于对传感器的选择和使用。

由于传感器的品种繁多，分类方法也较多。

按构成原理来分类，传感器可分为结构型传感器和物理型传感器两类。

按信号变换效应来分类，传感器可分为物理型传感器（利用物理效应）、化学型传感器（利用化学反应）及生物型传感器（利用生物效应以及集体部分组织及微生物等）等。

按构成传感器的敏感元件材料来分，传感器可分为半导体传感器、陶瓷传感器、光纤传感器、高分子膜传感器等。

按能量获取形式来分，传感器可分为有源传感器和无源传感器等。

根据传感器将非电物理量变换成的电量类型来分类，见表2-1。

表 2-1 传感器分类

传感器分类		变换原理	传感器名称	典型应用
电参数式传感器	电阻式	移动电位器触点改变电阻	电位器	位移、压力
		改变电阻丝或电阻片的几何尺寸	电阻丝应变片	位移、力
		半导体结构形变导致载流子密度变化	半导体应变片	力矩、应变
		利用电阻的温度物理效应（电阻温度系数）	热丝计	气流流速、流体流量
			电阻温度计	温度、辐射热
			热敏电阻	温度
		利用电阻的光敏物理效应	光敏电阻	光强
		利用电阻的湿度物理效应	电阻温度计	温度
	电容式	改变电容的几何尺寸	电容式压力计	位移、压力
			电容式微音计	声强
		改变电容介质的性质和含量	电容式液面计	液位、厚度
			含水量测量仪	含水量
	电感式	改变磁路几何尺寸、导磁体位置来改变传感器电感	电感传感器	位移、压力
		利用压磁物理效应	压磁计	力、压力
		改变互感	差动变压器	位移、压力
	频率式	利用改变电的或机械的固有参数来改变谐振频率	涡流传感器	压力
			振弦式压力传感器	压力
			振筒式气压传感器	气压
			石英晶体谐振式传感器	压力
	光纤式	光纤在光导纤维中折射传播	光纤式传感器	微位移、核辐射、力、电
	气体式	利用材料的物理化学反应	气体式传感器	速度
电量传感器	电势力	温差热电势	热电偶	温度、热流
			热电堆	热辐射
		电磁感应	感应式传感器	气体浓度
		霍尔效应	霍尔片	磁通、电流
		光电效应	光电池	光强
	电荷	光致电子发射	光发射管	光强、放射性
		辐射电力	电离室	粒子计数、放射性
		压电效应	压电传感器	力、加速度

四、楼宇自动化系统常用传感器

传感器处于被测对象与测试系统的接口位置，是一个信号变换器。传感器直接从被测对象中提取被测量的信息，感受其变化并变换成便于测量的其他量。例如将速度变换成电压，将温度变换成电阻，将流量变换成压力等。实现楼宇自动化就是对建筑物或建筑群内的电力、照明、空调、给排水、防灾、保安、车库管理等设备或系统进行集中监视、控制和管理，而要完成这一自动化过程，传感器/探测器是不可缺少的重要组成部分。

尽管传感器的分类方法很多，对具体使用传感器进行自动检测系统设计的用户来说，往往需要关心被测的非电物理量以及被传感器变换后的电量，再根据传感器的选择原则来选择合适的传感器类型。这里只讨论温度、湿度、风力、流量、火灾、防盗、入侵等现代建筑常用非电物理量的传感器/探测器的工作原理。

（一）温度传感器

温度是表征被测对象中冷热程度的物理量，它在楼宇控制中是一个极为重要的参数，温度的自动调节能给人们提供一个舒适的工作与生活环境，通过合理的温度控制又能有效地降低能源的消耗。

现代建筑中对温度的测量通常根据下列方法进行：

1.金属热电阻测温

利用导体或半导体的电阻值随温度变化而变化的特性来测量温度的感温元件叫热电阻。大多数金属在温度每升高1℃时，其电阻值要增加0.4%～0.6%。电阻温度计就是利用热电阻这一感温元件将温度的变化转化为电阻值的变化，通过测量桥路变换成电压信号，然后送至显示仪表指示或记录被测温度。铜电阻（-5～150℃）、铂电阻（200～600℃）的阻值都会随温度变化而变化，可通过测量这些感温电阻的阻值来测量温度。

2.半导体热电阻测温

半导体PN结的结电压会随温度的变化而变化，因此可通过测量感温元件的（结）电压变化来测量温度变化。半导体热阻又称热敏电阻，其测温范围有-200～0℃、50～50℃、0～300℃等几种。

3.热电偶测温

根据热电效应，将两种不同的导体接触并构成回路，若两个接点温度不同，回路中将产生热电势，通过测量热电偶的电势也可测量温度。

下面介绍几种常用传感器。

（1）金属热电阻温度传感器利用金属电阻随温度变化而变化的特性制成

的传感器，称为热电阻温度传感器。

在测量低于150℃的温度时，经常利用金属导体的电阻随温度变化的特性进行测温。例如，铜电阻温度系数为 $4.25 \cdot 10^{-3}$/℃，当温度从 0℃升高到100℃时，铜电阻增加大约40%，因此只要确定电阻的变化就能得知温度的高低。

用金属电阻作为感温材料，要求金属电阻温度系数大，电阻与温度呈线性关系，在测温范围内物理化学性质稳定。在常用材料中首选铜和箱。

金属电阻与温度的线性关系如下：

$$R_t = R_0(1 + \alpha t)$$

式中：R_t——温度为 t 时的电阻值；

$\qquad$ R_0——0℃时的电阻值；

$\qquad$ α——电阻温度系数。

其中，铂金属 $\alpha = 3.908 \cdot 10^{-3}$/℃；铜金属 $\alpha = (4.25 \sim 4.28) \cdot 10^{-3}$/℃。

铂金属电阻的特点是精度高，性能稳定可靠，被国际组织规定为 -259 ~ 630℃的基准，但铂属于贵金属，价格高。

铜金属制成的热电阻，优点是价格便宜，电阻与温度之间线性度好；缺点是电阻率低（$\rho_{C_u} = 1.7 \times 10^{-8} \Omega \cdot mm^2 / m, \rho_{P_t} = 9.81 \times 10^{-8} \Omega \cdot mm^2 / m$）。所以与铂金属相比，做成一样效果的热电阻，铜电阻要更细、更长，机械强度差，体积也大些。另外，铜高温时易氧化，只能在低温及没有侵蚀性的介质中工作。用镍制成的热电阻正好能弥补铜电阻的缺陷，价格又比铂低。因此，在要求高精度、高稳定性的测量回路中，通常选用铂热电阻材料的传感器；在要求一般、具有较高稳定性要求的测量回路中可用镍电阻传感器；在要求较低时，可选用铜电阻传感器。

在使用热电阻测温时，要注意热电阻与外部导线的连接，因为外部的连接导线与热电阻是串联的，如果导线电阻不确定，测温是无法进行的。因此不管外接导线长短，必须使导线电阻符合规定值（由检测仪表决定，一般为5Ω），如果不足，需用锰铜电阻丝补齐。为了提高测量精度，常用三线热电阻电桥测量法。

（2）热敏电阻温度传感器利用半导体的电阻随温度变化的属性制成的温度传感器，称为热敏电阻温度传感器。

半导体的电阻对温度的感受灵敏度特别高，在一些精度要求不高的测量和控制电路中得到了广泛应用，上面提及的铜电阻，温度每变化1℃时，阻值变化0.4% ~ 0.5%；半导体电阻的温度每变化1℃，则阻值变化可达2% ~ 6%，所以其灵敏度要比其他金属电阻高一个数量级，这样将它作为热敏电阻时，其测量和放大电路非常简单。

热敏电阻的温度系数是负的，温度升高时，半导体材料内部载流子密度增加，故电阻下降，其电阻和温度关系为：

$$R_t = R_{T_0} e^{\beta(1/T + 1/T_0)}$$

公式中，R_t、R_{T_0} 分别表示 T（单位为 K）、T_0（单位为 K）时的电阻阻值；β 为常数，与材料成分及制造方法有关。

由于热敏电阻的特性曲线不太一致，互换性差，其在实际应用上受到一定的限制。目前热敏电阻的使用温度为 -50 ～ 300℃。

（3）热电势传感器利用半导体 PN 结的结电压测温和热电偶测温都属于利用热电势测温的范围。

①以热电偶为材料的热电势传感器。两种不同的导体或半导体连接成闭合回路时，若两个不同材料接点处温度不同，回路中就会出现热电动势，并产生电流。这一热电动势包括接触电势和温差电势两部分，主要是由接触电势组成。

两种不同导体 A、B 接触时，由于两边自由电子密度不同，在交界面上产生电子的相互扩散，致使在 A、B 接触时产生电场，以阻碍电子的进一步扩散，达到最后平衡。平衡时接触电动势取决于两种材料的种类和接触点的温度，这种装置称为热电偶。

将热电偶材料一端的温度保持恒定（称为自由端或冷端），而将另一端插在需要测温的地方，这样两端的热电势就是被测温度（工作端或热端）的函数，只要测出这一电势值，就能确定被测点的温度。

组成热电偶的材料，必须在测温范围内有稳定的化学与物理性质，热电势要大，与温度接近线性关系。

铂及其合金属于贵金属，其组成的热电偶价格最贵，优点是热电势非常稳定。铜—康铜价格最便宜；镍铬—康铜居中，但是它的灵敏度又最高。热电偶的热电势大小不仅与测量温度有关，还取决于自由端（冷端）温度，即电势的大小取决于测量端与自由端的温差。由于自由端距热源较近，其温度波动较大，会给测量带来误差，为克服这个缺点，通常需采用补偿导线和热电偶连接的方式。补偿导线的作用是将热电偶的自由端延长到距热源较远、温度比较稳定的地方，对补偿导线的要求是它在温度比较低时的特性与热电偶相同或接近，且价格低廉。

热电偶通常由热电极、绝缘子、保护管、接线盒四部分组成，其结构如

图 2-3 所示。

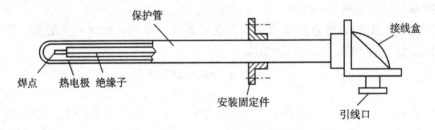

图 2-3 热电偶结构

②以半导体 PN 结为材料的热电势传感器。是利用温度变化造成半导体 PN 结电压变化的传感器，也是热电势传感器的一种类型。常用的集成温度传感器，就是这种热电势传感器。这种传感器使用方便、工作可靠、价格便宜，且具有高精度的放大电路。在 $-50 \sim 150℃$，这种热电势传感器能按 $1\mu A/K$ 的恒定比值，输出一个与温度正比的电流，通过对电流的测量，即可测得所要的温度值。集成温度传感器，输出阻抗高，适用远距离传输。

（二）湿度传感器

在现代建筑中，根据不同的场所、不同的工作环境，需要把空气湿度控制在相应的范围，湿度过高、过低都会使人感到不适。在一定的温度和压力下，单位体积空气中所含水蒸气的量称为绝对湿度，单位为 g/m^3。空气中所含实际水蒸气的量与同一温度下所含最大水蒸气的量的比值用百分比表示，称为相对湿度，一般用百分比表示。相对湿度与该温度下空气的最大水蒸气量有关，是一个与温度相关的物理量。

在一定压力下，含一定量水蒸气的空气，当温度降到一定值时，空气中的水蒸气将达到饱和状态，开始由气态变成液态，称为"结露"，此时的温度称露点，单位为℃。温度继续下降，液态可能要变成固态，即结冰。冰冻会给设备带来一定的危害，这在系统控制中一定要加以注意。

湿度测量一般用湿敏元件，常用湿敏元件有阻抗式和电容式两种。这种湿敏元件随外界湿度变化而使电阻值随之变化的特性是用来制造湿度传感器的依据。图 2-4 为湿度传感器的感湿特性。

1. 阻抗式湿度传感器

（1）金属氧化物湿度传感器。硒蒸发膜湿度传感器是利用硒薄膜具有较大的吸湿面这一特点研制而成的。在绝缘管上镀上一层铂膜，然后以细螺距将铂膜刻成宽约为 0.1cm 的螺旋状，以此作为两个电极。在两个电极之间蒸发上硒，两极间电阻大小就会随着吸湿面硒上的湿度大小而变化。这种传感器能在高湿度环境下连续使用，并且性能稳定。

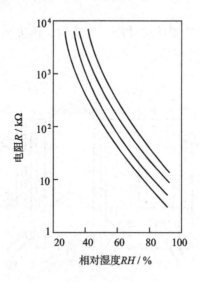

图 2-4 湿度传感器的感湿特性

（2）磁胶体湿度传感器。在氧化铝基片上制作一对梳状金电极，然后选用粒径为 $100 \sim 250$Å 优质纯磁粉制成胶状体，用喷涂法在电极上涂约 $30\mu m$，最后在 $100 \sim 200$℃温度下加热 1h，即可得到很实用的磁胶体湿度传感器。这类传感器制作简单、价格便宜，可以做成各种形状，互换性能好。随着相对湿度的增加，两电极间电阻接近线性下降。这类传感器的湿度检测范围在 $30\% \sim 95\%$ 的相对湿度。通常用金属氧化物制作的湿度传感器的特性曲线会出现滞后现象，但磁胶体湿度传感器的滞后现象不明显，并且它的湿度特性也较好。

使用阻抗式湿度传感器时，需对传感器供电，供电频率为 1kHz。相对湿度的变化，会使传感器电抗随之变化，如 $RH=40\%$ 时，阻抗为 68kΩ；$RH=60\%$ 时，阻抗为 29kΩ；$RH=80\%$ 时，阻抗为 7kΩ。这样给调试带来方便。

2. 电容式湿度传感器

制作电容式湿度传感器时，先在一玻璃基片上做一个电极，上面喷涂一层 $1\mu m$ 厚的聚合物（聚合物容易吸收空气中的水分，也容易将水分散发掉），然后在聚合物上做一个可透气的金属薄膜为第一电极，厚度为 100Å。利用这种湿度传感器进行湿度测量时，相对湿度的变化会影响聚合物的介电常数，从而改变传感器的电容值。电容式湿度传感器的电容与湿度基本呈线性关系。

以高分子电容式湿度传感器为例，它是在绝缘衬底上制作一对平板金电极，然后在上面涂敷一层均匀的高分子感湿膜作电介质，在表层以镀膜方法制作多孔浮置电极，形成串联电容。高分子电容式湿度传感器的结构如图 2-5 所示。

电容式湿度传感器的器件尺寸小、响应快、温度系数小，有良好的稳定性，也是常选用的湿度传感器。

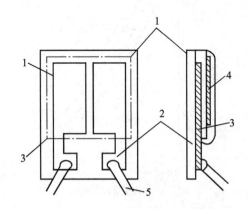

图 2-5 高分子电容式湿度传感器结构

1—微晶玻璃衬底 2—下电极 3—敏感膜 4—多孔浮置电极 5—引线

（三）压力传感器

压力传感器是将压力转换成电流或电压的器件，可用于测量压力和液位。对压力的测量由于条件不同、测量精度的要求不同，所使用的敏感元件也不一样。

1.利用金属弹性制成的压力传感器

利用金属材料的弹性制成弹性的测压元件来测量压力是常用的一种测压方法。在民用建筑中最常用的弹性测量元件有弹簧、弹簧管、波纹管和弹性膜片。这些测压元件是先将压力变化转换成位移的变化，然后将位移的变化通过磁电或其他电学方法转换成能方便检测、传输、处理、显示的电物理量。

（1）电阻式压差传感器。这种传感器是将测压弹性元件的输出位移变换成滑动电阻的触点位移，这样被测压力的变化就可转换成滑动电阻阻值的变化，把这一滑动电阻与其他电阻接成桥路，当阻值发生变化时，电桥输出不平衡电压。

（2）电容式压差传感器。这是现在最常见的一种压力传感器。它是用两块弹性强度高的金属平板作为差动可变电容器的两个活动电极，被测压力分别置于两块金属平板两侧，在压力的作用下，能产生相应位移。当可动极板与另一电极的距离发生变化时，则相应的平板电容器的容量也发生变化，最后由变送器将变化的电容变换成相应的标准电压或电流信号。

图 2-6 为一种典型差动式电容压力传感器。该传感器由两个相同的可变电容组成，在被测压力作用下，一个电容增大而另一个相应减小。差动式电容压力传感器的动极板金属膜片与电镀金属表面层的定极板形成电容。在压差作用下，膜片凹向压力小的一面，从而使电容量发生差动变化。过载时，膜片受到凹曲的玻璃面的保护，使其不致发生破裂。

差动式电容压力传感器的灵敏度高、线性好。但差动式压力传感器加工困难（特别是对称性），不能实现对被测气体或液体的密封。

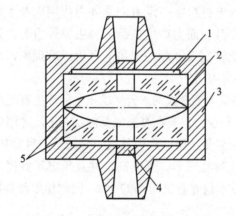

图 2-6　差动式电容压力传感器

1—O 形密封圈　2—金属膜片　3—玻璃　4—多孔金属过滤器　5—电镀金属表面

（3）霍尔压力传感器。这种传感器是将弹性元件感受的压力变化所引起的位移通过霍尔元件转换成电压信号。霍尔元件实际上是一块半导体元件。如果在霍尔元件纵向端口通入控制电流 I，在与 I 垂直的方向加一磁场，其磁感应强度为 B，在与电流和磁场垂直的霍尔元件横向端将产生电位差 V_H，这种现象称为霍尔效应，产生的电位差称为霍尔电势，这种半导体元件称为霍尔元件，原理如图 2-7 所示。

霍尔压力传感器只能用在测量动态压力和快速脉动的压力上，而对其他压力的测量就无能为力了。

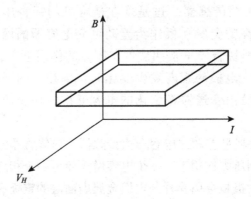

图 2-7 霍尔效应原理

2. 压电式压力传感器

压电式压力传感器是利用某些材料的压电效应原理制成的，具有这种效应的材料（如压电陶瓷、压电晶体）则被称为压电材料。

压电效应就是压电材料在一定方向受外力作用而产生形变时，内部将产生极化现象，同时在其表面上产生电荷；当去掉外力时，又重新返回不带电的状态。这种机械能转变成电能的现象，称为压电现象，而压电材料上电荷量的大小与外力的大小成正比。

通常的压电材料是人工合成的，天然的压电晶体也有压电现象，但效率低、利用难度较大，应用较少。只有在高温或低温状态下，才用单晶石英晶体。

（1）压电陶瓷传感器。压电陶瓷是人工烧结的一种常用的多晶压电材料。压电陶瓷烧结方便、容易成形、强度高，并且压电系数高，是天然单晶石英晶体的几百倍，而成本只有石英单晶的 1%，因此压电陶瓷被广泛用于高效压力传感器的材料。

常用的压电陶瓷材料有钛酸钡（$BaTiO_3$）、锆钛酸铅等。

（2）有机压电材料传感器。有机的压电材料是新研究开发的新型压电材料，如聚氯乙烯 PVC、聚二氟乙烯 FVF_2。这两种材料具有柔软、不易破碎的特点，因此也广泛应用在压力测量上。

3. 半导体压力传感器

半导体压力传感器是利用硅晶体的压电电阻效应的半导体体力测量元件。当半导体材料硅受到外力作用时，晶体处于扭曲状态，由于载流子迁移率的变化而导致结晶阻抗变化的现象称为压电电阻效应。

（四）流量传感器

在楼宇供水流量测量中，常常要用到流量传感器。流量传感器的种类很多，常用节流式、速度式、容积式和电磁式，使用时经常根据精度要求、测量范围，选择不同的方式。

1.节流式流量传感器

在被测管道上安装一节流器件，如孔板、喷嘴、靶、转子等，当流体流过这些阻挡体时，流动状态发生变化，根据流体对节流元件的推力和节流元件前后的压力差，可以测定流量的大小。再把节流元件两端的压差或节流元件上的推力转换成标准的电信号，就可间接测量出流量的大小。图2-8为节流式流量传感器的原理及外形，在管道内安装一个孔径小于管径的节流元件，当管道内流体流经节流件时，由于流道突然缩小，流速就会增大。根据能量守恒定理，流体压力能与动能在一定条件下可以相互转换，所以流速的加快必然导致流体静压力降低，于是节流元件前后就会产生压力差。

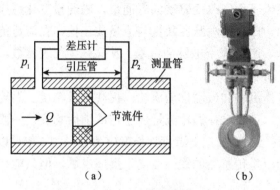

（a）　　　　　　　　　　　　（b）

图2-8　节流式流量传感器的原理及外形

（a）节流式流量传感器原理　（b）节流式流量传感器的外形

常用的节流式流量传感器有压差式和靶式两种。

压差式流量传感器是在管道中安装一孔板作为节流元件；当流体经过这一孔板时，载流面缩小，流速加快，压力下降，测出孔板前后压力差，而流量的大小与节流元件前后压力差的平方根成正比，最后把压力差转换成相应的电压或电流信号并进行测量。压差式流量传感器精度稍差，但结构简单、制造方便，是一种常用的流量传感器。

靶式流量传感器则是把节流元件做成一个悬挂在管道中央的小靶，输出信号取自作用于靶上的压力。同样可以得出通过管道的流体流量与靶上的压力成正比，只要测出靶上的推力 F，就可得到流量的大小。靶式流量传感器经常用于高黏度的流体（如重油、沥青等）流量的测量，也适用于有漂浮物、沉淀物的流体。转子流量传感器是靶式流量传感器的一种，它是把可以转动的转子放在圆锥形的测量管道中，当被测流体自上而下流过时，由于测量管道的节流作用，在转子的前后产生压差，而转子在这压差的控制下上下移动，这时转子平衡位置的高低能反映流量的大小，把转子的位置用电器发送就能转换成电信号，也就间接反映了流量大小。

2. 速度式流量传感器

速度式流量传感器是通过测量管道截面上流体的平均流速来测量流量，如涡轮流量传感器、涡街流量传感器、电磁流量传感器、超声波流量传感器等。

涡轮流量传感器是在导管中心轴上安装一个涡轮装置，流体流过管道，推动涡轮转动，涡轮的转速正比于流体的流量。因为涡轮在管道里转动，其转速只能通过非接触的电磁感应方法才能测出，涡轮的叶片采用导磁材料制成，在非导磁材料做成的导管外面安放一组套有感应线圈的磁铁。涡轮旋转，每片叶片经过磁铁下面，改变磁铁的磁通量，磁通量变化感应出电脉冲。在一定流量范围内，产生的电脉冲数量与流量成正比，在流量传感器中每通过单位体积的流体，产生 N 个电脉冲信号，N 又称为仪表常数。这个常数在仪表出厂时就已经调整好。

为了保证流体沿轴向流动推动涡轮，提高测量精度，涡轮前后均装有导流器。尽管如此，还要求在涡轮流量传感器的前后均安装一段直管，上游直段的长度应为管径的 10 倍，下游直管长度应为管径的 5 倍，以保证液体流动的稳定性。涡轮流量传感器的线性度高、反应灵敏，但只能在清洁的流体中使用。

光纤式涡轮传感器是涡轮式流量传感器的一种，它是在传感器涡轮叶片上贴一小块具有高反射率的薄片或一层反射膜，探头内的光源通过光纤把光线映射到涡轮叶片上，当反射片通过光纤入射口时，入射光线被反射到探测探头上，探头由光电器件组成，光线射到光电器件后变成电脉冲，计算出这一电脉冲数就能算出涡轮的转速，进而计算该流体的流量。

光纤涡轮传感器具有重现性和稳定性好的特点，不受环境、电磁、温度等因素的影响，显示迅速，测量范围大；缺点是只能用来测量透明的气体和液体。

超声波流量传感器是基于超声波在流体中传播的速度与流体流速有关这一物理特性，利用超声波发射及接收装置来检测流体的流速，从而换算成流量的一种传感器。根据检测的原理不同，超声波流量传感器可分为传播速度差法、多普勒法等不同的类型。

这里以传播速度差法为例来说明。

传播速度差法是利用超声波在流体中顺流和逆流的速度变化检测流量。如图 2-9 所示，在管道上安装两对超声波换能器 $T_1 \rightarrow R_1$（顺流方向）、

$T_2 \to R_2$（逆流方向），T_1、T_2 为超声波发射换能器，R_1、R_2 为相对应的接收换能器。

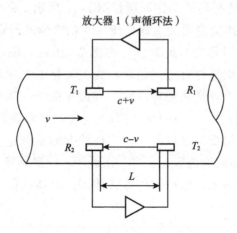

图 2-9　传播速度差法流量计

设流体静止时超声波声速为 c，流体流动时的平均流速为 v，则顺流时超声波传播速度为 $c+v$，逆流时超声波传播速度为 $c-v$。若两换能器探头间距为 L，设从 $T_1 \to R_1$ 和从 $T_2 \to R_2$ 的传播时间分别为：

$$t_1 = \frac{L}{c+v}, \quad t_2 = \frac{L}{c-v}$$

一般 $c \gg v$，则时间差与流速的关系为 $\Delta t = t_2 - t_1 \approx 2Lv/c^2$，测得时间就可计算出流速频率与流速的关系为：

$$f_1 = \frac{1}{t_1} = \frac{c+v}{L}, \quad f_2 = \frac{1}{t_2} = \frac{c-v}{L}$$

则有 $\Delta f = f_1 - f_2 = \frac{2v}{L}$。由上式可知，测得频率差就可计算出流速 $v = \frac{\Delta f L}{2}$，而流体的质量流量 qm 与流速 v 之间满足：

$$qm = \rho v A$$

式中，密度 ρ、截面 A 都可以测得，因此用时间差法、频率差法检测出速度。就可得到流量。

3. 容积式流量传感器

常用的容积式流量传感器有椭圆齿轮流量传感器，它靠一对加工精良的椭圆齿轮在一个转动周期里，排出一定量的流体，只要累计算出齿轮转动的圈数，就可以得知一段时间内的流体总量。这种流量传感器是按照固定的排出量计算流体的流量，只要椭圆齿轮加工精确，防止腐蚀和磨损，就可达到极高的测量精度，一般可达到 0.2% ~ 0.55%，所以经常用于精密测量。这种流量传感器经常用于高黏度的流体测量。

椭圆齿轮流量传感器的工作原理如图 2-10 所示。椭圆齿轮流量传感器是把两个椭圆形柱体的表面加工成齿轮，互相啮合进行联动。p_1 和 p_2 分别表示入口压力和出口压力，$p_1 > p_2$。在图 2-10（a）中，下方齿轮在两侧压力差的作用下产生逆时针方向旋转，为主动轮；上方齿轮因两侧压力相等，不产生旋转力矩，是从动轮，由下方齿轮带动，顺时针方向旋转。在图 2-10（b）所示位置，两个齿轮均为主动轮，继续旋转。在图 2-10（c）所示位置，上方齿轮变为主动轮，下方齿轮变为从动轮，继续旋转，又回到与图 2-10（a）相同的位置，完成一次循环。一次循环动作会形成四个由齿轮与壳壁间围成的半月形空腔的流体体积，该体积称为流量传感器的循环体积。

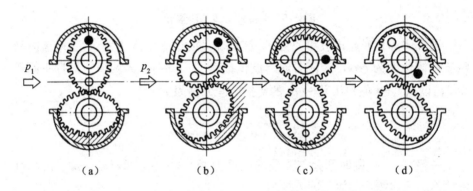

图 2-10　椭圆齿轮流量传感器的工作原理

设流量传感器的"循环体积"为 V，一定时间 t 内齿轮转动循环的次数为 N，在该时间内流过流量传感器的流体体积为 V_t，则：

$$V_t = NV$$

4. 电磁式流量传感器

电磁式流量传感器常用于测量导电液体的流量，被测液体的电导率应小于 $50 \sim 100\mu\Omega/cm$。在测量管的两侧安装磁铁能在测量管中形成磁场，利用导电液体通过磁场时在两固定电极上感应出的电动势可测量流速，电动势的大小与流量大小成正比。图 2-11 为电磁式流量传感器的原理。

励磁电压信号为方波信号。方波发生器的方波经励磁放大器功率放大后送入传感器的励磁线圈进行励磁，并将其用于采样脉冲。励磁线圈中的方波电流在传感器中产生相应频率的交变磁。液体流动时产生的感应电动势经输入电路送入前置放大器，进行阻抗变换后由主放大器放大。由于流速产生的信号很弱，因此要求主放大器要有高放大倍数、高噪声抑制和抗干扰能力。放大后的信号经采样、倒相、鉴相后经滤波再送入直流放大器，由直流放大器输出流速信号 U_0。图 2-12 为电磁式流量传感器的电路框图。

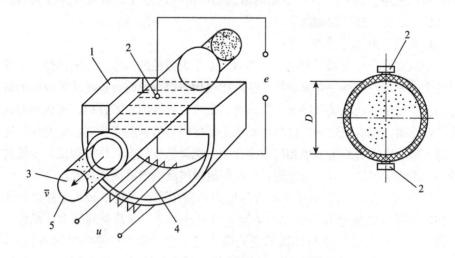

图 2-11　电磁式流量传感器原理

1—铁心　2—电极　3—绝缘导管　4—励磁线圈　5—液体

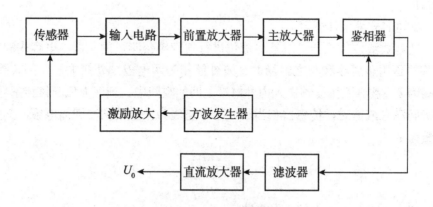

图 2-12　电磁式流量传感器的电路框图

电磁式流量传感器的优点是在管道中不用设任何节流元件，因此可以测量各种黏度的导电液体，特别适合测量含有各种纤维和固体污物的流体，此外，对腐蚀性液体也适用。这种流量传感器除了测量管中的一对电极，没有其他零件与被测流体接触，工作可靠、精度高、线性度高、测量范围大、反应速度也快。

（五）液位传感器

在现代化楼宇中，经常要求对给水排水的水位进行检测和控制。液位传感器可以是电容式的，也可以是电阻式的，传统的用浮球开关作为开关量的传感器，现在仍被广泛地应用。

1. 电阻式液位传感器

电阻式液位传感器是利用液体的电阻来作为监控的对象，在液体介质中安装几个金属接点，利用介质的导电性，接通检测控制电路，检测液体液位的高低。为了更精确地连续反映液位的高低，也可在容器内安置浮筒，构成浮筒式液位传感器，浮筒经过一连杆与滑动电阻器的中心滑动触点相连，随着液位地升降，滑动电阻器的阻值也相应发生变化。选择精度较高、性能稳定、线性度较高的滑线变阻器，即可由变阻器的电阻值精确反映出液面的高度。

浮筒式液位传感器的浮筒也可与压力弹簧相连，浮筒重量大于浮力。无液体时，浮筒的重量靠弹簧拉力平衡；当有液体时，浮筒受到浮力，减轻了弹簧拉力，浮力的大小与弹簧形变的恢复成正比，通过位移—电压转换器，输出与浮力相对应的检测电压。这种检测仪器结构简单、价格便宜，但只能用于无腐蚀液体中，否则液体的腐蚀会使弹簧的弹性系数发生变化，给测量带来误差。该传感器适用于 200cm 以内，密度为 $0.1 \sim 0.5 \text{g/cm}^3$ 液体界面的连续测量。

2. 电容式液位传感器

电容式液位传感器是对液体液位进行连续精密测量的仪器。电容式液位传感器是用金属棒和与之绝缘的金属外筒作为两电极，外筒电极底部有孔，筒高为 L，被测液体能够进入内外电极之间的空间中。当液面低于该传感器，电极间没有液体时，传感器相当于一个以空气为介质的同心圆筒电容，其电容量为：

$$C_0 = \frac{2\pi\varepsilon_0 L}{I_M \dfrac{D}{d}}$$

式中：ε_0——空气的介电常数；

L——圆筒电极的高度；

D——外电极的内径；

d——内电极的外径；

I_M——通过电解质的最大电流。

当液面上升到 H 高度时，则该传感器的电容为两段电容的并联，上段电容介质为空气，高为 $L-H$，介电常数为 ε_0，下段电容介质为液体，高度为 H，介电常数为 ε，故此时总电容量为：

$$C = \frac{2\pi\varepsilon H}{I_M \dfrac{D}{d}} + \frac{2\pi\varepsilon_0 (L-H)}{I_M \dfrac{D}{d}} = \frac{2\pi(\varepsilon - \varepsilon_0)}{I_M \dfrac{D}{d}} + \frac{2\pi\varepsilon_0}{I_M \dfrac{D}{d}}$$

从上式可知，这时的电容量与液面高度 H 呈线性关系，测得此刻的电容量，便可测知液面高度。电容式液位传感器的测量灵敏度与 $\varepsilon - \varepsilon_0$ 成正比，与 $I_M \dfrac{D}{d}$ 成反比。这种传感器经常用于测量油类等非导电性液体的液位，如图 2–13（a）所示。

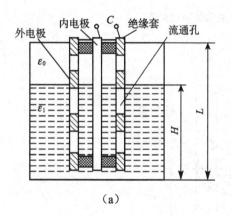 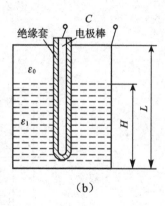

（a）　　　　　　　　　　　　　　　（b）

图 2–13　电容式液位传感器

（a）非导电介质　（b）导电介质

如被测液体是水或导电液体，则可在内电极上套一绝缘层，如搪瓷、塑料套管等［图 2–13（b）］；若容器是金属，则可用容器外壳作为一个电极。如容器直径太大，则可用一个金属圆筒作为一个外电极。当没有液体时，传感器两电极内的介质是空气和棒上的绝缘层，电容量很小；当液体液位上升到 H 时，由于液体的导电性能，电容量大大增加，此时电容量的大小与液位的高度成正比。

导电液体的液位测量如图 2–14 所示。在液体中插入一根带绝缘套管的电极，由于液体是导电的，容器和液体可视为电容器的一个电极，绝缘套管为中间介质，三者组成圆筒形电容器（图 2–15）。

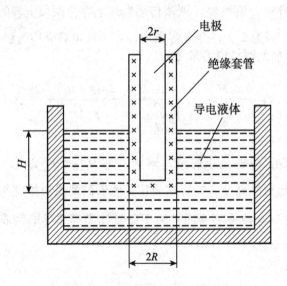

图 2-14　导电液体的液位测量

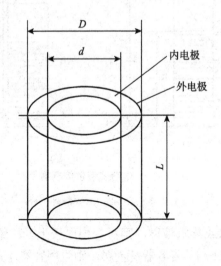

图 2-15　圆筒形电容器

使用电容式液位传感器时，应充分考虑液体的介电常数随温度、杂质成分等变化可能引起的测量误差。

若把内电极做成一个外表面绝缘的浮筒，套在外筒内（若容器是金属的，则将容器当作另一电极），外筒当作另一电极，浮筒是一个活动的电极。当液体发生变化时，浮筒位置随之发生变化，相当于电容的极板面积发生变化。这时，极板面积又与液位高低成正比，即此刻液位传感器的电容量 C 就与液位的高低成正比,读出电容量 C 就能间接得出液位高度。

（六）空气质量传感器

现代楼宇要求有一个舒适的生活和工作环境,除了要提供一个合适的温度和湿度环境,同时还应保持较好空气质量,因此对空气质量的监测也是非常重要的。空气质量传感器主要用于检测空气中 CO_2 和 CO 的含量。如果室内 CO_2 含量增加,应起动新风机组,向室内补充新鲜空气以提高空气质量。汽车库内的空气质量传感器主要用于检测车库内 CO_2 与 CO 的浓度,检测汽车尾气的排放量,及时启动排风机,以增加车库的换气量,保证库内空气质量与环境安全。

最常用的空气质量传感器为半导体气体传感器。传感器平时加热到稳定状态,空气接触到传感器的表面时被吸附,一部分分子被蒸发,残余的分子经热分解而固定在吸附处,有些气体在吸附处获得电子变成负离子吸附,这种具有负离子吸附倾向的气体称为氧化型气体或电子接收型气体,如 O_2、NO。另一部分气体在吸附处释放电子而成为正离子吸附,具有这种正离子吸附倾向的气体称为还原型气体或电子供给型气体,如 H_2、CO、氧化物等。当这些氧化型气体吸附在 N 型半导体上,还原型气体吸附在 P 型半导体上时,将使半导体的载流子减少;反之,当还原型气体吸附到 N 型半导体上,而氧化型气体吸附到 P 型半导体上时,将使载流子增加。正常情况下,敏感器件的氧吸附量为一定,即半导体的载流子浓度是一定的,如异常气体流到传感器上,器件表面发生吸附变化,器件的载流子浓度也随之发生变化,这样就可测出异常气体浓度大小。

半导体气体传感器的优点是制作和使用方便、价格便宜、响应快、灵敏度高,因此被广泛地用在现代建筑的气体监控中。

五、传感器的选用原则

如何根据检测目的和对象合理地选用传感器,是监测系统构造中首先要解决的问题。由于传感器的位置处于监测系统的前端,是被测参量的感知部分,所以传感器选择得合适与否直接关系到监测系统的好坏。

（一）根据被测量确定传感器的类型

要检测某一参量,有多种传感器可供选择,这就需要考虑以下一些具体问题:

（1）传感器的量程。

（2）传感器的体积，在实际使用中能否有足够的空间安装。

（3）传感器为接触式还是非接触式。

（4）信号的引出方式，是有线还是无线。

（5）传感器的来源，国内是否有生产，订货周期及价格如何。

从以上这些内容，基本可以确定传感器的类型。

（二）灵敏度选择

一般来讲，在传感器的线性范围内，传感器应选择灵敏度较高的。因为只有在灵敏度高时，被测量变化对应的输出信号值才会比较大。但是，灵敏度高时，与检测信号无关的外界噪声也容易混入，也会被放大，影响检测精度，因此要求传感器本身应有较高的信噪比，尽量减少从外界引入的干扰信号。

传感器的量程与灵敏度密切相关，灵敏度在此范围内不可能不变，其变化量应控制在检测精度允许的范围内。使用时，传感器不能进入非线性区（除非检测装置中采用了非线性校正措施），更不能进入饱和区，一个传感器的线性范围是有限的，过高的灵敏度会影响传感器的使用范围。

（三）频率响应特性

传感器的频率响应特性必须覆盖被测信号的带宽，在其频率范围内保持不失真的检测条件，实际上，传感器的响应总会存在一定的延迟，希望延迟时间越短越好。

一般而言，利用光电效应、压电效应的物理型传感器，响应时间短，可测的信号频率范围较宽。而结构型传感器，如电容、电感及电磁感应型等，由于受到结构特性的影响，机械系统的惯性大、固有频率较低，可测信号的频率较低。

在动态检测中，传感器的响应特性对测量不失真有决定性的影响。因此，应根据信号的特点（稳态、顺便、随机等）选择传感器。

（四）线性范围

传感器的线性范围是指输出与输入成正比的范围，在此范围内，灵敏度保持定值。此范围越宽，传感器的工作量程就越大。在此范围内，传感器的测量误差被限制在一定范围内，也就是说，能保证一定的测量精度。在选择传感器时，当传感器的种类被确定后，首先要看传感器的量程能否满足要求。

实际上，任何传感器都不能保证绝对的线性，其线性度也是相对的。当要求的精度比较低时，在许可的范围内，非线性误差较小的传感器可以近似地看作是线性的，这就给测量带来很大的方便。例如，电感式传感器在较小范围内认为变化是线性的，在测量中可以灵活运用。

（五）稳定性

传感器在使用一段时间后，其性能不发生变化的性质称为稳定性。影响传感器稳定性的因素通常是时间和环境。也就是说，满足一定的使用环境要求，传感器才能正常工作。为了保证传感器在使用中维持其性能不变，在选用前，应对其工作环境进行调查，以选择与环境相适应的传感器。例如，测量柴油机缸内压力就应该选择耐高温的压力传感器。在温度变化较大的场合使用应变式传感器，应该好好考虑其温度补偿问题。还有磁电式传感器和霍尔元件在电场和磁场中工作都会带来误差。传感器的稳定性有定量指标，超过使用期限应及时进行标定。例如，压电式传感器最好能每年标定一次，应变式压力传感器应在使用前标定。

第二节　楼宇自动化系统的网络结构

进入 21 世纪，随着电子技术、计算机技术、通信技术、控制技术、网络技术等的不断发展，自动控制系统的现场仪表与装置的技术水平迅速提高，出现了大量智能化现场设备。智能化的现场设备不仅能检测、转换、传递现场参数（温度、湿度、压力等），接收控制、驱动信号执行调节、控制功能，还含有运算、控制、校验和自诊断功能，智能化的现场设备自身就能完成基本的控制功能。这种智能化现场设备具有很强的通信能力，通过标准化的网络，将智能化的现场设备联系在一起，构成现场总线控制系统（FCS）。

FCS 实质是一种开放的、具有可互操作性的、彻底分散的分布式控制系统，它可能成为 21 世纪控制系统的主流产品。

楼宇自动化系统（BAS）是集微电子技术、电力电子技术、计算机技术与自动控制技术于一身的楼宇控制系统，是现代高层建筑中一项重要的电气控制系统，简单地说就是利用微机组成的通信网络，对整个大楼的所有动力系统及弱电系统实行全面的监控管理。

现在经常被提到的建筑的智能化包含楼宇自动化系统（BAS）、通信网络系统（CNS）和办公自动化系统（OAS）三大基本要素，并通过智能型建筑管理服务系统软件，使三要素相互有机的结合。

BAS 将楼宇的空调系统控制、给水排水系统控制、电气照明控制、冷热源控制、通信和广播系统控制、火灾自动报警系统控制、保安监视和巡更系统控制以及能源管理与计费、设备维修管理等综合到一个系统内，对建筑物内的各项设施进行科学管理。这样不仅使各种设备处于合理、高效的工作状态，而且节约能源，保证设备经济运行，以达到最优效率。例如，BAS中的空调系统不仅可定时打开或关上设备，还可对环境、温度、湿度、季节、空气中的二氧化碳含量以及人员分布等多变量进行实时控制，给出最佳输出量，生成十分舒适宜人的生活环境。又如，BAS的消防系统，一旦有一个烟火报警器响起来，其消防信号立即传到中央控制室，此时中心处理机首先判断是火灾还是误动作。如果确属火灾，便立即通知消防队，与此同时将警报传递到其他系统，其中包括供暖装置、通信装置、空调系统、应急灯、安全门、广播室等机构，这些机构立即做出相应动作，使建筑内的损失降低到最小。可见，BAS中的消防系统比传统的消防系统更"聪明"。

现代高层建筑内部需要监控管理的设备很多，而且这些设备分散在各个层次的不同角落，不可能采用分散管理。为了合理利用设备，节省能源、人力，应该集中监控。但如果只有集中监控，又会降低其运行可靠性，所以在BAS中采用"集中管理、分散控制"的集散型控制。这种集散型控制系统，其控制功能由分散的直接数字控制机来实现，而数据资料由中央处理机集中管理，它利用由微机组成的通信网络，对整个大厦的所有动力系统实行全面的监控管理。

BAS由输入/输出周边设备（检测元件、传感器、执行机构等）、现场直接数字控制器（DDC）以及中央处理机等组成。其网络结构基本上可分为三层，最上层为信息网的干线，采用总线型拓扑结构的以太网（或令牌环网）将一个地区内有关联的多个大厦的BAS（即多个工作站）联系起来，形成一个大的监控、管理系统，实现网络资源共享以及各工作站间的通信。第二层为控制区的干线，其网络的拓扑结构仍为总线式，即所有现场的控制器（分站）直接挂在这条总线上，它们之间没有主控制器、网络控制器之类的设备，从而保证了现场控制器的独立工作能力，实现了集散系统的分散控制，提高了建筑物自动化系统的可靠性。这一网络又称同层无主共享式网络，其特点是处于这一网络的任意控制单元均平等，没有主次之分，任意两个单元可直接通信。中央工作站也是网络中的一个单元，只是站内的微机级别比分站所带的微机级别高一些，它可以处理各种动态流程图。中央工作站是整个BAS的监控中心，网络中任意系统的运行状态、参数、动态流程都可以在这里显示、报警、打印、记录。分站控制器本身也含有一个接口，可接CRT显示器或手提终端，但它们的图形处理功能远不及中央工作站。第三层为分散的微型控制器（子站）互联使用的子站总线，子站总线通过子站连接器与分站总线连在一起。总的BAS网络结构如图2-16所示。

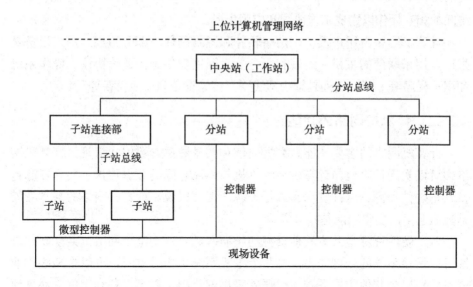

图 2-16 总的 BAS 网络结构

第三节　计算机网络技术

一、计算机网络的基本概念

　　随着计算机技术的迅猛发展，计算机的应用逐渐渗透到各个技术领域和整个社会的各个方面。社会信息化、数据的分布处理、各种计算机资源的共享等各种应用要求推动了计算机技术朝着群体方向发展，促使当代的计算机技术和通信技术紧密结合。计算机网络就是这两大现代技术相结合的产物。那么，什么是计算机网络？简单地说，就是将地理位置不同并具有独立工作功能的多个计算机系统（如分散的计算机、外围设备和数据站等设备）通过通信线路互联在一起，由网络软件（如操作系统等）实现网络资源共享和相互通信的整个系统。

　　由这个定义可知，计算机网络由许多计算机系统互联而成，这些计算机系统既有可能是一台单独的计算机，也有可能是多台计算机构成的另一个计算机网络。这些计算机系统在空间上是分散的，既有可能在同一张桌子上、一栋楼里，也有可能在不同的城市、不同的大陆。这些计算机系统是自治的，如果断开网络连接，它们也能独立工作。这些计算机系统要通过一定的通信手段如电缆、光纤、无线电和配套软硬件才能实现互联。这些计算机系统互联的结果是完成数据交换，目的是实现信息资源的共享，实现不同计算机系统间的相互操作以完成工作协同和应用集成。

计算机网络由用户设备、网络软件和网络硬件三部分组成。用户设备是指用户用来联网的主机、终端和服务器；网络软件是指通信协议、操作系统和用户程序等；网络硬件是指物理线路、传输设备和交换设备等。

二、计算机网络的功能

计算机网络的主要功能是数据通信和共享资源。数据通信是指计算机网络中可以实现计算机与计算机或计算机与终端之间的数据传送；共享资源包括共享硬件资源、软件资源和数据资源。也可以说，计算机网络的基本功能是数据通信，主要功能是共享资源。

共享硬件资源是共享其他资源的物质基础。对于整个网络，共享硬件资源可以增强系统的处理能力，当某个主机系统负担过重时，可以将某些作业通过网络送到其他主机系统，以便减轻局部负担，提高设备利用率；共享硬件资源可以提高系统的可靠性，当网中某一台计算机发生故障时，可让别的计算机代为处理，以保证这些用户的正常操作不因局部故障而中断；共享硬件资源还可以做到资源调剂，使小型机、微型机的用户可以分享大型机拥有的软硬件设施。通常，共享的硬件资源有：超大型存储器、特殊的外围设备以及巨型机等。

共享的软件资源有：各种语言处理程序、服务程序和应用程序等。

共享数据资源是计算机网络最重要的功能，数据资源包括数据文件、数据库及数据软件系统等。由于数据产生的"源"在地理上是分散的，各用户无法改变这种状况，故必须用计算机网络才能高效率地进行数据采集、集中处理和让各用户共享。例如，全国联网的航空、铁路售票网络系统及各式各样的信息网络查询系统都是属于数据资源共享的范畴。

人们常常把计算机多用户系统误认为是计算机网络系统，这是由于没有从本质上区别计算机多用户系统和计算机网络系统。从表面上看，它们都是通过通信线路连接起来的多台计算机；从本质上讲，多用户系统是由一台中央处理机、多个联机的计算机（或终端）及一个多用户操作系统组成。在早期的多用户系统中，终端不具备独立的数据处理能力，它只作为输入/输出设备供用户使用。随着微型计算机的诞生，有相当数量的微机与多用户系统的中央处理机相连，其本身是具有独立数据处理能力的计算机，一般把它称为智能终端。在多用户系统中，主机与各个终端（包括智能终端）存在着支配与被支配的关系，各个终端受主机的控制，而网络系统中，各计算机或终端之间没有支配与被支配的关系，它们之间是平等的。这正是多用户系统与网络系统之间的本质区别。

三、计算机网络的分类

计算机网络种类繁多，按照不同分类方式可对计算机网络进行分类。

（一）按地域范围、组建属性和拓扑结构分类

按地域范围分类就是从网络所覆盖的地理范围大小来分类，据此可以分为局域网（LAN）、城域网（MAN）和广域网（WAN）三种。城域网是在大城市范围内构造的计算机网络。广域网是在国家范围内甚至洲际范围内构造的计算机网络。

局域地区网络（Local Area Network，LAN）简称局域网，它是在小型计算机和微型计算机大量推广使用之后才逐步发展起来的。局域网组网成本低，应用广泛，深受广大用户的欢迎，是目前发展较成熟、应用较普及的计算机网络。局域网一般属于广播通信网范畴，其覆盖面较小，主机和用户终端可用高速通信线路相连，传输距离常在数百米或稍远一些，限于构造一个房间、一座楼宇或一个园区范围内的计算机网络，其网络拓扑大多采用总线型结构，也可采用星形结构。

城域网（MAN）的作用范围是一个城市，传输距离常在几十公里或上百公里之间。城市网在局域网技术的基础上，采用了有源交换元件，实际上是一种高速宽带局域网，网络拓扑多为树形结构。

广域地区网络（Wide Area Network，WAN）简称广域网。广域网属于交换通信网，它无论在技术上还是在硬件配置上都比局域网复杂得多。安装一个广域网，必须采用或租用长距离传轴线路，利用卫星、微波、光纤等远距离通信手段把位于不同国家、地区的专用计算机及局域网连接起来，同时要设计复杂的交换系统，从而形成规模更大、信息量更丰富的网络。广域网覆盖面大，传输距离达数千公里甚至更远，所以它又称计算机远程网，可跨城市跨地区，覆盖范围能延伸到全国甚至全世界。

（二）按组建属性分类

按组建属性分类就是按计算机网络的设计、使用和拥有的属性来分类，一般可以分为公用网和专用网两类。公用网由国家电信部门或大型电信公司组建、管理和经营，面向社会公众提供服务；专用网由特定的部门、组织或公司组建，面向内部服务，不允许未经授权的外部访问。由于物理线路的构筑成本和运营代价很高，专用网特别是广域的专用网一般都会租用公用网的

网络设备来构造。

（三）按拓扑结构分类

按拓扑结构分类也就是按计算机网络的连接方式分类。"拓扑"是一个数学概念，与几何一样，都是以点、线、面作为研究对象。不同的是，几何研究点、线、面之间的位置关系，而拓扑则是研究点、线、面之间的连接关系。因此按拓扑结构分类就是按计算机网络中的通信节点和通信线路的连接方式分类。一般来说，可以将每个通信节点理解为一台计算机。

按拓扑结构，可将计算机网络分为星形、树形、环形、总线型、不规则型和全连接型六种，如图 2-17 所示。

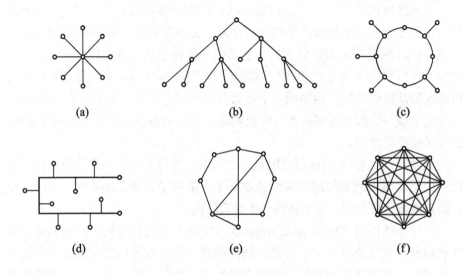

图 2-17　网络拓扑结构

（a）星形　（b）树形　（c）环形　（d）总线型　（e）不规则型　（f）全连接型

在星形拓扑中，每个站通过点对点链路连接到中央节点，任何两点之间的通信都要通过中央节点进行。中央节点通信负担重，结构也很复杂，而外围节点通信量很小，结构也较简单。

在树形拓扑中，末端节点通信量最小，分叉节点的通信则可大可小，主要取决于此分叉下的节点数量，且每个分叉可以自成一体，可以按设备类型和使用要求的不同来组成分叉，因此树形拓扑组网灵活，适应性强，适于主次分明、等级严格的分层管理系统。

在环形拓扑中，由中继器通过点对点链路连接构成封闭的环路，外围的工作站通过中继器与环路相连。工作站将要发送的数据拆分成组并添加控制信息后传送给与之相连的中继器，中继器将数据沿一个方向（顺时针或逆时针）依次转发直至送达目的工作站。

在总线型拓扑中，传输介质是一条总线，工作站通过相应硬件接口接至总线上。一个站发送数据，其他所有站都能接收，故这种通信方式又称广播式通信。树形拓扑中，当分叉节点发送数据时，与之相连的多个节点亦能同时接收，也是一种广播通信。

全连接型拓扑是在任意两个节点间均有线路连接，可以直接通信。不规则形拓扑是以上几种基本拓扑结构的混合。

四、计算机网络协议的标准

计算机网络是由多种计算机和各类终端通过通信线路连接起来的复合系统，由于计算机型号不同，终端类型各异，加之线路类型（固定线路和交换线路）、连接方式（点对点或多点）、同步方式（同步或异步）、通信方式（单工、半双工、全双工）的不同，要进行通信，必须按照双方事先约定的规则进行，力争做到统一硬件接口、统一信息编码制度、统一报文格式、统一传输命令、统一差错控制、统一通信过程等。例如，通信双方需要约定何时开始通信，如何识别通信内容，保持站内通信，这就是一种通信协议。一般说来，计算机网络通信协议是指通信双方事先约定的、必须共同遵守的控制数据通信的规则，它是针对通信过程中的各种问题制定的通信各方必须遵守的一整套约定，执行协议代表实现了网络通信的标准化。

计算机网络通信协议由语义、语法和定时三部分组成。语义规定通信双方准备"讲什么"；语法规定通信双方"如何讲"，确定数据的传输格式；定时规定通信双方彼此的"应答关系"，确定何时开始通信，何时结束通信。

协议对网络是十分重要的，它是网络得以运行的保证手段。有网络必有通信，有通信必有协议。如果通信双方无任何协议，则无法理解所传输的信息，更谈不上正确地处理与执行。网络中有各种类型的协议，针对不同的问题，可以制定出各种不同的协议。就因特网（Internet）而言，它所遵从的一系列协议被统称为传输控制协议（Transmission Control Protocol，TCP）以及网际间协议（Internet Protocol，IP），简称 TCP/IP 协议。前者为文件传输协议，它规定文件应如何存取，如何发送、接收，出错应如何处理等；后者为网络互联协议。正是由于有了 TCP/IP 协议在技术上的支持，才使得国际互联网络上种类繁多的信息在全球范围内安全、可靠和迅速地传递。

制定数据通信规程和网络协议的主要标准化组织如下：

（一）国际标准化组织（ISO）

ISO（International Standards Organization）是一个世界性标准化组织，该组织由各成员国标准化组织的代表组成，中国是该组织的成员国之一。ISO有专业委员会研究和制订数据通信与计算机网络的国际标准。

（二）国际电报和电话咨询委员会（CCITT）

CCITT（Consultative Committee of International Telegraphy and Telephone）是国际电信联盟的一个专业委员会，该委员会有两个研究组研究大数据通信的标准，网络层协议 X.25 就是该委员会提出的。

（三）电气及电子工程师学会（IEEE）

IEEE（Institute of Electrical and Electronic Engineers）是美国电气标准专业组织，该组织中有一个微处理器标准委员会和一个局域网标准委员会（简称 IEEE802 委员会），IEEE802 委员会提出了局域网通信协议标准。

（四）电子工业协会（EIA）

EIA（Electronics Industries Association）是一个代表美国制造商的组织。EIA 公布了 RS232C 等标准，这些标准统一了微型计算机的调制解调器等外部设备之间的电气连接特性，在世界许多计算机及外设生产厂家中具有一定的权威。

五、计算机网络的发展状况

计算机网络的发展共经历了 4 个阶段。

第一阶段：面向终端分布的计算机通信网

计算机联网的最初设想就是把多台远程终端设备通过公用电话网连接到一台中央计算机，以构成面向终端分布的计算机通信网，完成远程信息的收集、计算和处理。

面向终端分布的计算机通信网还不是严格意义上的计算机网络，因为它只能单纯地依靠调制解调器通过公用电话网进行一对一的简单通信（图 2-18）。实际上，在计算机网络通信的初期，要想解决远程互联的问题，必然只能选择利用已经成熟和普及的公用电话网这种传统的电路交换技术来完成。作为第一代计算机通信网的面向终端分布的计算机系统，其实已经涉及计算机通信领域的许多基本技术，而这种系统本身也成为以后发展起来的计算机网络的组成部分。直到今天，拨号上网仍然是许多终端用户的联网方式。

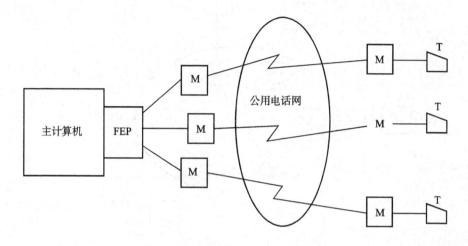

图 2-18　面向终端分布的计算机通信网

注：图中 FEP 表示前置通信处理机，M 表示调制解调器，T 表示终端。

第二阶段：分组交换数据网（PSDN）

随着计算机网络通信技术的发展和通信量的不断增长，传统的电路交换技术已不适合计算机资料的传输。由于计算机的数据是实发式和间歇性地出现在传输线路上的，因此在拨号联网方式中整个占线期间真正传送数据的时间往往不到 10%，并且呼叫过程相对传送数据来说都太长，因此需要寻找一种新的计算机组网方式，于是分组交换数据网应运而生。

20 世纪 70 年代，美国成功开发出了 ARPANET，采用崭新的异步通信技术，通过"存储转发、分组交换"原理来实现信息的传输和交换，实现了多主机协同通信和资源共享。

ARPANET 的出现标志着分组交换数据网（图 2-19）的兴起，标志着现代电信时代的开始，奠定了 Internet 形成与发展的基础。

ARPANET 被誉为分组交换数据网之父，它建立的一些组网理念和技术至今仍被使用。例如，ARPANET 的二级网络结构由通信子网和资源子网组成。通信子网由接口报文处理机（IMP）专门负责处理主机之间的通信任务，实现信息传输与交换；资源子网由众多联网的主机构成，负责信息处理，运行用户应用程序，提供共享资源。

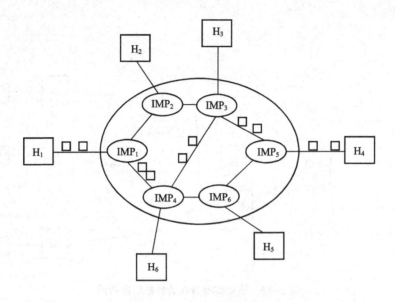

图 2-19 分组交换数据网

注：图中 H 表示主机，IMP 表示接口报文处理机。

分组交换通信的基本过程是：当某一主机（如 H_1）要与另一主机（如 H_5）交换信息时，H_1 首先将信息送至与其直接相连的 IMP_1 暂存，通信子网则根据一定的原则动态地选择适当的路径将信息转发至下一个 IMP 暂存，如此连续地存储转发，最后传输至 IMP_6，由 IMP_6 将信息最终送达目的主机 H_5。

通过这样一个异步通信的模式，就在主机之间建立起一条虚拟的线路连接，有效地克服了面向终端分布的计算机通信网存在的线路通信效率低下的问题，极大地提高了昂贵的通信线路的使用效率，摆脱了传统电路交换技术的局限。该模式从计算机自身的特点出发设计出了通信模型，为计算机网络的发展提供了技术的支持、资源的供应和经济的保证。

ARPANET 开创了第二代计算机网络，并由此发展为全世界广泛使用的因特网（Internet），它的 TCP/IP 协议已经成为事实上的国际标准。

由于 ARPANET 中存储转发的基本信息单元是分组（Packet），即将整个需要传送的信息报文（Message）分成若干组，每个组独立地按存储转发的方式在通信子网上分别传输，因此这种通信子网大都由政府邮电部门或大型电信公司负责建设和运行以向社会公众开放数据通信业务，故这类网也称公用数据网（PDN）或公用交换数据网（PSDN）。

第三阶段：局域网（LAN）、因特网（Internet）和综合业务数字网（ISDN）

局域网是在局部地理范围内进行高速通信的计算机网络。由于传输距离较短（0.1～25km），局域网实现了高传输率（0.1～100Mbit/s）、低误码率（10^{-8}～10^{-11}）的要求，因此局域网在 20 世纪 70 年代出现以后获得了快速的发展，出现了多种局域网产品，其中获得最大成功的最常见的产品是以太网（Ethernet）。

因特网是构筑在 TCP/IP 协议基础之上的第二代计算机网络，由于实现了大范围的多种网络互联，因特网的出现极大地促进了计算机网络的发展和应用。

综合业务数字网（ISDN）是以提供端到端的数字连接的综合数字电话网为硬件基础发展而成的通信网，用以支持包括语音和非语音的一系列广泛的业务，它为用户提供一组标准的多用途网络接口，可以在用户申请的同一条电话线上提供传真、智能用户电报、电视数据、可视图文、可视电话、视频会议、电子邮件、遥控遥测等业务，还可在此基础上开发多种增值业务。因此，综合业务数字网（ISDN）又俗称"一线通"。

第四阶段：第三代计算机网络

随着网络应用范围的不断拓展和网络用户的不断增加，第二代计算机网络已不能适应未来发展的需要，随着网络技术的进步和信息处理能力的提高，第三代计算机网络也在孕育之中。虽然目前要给第三代计算机网络下一个准确的定义还为时尚早，但可以看到它将会具有高带宽、高智能、高协同的特点。高带宽是指采用光纤通信和高速协议等技术解决网络拥塞的问题，支持更多的网络服务业务；高智能是指将信息的单位由第二代计算机网络的字符提升为概念，从而极大地减少上网用户的信息筛选工作量，提高网络设备对信息的智能处理水平；高协同是指大量采用分布计算技术，充分发掘联网计算机的富余处理能力进行协同计算，发挥网络资源优势，形成巨大的数据处理能力。

第四节　集散控制系统

楼宇自动化技术作为自动化技术的一个应用领域，也由早期的模拟控制装置与独立的设备控制发展为现在的以直接数字控制器和集散控制系统为主流的楼宇自动化系统。

一、集散控制系统的基本概念

分散型控制系统（Distributed Control System，DCS），也称集中分散型控制系统，简称集散控制系统。这是在多年集中型计算机控制失败的实践中产生的一种新的体系结构，即通过将功能分散到多台计算机上，分散危险性，同时采用双重化、冗余等增强可靠性的措施，达到提高系统可靠性和整个系统运行安全的目的。

DCS 的主要基础是 4C 技术，即计算机（Computer）、控制（Control）、通信（Communication）和 CRT 显示技术，是在微处理器的基础上对生产过程进行集中监视、操作、管理和分散控制的集中分散控制系统。该系统将若干台微机分散应用于过程控制，全部信息通过通信网络由上位管理计算机监控，实现最优化控制，整个装置继承了常规仪表分散控制和计算机集中控制的优点，克服了常规仪表功能单一，人—机联系差以及单台微型计算机控制系统危险性高度集中的缺点，既实现了在管理、操作和显示三方面集中，又实现了在功能、负荷和危险性三方面的分散。DCS 在现代化生产过程控制中起着重要的作用。

二、集散控制系统的结构

DCS 是随着计算机技术、信号处理技术、自动测量和控制技术、通信网络技术和人机接口技术的发展及相互渗透而产生的，既不同于分散的常规仪表控制系统，又不同于集中式的计算机控制系统，它吸收了两者的优点，是利用计算机技术对生产过程进行集中监视、管理和设备现场进行分散控制的一种新型控制技术，具有很强的生命力和显著的优越性。自 20 世纪 70 年代第一套集散控制系统问世以来，DCS 已经在各种控制领域得到了广泛的应用。

DCS 是由集中管理部分、分散控制部分和通信部分所组成（图 2–20）。集中管理部分主要由中央管理计算机及相关控制软件组成。分散控制部分主要由现场直接数字控制器（DDC）及相关控制软件组成，对现场设备的运行状态、参数进行监测和控制。DDC 的输入端连接传感器等现场检测设备，DDC 的输出端与执行器连接在一起，完成对被控量的调节以及设备状态、过程参数的控制。通信部分连接 DSC 的中央管理计算机与现场 DDC，完成数据、控制信号及其他信息在两者之间的传递。

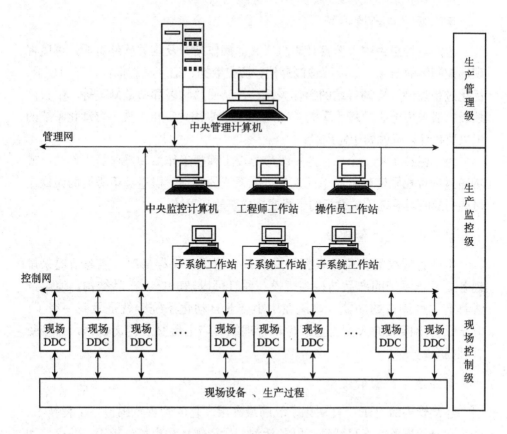

图 2-20 DCS 体系的结构（第四级"经营管理级"未画出）

以工厂自动化系统（Factory Automation）为例，DCS 还可根据操作管理层级分为四级（图 2-20）。

第一级：现场控制级

现场控制级由现场控制器（DDC）和其他现场设备组成。DDC 直接与各种现场装置（如变送器、执行器等现场仪表与装置）相连，对现场控制对象的状态和参数进行监测和控制，如设备与系统的状态与参数检测、报警、开环和闭环控制等。同时，DDC 还与第二级（生产监控级）的中央监控计算机相连，接受上层计算机的指令和管理信息，并向上层传递现场采集的数据（包括实时数据和特征数据）。

在系统规模比较大而且可划分为比较独立的子系统的 DCS 中，为了便于对子系统的监控与管理，可在这一层设置子系统工作站对子系统进行有效的监控与管理。楼宇自动化系统中的火灾报警与消防工作站、安保工作站等就属于这类工作站。

第二级：生产监控级

生产监控级由中央监控计算机（又称操作站）及相关软件组成，可监视现场控制级的信息，如故障检测存档、历史数据、记录状态报告、打印显示、优化过程控制、协调各站的操作关系、控制回路状态和参数修改等。中央监控级一般采用工业控制计算机（PC 总线）和专用计算机。楼宇自动化系统的中央监控计算机就属于监控级。

为了保护系统安全，在这一级应分设工程师工作站和操作员工作站，或者通过设置权限密码限制不同人员进入系统的级别，以避免不必要的误操作可能引起的对系统正常运行的干扰或造成事故与损坏。

第三级：生产管理级

生产管理级的作用是根据用户的订货情况、库存情况、能源情况来规划各单元子系统的产品结构和规模，并且可以随时更改产品结构，使生产线具有柔性制造的功能，该级在中小企业自动化系统中就是最高一级了。对于具有第四级的大型企业，生产管理级可与上层交互传递数据，并接受管理指令。

第四级：经营管理级

经营管理级是工厂自动化系统的最高层，它的管理范围包括工程技术、经济和商业事务、人事活动、财务活动、生产规划和市场分析等，并存储和处理大量的信息。通过综合产品计划，在各种变化条件下对各种信息和装置进行合理的调配，如产品的经营、销售、订货、接收以及产品产量和质量的调整、生产计划调度、财务管理、设备管理、总厂管理等，以能够最优地解决某些问题。该级常采用小型或中型计算机，并与其他相关工厂或机构，如银行、税务、交通等组成广域网并提供大范围的金融业务、税务及产品售后服务和技术支持。

目前，国内中小企业的 DCS 大多只有第一级，某些发展较快的企业也只有第一、第二级，少数大企业已开始具有第三级的部分功能。在国外，即使目前世界上最优秀的 DCS，也多局限在第一、第二、第三级。

就楼宇自动化系统而言，一般只设 DCS 的第一级和第二级。

三、集散控制系统的特点

DCS 能被广泛应用的原因是它具有很多优点。与模拟电动仪表比较，DCS 具有连接方便、连接容易更改（采用软连接的方法）、显示方式灵活、显示内容多样、数据存储量大等优点；与计算机集中控制系统比较，DCS 具有操作监督方便、危险分散、功能分散等优点。因此，在各行各业的各个领域都得到了应用。

（一）分级递阶控制

DCS 是分级递阶控制系统。DCS 在垂直方向或水平方向都是分级的。最简单的 DCS 至少在垂直方向分为二级，即操作管理级和过程控制级。在水平方向上各个过程控制级之间是相互协调的分级，它们把数据向上送达操作管理级，同时接收操作管理级的指令。各个水平分级间相互也进行数据的交换，这样的系统是分级递阶系统。DCS 的规模越大，系统的垂直和水平分级的范围也越广。现在常见到的计算机集成制造系统（Computer Integrated Manufacturing Systems，CIMS）是 DCS 的一种垂直方向和水平方向的扩展。因此从广义上说，CIMS 是在管理级扩展的集散控制系统，它把操作的优化、自学习和自适应的各垂直级加入集散控制系统中；把计划、销售、管理、控制的各水平级综合在一起，因而有了新的内容和新的含义。目前，DCS 的管理级仅限于操作管理级，单从系统的构成来看，分级递阶是它的基本特征。

CIMS 又称计算机综合制造系统。计算机集成制造系统是用计算机来描述整个研究对象各个部分和各个方面的相互关系和层次结构，从大系统理论角度研究，将整个研究对象分为几个子系统，各个子系统相对独立自治、分布存在、并发运行和驱动等。

分级递阶系统的优点是各个分级具有各自的分工范围，相互之间有协调。通常，这种协调是通过上一分级来完成的。上下各分级的关系通常是下面的分级把该级及它下层的分级数据送到上一级，由上一级根据生产的要求进行协调，并给出相应的指令即数据，通过数据的通信系统，把数据送到下层的有关分级。在 DCS 中，过程控制级采集过程中的各种数据信息，被转换成数字量。这些数据经过计算获得作用到执行机构的数据输出量，然后经转换成为执行机构的输入信号，送到执行机构去。可以看到，在 DCS 中，各个分级有各自的功能，完成各自的操作。各分级之间既有分工又有联系，在各自的工作中完成各自的任务，同时它们相互协调、相互制约，使整个系统在优化的操作条件下运行。

在计算机直接数字控制系统中，组成系统的某些部件的故障会造成整个系统的瘫痪。由于系统没有分级，因此系统中的各个组成部分具有相同等级。各级间的数据由同一个 CPU 进行处理，虽然可以进行优先级别的分配，但是系统的调整是较不方便的。正因为没有分级，系统的可靠性要求必然需要大大提高，而系统的危险性也相应增大。

（二）分散控制

分散控制是 DCS 的另一特点。分散是针对集中而言的。在计算机控制系统的应用初期，控制系统是集中式的，即一个计算机完成全部的操作监督和过程的控制。

集散控制系统的英文名称为 DCS，其本义即为分散控制系统，可见分散控制在 DCS 中处于十分重要的位置。分散指的不单是分散控制，它还包含了其他意义，如人员分散、地域分散、功能分散、危险分散、设备分散及操作分散等。分散的目的是使危险分散，提高设备的可利用率。

集中式的计算机控制系统是在中央控制室集中控制的基础上发展而来的。在中央控制室，各种过程的参数经检测、变送集中送到中央控制室，并在控制室的仪表盘上显示或记录，对要调节的参数则通过控制器的运算，输出信号到相应的执行机构。操作人员在中央控制室通过仪表盘上的仪表来监视和操作。这种集中控制的方式大大方便了操作，对过程参数的信息管理也有较好的效果。

但是，由于在一台计算机上把所有的过程信息的显示、记录、运算、转换等功能集中在一起，也产生了一系列问题。首先是一旦计算机发生故障，将造成过程操作的全线瘫痪，为此，危险分散的想法就提了出来，冗余的概念也产生了。但是，要采用一个同样的计算机控制系统作为原系统的后备，无论从经济上还是从技术上，都是行不通的。对计算机功能的分析表明，在过程控制级进行分散，把过程控制与操作管理进行分散是可能的和可行的。其次，随着生产过程规模的不断扩大，设备的安装位置也越来越分散，把大范围内的各种过程参数集中到一个中央控制室变得不经济，而且操作也不方便。因此，地域的分散和人员的分散也提了出来。人员的分散还与大规模生产过程的管理有着密切的关系：地域的分散和人员的分散要求计算机控制系统与其相适应。在集中控制的计算机系统中，为了操作的方便，需要有几个操作用的显示屏，操作人员在各自的操作屏上操作。由于在同一个计算机系统内运行，系统的中断优先级、分时操作等的要求也较高，系统还会出现因多个用户的中断而造成计算机的死机。由此，操作的分散和多用户多进程的计算机操作系统的要求也提了出来。

通过分析和比较，人们认识到分散控制系统是解决集中式计算机控制系统不足的较好途径。同时，在实践中，人们也在不断地改善分散控制系统的性能，使它成为过程控制领域的一支主流。

（三）自治和协调性

在 DCS 中，分散过程控制装置是一个自治的系统，它完成数据采集、信号处理、计算及数据输出等功能；操作管理装置完成数据的显示、操作监视和操作信号的发送等功能；通信系统则完成操作管理装置与分散过程控制装置间的数据通信。DCS 的各部分是各自独立的自治系统，但是，在系统中它们又是互相协调工作的。

由于 DCS 是一个相互协调的系统，因此，虽然各个组成部分是自治的，但任何一个部分的故障也会对其他部分有影响。例如：操作管理装置的故障将使操作人员无法知道过程的运行情况；通信系统的故障会使数据传送出错；过程控制装置的故障使系统无法正常工作。应该指出，不同部件的故障对整个系统影响的大小是不同的，为此，在 DCS 的选型和系统配置时应考虑重要的部位设置较高可靠性的部件或有必要的冗余措施等。

分散的基础是被分散的系统应是自治的系统。递阶分级的基础是被分组的系统是相互协调的系统。

在 DCS 中，分散的内涵是十分广泛的。分散数据库、分散抑制功能、分散数据显示、分散通信、分散供电、分散负荷等，它们的分散是相互协调的分散。因此，在分散中有集中的数据管理、集中的控制目标、集中的显示屏幕、集中的通信管理等，为分散进行协调和管理。各个分散的自治系统是在统一集中管理和协调下各自分散工作的。

（四）友好性

集散控制系统软件是面向工业控制技术人员、工艺技术人员和生产操作人员设计的，因此使用界面就要与之相呼应。

实用而简洁的人机会话系统应具有 CRT 彩色高分辨率交互图形显示、复合窗口技术，画面应日趋丰富；应备有综观、控制、调整、趋势、流程图、回路一览、报警一览、批量控制、计量报表、操作指导等画面，菜单功能应更具实用性；语音输入 / 输出应使操作员能与系统更方便地对话。

包括系统组态、过程控制组态、画面组态、报表组态在内的各种组态软件是 DCS 的关键部分，用户的方案及显示方式由它来生成 DCS 内部可理解的目标数据，它是 DCS 的"原料"加工处理软件。使用组态软件可以生成相应的实用系统，易于用户制定新的控制系统，便于灵活扩充。

（五）适应性、灵活性和可扩充性

集散控制系统的硬件和软件采用开放式、标准化和模块化设计，系统采用积木式结构，具有灵活的配置，可适应不同用户的需要。可根据生产要求，改变系统的大小配置，在改变生产工艺、生产流程时，只需要改变某些配置和控制方案。以上变化都不需要修改或重新开发软件，只是使用组态软件，填写一些表格即可实现。

（六）开放系统

开放系统的互操作性指不同的计算机系统与通信网络互相连接起来；通过互连，能正确有效地进行数据的互通；并在数据互通的基础上协同工作、共享资源，完成相应的功能。DCS 在现场总线标准化后，将使符合标准的各种智能检测、变送和执行机构的产品可以互换或替换，而不必考虑该产品是不是原制造厂的产品。

为了实现系统的开发，集散控制系统的通信系统应符合统一的通信协议。国际标准化组织对开放系统互连已提出了 OSI 参考模型。在此基础上，各有关组织已提供了几个符合标准模型的国际通信标准，如 MAP 制造自动化协议、IEEE802 通信协议等，在集散控制系统中已得到了应用。

（七）可靠性和安全性

高可靠性、高效率和高可用性是 DCS 的生命力所在，制造厂商在确定系统结构的同时都会进行可靠性设计，采用可靠性保证技术。

DCS 系统结构采用容错设计，在任一单元失效的情况下，仍然保持系统的完整性。即使全局性通信或管理站失效，局部站仍能维持工作。为提高软件的可靠性，DCS 采用程序分段与模块化设计；积木式结构，采用程序卷回或指令复执的容错设计；在结构、组装工艺方面，严格挑选元器件，降额使用，加强质量控制，尽可能地减少故障出现的概率。新一代的 DCS 采用专用的集成电路（ASIC）和表面安装技术（SMT）。

DCS 采用"电磁兼容性"设计，所谓电磁兼容是指系统的抗干扰能力与系统内外的干扰相适应，并留有充分的余地，以保证系统的可靠性。因此，系统内外要采取各种抗干扰措施，系统安置环境应远离磁场、超声波等放射源；应做好系统的可靠接地，过程控制信号、测量和信号电缆一定要做好接地和屏蔽；采用不间断供电设备，采用屏蔽的专用电缆供电；控制站、监测站的输入／输出信号都要经过隔离，连接到安全栅再与装置的现场对象连接起来，以保证系统安全运行。

最后是应用在线排除故障技术，采用硬件和故障部件的自动隔离、自动恢复与热机插拔的技术；系统内发生异常，通过硬件自诊断机能和测试机能检出后，汇总到操作站，然后通过 CRT 显示、声响报警或打印输出，将故障信息通知操作员；监测站、控制站各插件上有状态信号灯，用来指示故障插件。另外，事故报警、双重化措施、在线故障处理、操作备份等手段也提高了系统的可靠性和安全性。

四、集散控制系统的现状与发展趋势

DCS 自 1975 年问世以来已经历了四十多年，其可靠性、实用性不断提高，功能日益增强，如控制器的处理能力、网络通信能力、控制算法、画面显示及综合管理能力等。DCS 过去只应用在少数大型企业的控制系统中，但随着 4C 技术及软件技术的迅猛发展，到目前已经在电力、石油、化工、制药、冶金、建材等众多行业得到了广泛的应用，特别是电力、石化这样的行业。

DCS 这几十年的巨大变化来自两方面的动力：用户需求的不断提高和电子与信息技术的快速发展。用户的需求已经不再满足于应用 DCS 代替常规的仪表控制和简单的数据检测，同时随着电子与信息技术的进步使得 DCS 应用的构成元素（电子元器件、处理器、软件、网络等）性能大大提高且价格大幅度下降，特别是各种板级 OEM 部件和 HMI 软件的发展进一步简化了 DCS 的开发难度并降低了开发成本。

目前，一套使用户满意的 DCS 系统应该具备以下特点：

（1）系统具备开放的体系结构，可以提供多层的开放数据接口。

（2）系统应具备强大的处理功能，并提供方便的组态复杂的系统控制能力与用户自主开发专用高级控制算法的支持能力。

（3）系统应支持多种现场总线标准以便适应未来的扩充需要。

（4）系统应可靠性高、维修方便、工艺先进、价格合理。

五、集散控制系统在楼宇控制中的应用

工业生产过程控制的需求导致了 DCS 的产生，现在，它被成功推广应用于楼宇自动化系统。

在一栋建筑中，需要实时监测与控制的设备品种多、数量大，而且分布在建筑物的各个空间。大型的建筑有几十层楼面，多达十多万平方米的建筑面积，需数千套设备遍布建筑内外。对于楼宇自动化这一个规模庞大、功能综合、因素众多的大系统，要解决的不仅是各子系统的局部优化问题，而且

是一个整体综合问题。若采用集中式计算机控制，则所有现场信号都集中于同一地方，由一台计算机进行集中控制。这种控制方式虽然结构简单，但功能有限且可靠性不高，故不能适应智能建筑的需要。

DCS 以分布在现场被控设备附近的多台计算机控制装置完成被控设备的实时监测、保护与控制任务，克服了集中式计算机控制带来的危险性高度集中和常规仪表控制功能单一的局限性；以安装于集中控制室并具有很强的数字通信、CRT 显示、打印输出与装有丰富控制管理软件功能的管理计算机，完成集中操作、显示、报警、打印与优化控制功能，避免了常规仪表控制分散后人机联系困难与无法统一管理的缺点。管理计算机与现场控制计算机的数据传递由通信网络完成。集散控制充分体现了集中操作管理、分散控制的思想，因此 DCS 是目前楼宇自动化广泛采用的体系结构。

在楼宇自动化系统中，对控制精度、系统实时性、可靠性等的要求，相对于工业生产过程控制的要求降低了，所以在楼宇自动化系统中应用的 DCS 产品的档次和性能有所削弱和降低，但系统总体架构还是一致的。

DCS 在楼宇自动化控制中一般有以下三种应用：按建筑层面组织的集散型楼宇自动化系统、按建筑设备功能组织的集散型楼宇自动化系统和混合型的集散型楼宇自动化系统。

1. 按建筑层面组织的集散型楼宇自动化系统

对于大型的商业建筑、办公建筑，往往各个楼层有不同的用户和用途，如首层为商场，二层为某机构的总部等。因此，各个楼层对楼宇自动化系统的要求会有所区别，按建筑层面组织的集散型楼宇自动化系统能很好地满足要求，如图 2-21 所示。

这种结构的特点是：

（1）由于是按建筑层面组织的，因此布线设计及施工比较简单，子系统（区域）的控制功能设置比较灵活，调试工作相对独立。

（2）整个系统的可靠性较好，子系统失灵不会波及整个楼宇系统。

（3）设备投资较大，尤其是高层建筑。

（4）较适合商用的多功能建筑。

2. 按建筑设备功能组织的集散型楼宇自动化系统

按建筑设备功能组织的集散型楼宇自动化系统如图 2-22 所示。

这是常用的系统结构，按照整座建筑的功能系统来组织。这种结构的特点是：

（1）由于是按整座建筑设备功能组织的，因此布线设计及施工比较复杂，调试工作量大。

（2）整个系统的可靠性较弱，子系统失灵会波及整个楼宇系统。

（3）设备投资较少。

（4）较适合功能相对单一的建筑（如企业、政府的办公楼、高级住宅等）。

3.混合型的集散型楼宇自动化系统

这是兼有上述两种结构特点的混合型，即某些子系统（如供电、给水排水、消防、电梯）采用按整座楼宇设备功能组织的集中控制系统，另外一些子系统（如灯光照明、空调等）则采用按楼宇建筑层面组织的分区控制方式。这是一种灵活的结构系统，它兼有上述两种方案的特点，可以根据实际的需要调整。

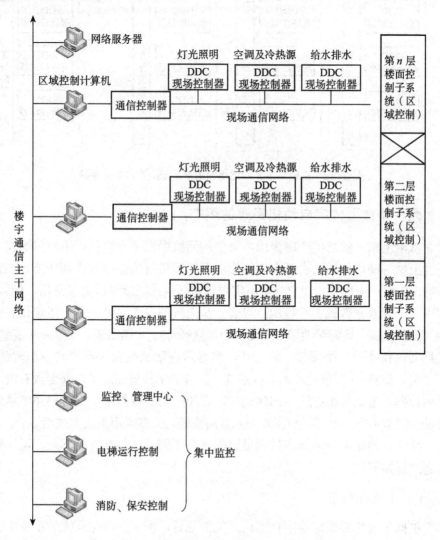

图 2-21　按建筑层面组织的集散型楼宇自动化系统

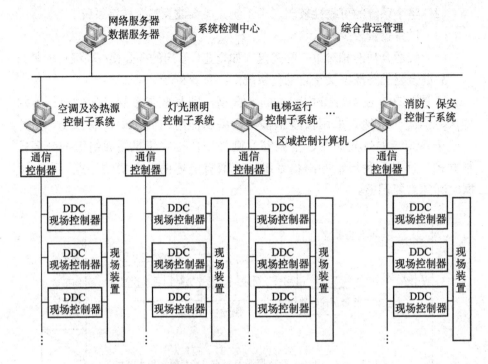

图 2-22　按建筑设备功能组织的集散型楼宇自动化系统

六、集散型楼宇自动化系统的组态

所谓组态，就是生产商为用户提供的间接操作平台软件，用户只需在此平台上做一些简单的二次开发即可完成对工程项目的监视和控制功能。在某些特定的简单应用中，用户甚至不需要编写任何代码就可以直接使用。例如，实现一个仪表在微机上的显示，只要三步简单的操作：第一步，指定仪表类型（设备安装向导能帮助用户只需简单地选择即可）；第二步，定义一个变量，连接到该仪表的一个端口；第三步，将显示连接到变量（不同的组态软件，实现稍有差异）。存盘后进入运行系统，所有的工作就完成了，甚至没有输入任何代码。这就是组态软件的优越性，它让一切变得简单，同时避免了重复劳动。组态工作一般可以是在线的或者离线的，大多采用离线方式组态。

楼宇自动化系统的组态过程虽因制造厂不同，产品会有所不同，但一般组态过程如下：

（一）系统组态

根据工程需要确定楼宇自动化系统的配置，楼宇自动化系统的系统组态包括为各个装置、接插件等分配地址，建立相互的联系和设置标识标号，它可分为硬件组态和软件组态两部分。

硬件组态有两种方法：

（1）先设置各个接插槽的地址，接插部件不另设地址。

（2）将接插部件用跨接或开关设置地址，接插槽不另设地址。

组态软件是对各个部件的特性、标识、符号以及所安装的有关软件系统进行描述，建立它们的数据连接关系。

（二）画面组态

画面组态主要包括系统画面和过程操作画面两种组态。系统画面用于系统的维护，通常由系统的结构、通信网络、各组成设备运行状态等信息组成，一般由系统自己生成。过程操作画面包括用户过程画面、仪表板画面、监测和控制点画面、驱使画面以及各种画面标号一览表、报警和事件一览表等。

（三）点组态

完成站和 I/O 通道板的配置后，就可以进行点组态了。点组态包括模拟量输入和输出点、数字量输入和输出点、脉冲输入点的组态，具体操作包括定义点以及点的各种属性和参数。例如，模拟量、数字量和脉冲量保存时间可设置，就是点组态中的一个参数。

（四）控制组态

控制组态软件是一系列的控制算法，一般以功能模块的形式提供选用。控制组态包括选用功能模块、配置控制方案和整定功能模块中相应参数三个过程。

对控制组态中功能模块的选用和控制方案的选用，应遵循以下原则：

（1）便于控制功能的扩展。

（2）便于功能模块功能的发挥。

（3）尽量选择功能强的模块。

（4）控制方案的选择是在满足工艺需求的前提下，选择最简单的方案。

用户在选择某一算法菜单后，相应的图形就显示在屏幕上，用鼠标拖动图形，就可以进行模块连接（除了算法模块，还有给定值模块、输入点模块和输出点模块）和模块参数的设置。完成控制点组态后，输入模块的输入点和输出模块的输出点也就可供选择了。

（五）编译

编译是指将上述组态参数变成该工程应用的参数型数据文件。

（六）数据下装

数据下装是指通过网络通信程序把组态数据装载到控制主机和各操作员站。

七、现场控制器

楼宇自动化的集散型计算机控制系统是通过通信网络系统将不同数目的现场控制器与中央管理计算机连接起来，共同完成各种采集、控制、显示、操作和管理功能。

楼宇中的现场控制器采用计算机技术，又称直接数字控制器，简称DDC。

DDC 可根据控制功能分为专用控制器和通用控制器。专用控制器是为专用设备控制研发的控制器，如楼宇自动化系统中的空调机控制器、灯光控制器等。通用控制器可用于多种设备的控制。

通用控制器常采用 I/O 模块化结构，使系统配置更为灵活。在实际使用中，可根据不同需求选用不同的模块进行 DDC 配置，并采用不同的冗余结构以适应不同的控制要求。DDC 通常安装在靠近控制设备的地方。为适应各种不同的现场环境，DDC 应具有防尘、防潮、防电磁干扰、抗冲击、抗振动及耐高低温等的防（抗）恶劣环境的能力。

（一）DDC 的功能

在 DCS 中，各种现场检测仪表（如各种传感器、变送器等）送来的测量信号均由 DDC 进行实时的数据采集、滤波、非线性校正、各种补偿运算、上下限报警及累积计量计算等。所有测量值、状态监测值经通信网络传送到中央管理计算机数据库，并进行实时显示、数据管理、优化计算、报警打印等。

DDC 将现场测量信号与设定值进行比较，按照产生的偏差由 DDC 完成各种开环控制、闭环反馈控制，并控制/驱动执行机构完成对被控参数的控制。

DDC 能接受中央管理计算机发来的各种直接操作命令，对监控设备和控制参数进行直接控制，提供对整个被控过程的直接控制与调节功能。DDC 的基本组成如图 2-23 所示。

在 DCS 中，显示与操作功能集中在中央管理计算机，DDC 一般不设置CRT 显示器和操作键盘，但一般配备可供选择的简易人机界面，如小型显示器、迷你键盘、按钮等，通过这些简单的人机界面，可在现场对 DDC 进行变

量调整、参数设定等一些简单的操作以及检测参数的就地显示等。独立使用
DDC 时，选配相应的人机接口是非常必要的，会给系统现场调试、编程和参
数调整等带来极大便利。

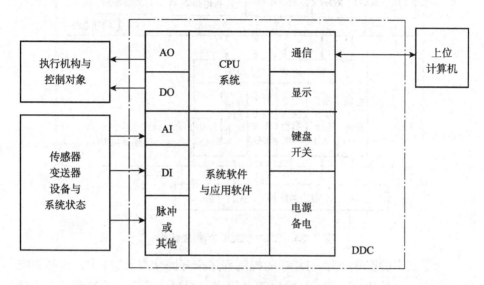

图 2-23　DDC 的基本组成

（二）模块化 DDC 的组成结构

模块化 DDC 通常包含电源模块、计算机模块、通信模块和输入 / 输出模
块，如图 2-24 所示。

1. 计算机模块与通信模块

计算机模块通过输入模块来完成数据采集、滤波、非线性校正，以及各
种补偿运算、上下限报警和累积量计算等，同时通过运算，由输出模块输出
控制信号，驱动执行机构（器）完成对控制对象的控制。计算机模块可通过
远程驱动模块和远程执行器实现远程控制。通信模块可将所有测量值和状态
检测信号传送到中央管理计算机数据库，供实时显示、数据处理、优化计算、
报警打印等。中央管理计算机的管理、控制指令同样可通过通信模块送入
DDC 的计算机模块，实现系统的直接调控。

DDC 是一种开放式控制器，其计算机模块中的 CPU 普遍采用了高性能
的 16 位微处理器，有的使用了准 32 位或 32 位微处理器，还配有浮点运算协
处理器，因此 DDC 的数据处理能力大大提高。除了具有先进的 PID 算法功能
外，DDC 的计算机模块还可执行复杂的控制算法，如自整定、预测控制和模
糊控制等。

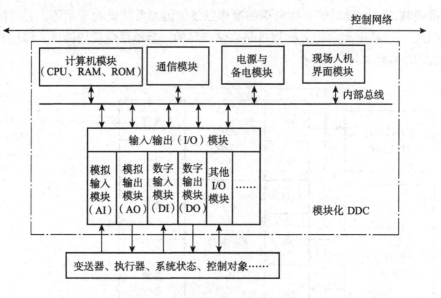

图 2-24 模块化 DDC 的组成结构

为了工作的安全可靠，DDC 的控制程序全部固化在 ROM 中，包括系统启动程序，自检程序，输入 / 输出驱动程序，检测、计算、通信和控制管理程序等。RAM 为程序运行提供了存储实时数据与中间变量的空间，用户在线操作时需修改的参数（如设定值、手动操作值、PID 参数、报警界限等）也需存入 RAM，DDC 为用户提供了在线修改组态的功能，用户组态应用程序也必须存入 RAM 中运行。

在一些采用双 CPU 的冗余系统中，还特别设有一种双端口随机存储器，用于存放过程输入 / 输出数据及设定值、PID 参数等；两个 CPU 可分别对其进行读写，从而实现了双 CPU 间运行数据的同步，当主 CPU 出现故障时，备用 CPU 可立即接替工作，保证正常运行过程不受任何影响。

DDC 的通信方式主要有点对点（Peer to Peer）方式和 RS485 方式，点对点网络通信可达到 115.2kbit/s 的通信速率。RS485 通信总线长度可达1.2km。

2. 内部总线

DDC 一般采用最流行的标准的 VME 总线，它是支持多 CPU 的 16 位 /32 位总线。PC 总线（ISA 总线）在中规模 DCS 的 DDC 中也得到了应用。

3. 电源模块

稳定、无干扰的交流供电是 DDC 正常工作的重要保证，DDC 采用了隔离变压器，将其一次、二次绕组间的屏蔽层可靠接地，很好地隔离共模干扰。电源模块带有板内微处理器，为 DDC 提供了高质量的 DC 24V 稳压电源，

DC 24V 又通过 DC—AC—DC 变换方式转换成 DDC 内各功能模块所需的直流电源。电源模块具有过电压 / 欠电压的显示功能。长寿命的后备锂电池可保证 DDC 的重要数据不丢失。

4.输入 / 输出（Input/Output）模块

在 DCS 中，种类最多、数量最大的就是各种输入 / 输出模块。DDC 的输入 / 输出接口通过输入 / 输出模块与各种传感器、变送器、执行器等在线仪表连接在一起。DDC 的输入 / 输出模块根据信号的性质可分为模拟输入模块、模拟输出模块、数字输入模块、数字输出模块、脉冲输入模块及其他专用 I/O 模块。

（1）模拟量输入（Analogy Input，AI）模块。各种连续变化的物理量（如温度、压力、压差、液位、应力、位移、速度、加速度及电流、电压等）和化学量（如 pH 值、浓度等），通过传感器将其转变为相应的标准电信号，由模拟量输入模块送入 DDC 进行处理。上述非电物理量转换后的标准电信号有以下几种。

电阻信号：由热电阻传感器产生。电阻信号的输入模块与所采用的电阻传感器对应，常用的规格有 100Ω、500Ω、1000Ω、10kΩ、20kΩ 等。

电压信号：一般是由热电偶、压力、湿度、应变式传感器产生。常用的规格有 DC 1 ～ 5V、DC 0 ～ 5V、DC 0 ～ 10V 等几种。

电流信号：由各种温度、位移传感器或各种电量、化学量变送器，电磁式流量传感器等产生。一般均采用 DC 4 ～ 20mA 标准。

在所有模拟量输入模块中，输入电路先将各种范围的模拟量输入信号统一转变成 DC 1 ～ 5V 或 DC 0 ～ 10V 的电压信号送入 A/D 转换器；通过滤波电路、差动放大器以提高系统抗干扰能力，提高共模抑制比。对于热电偶信号的处理器，还设有冷端补偿与开路检测等措施，以提高检测精度与系统可靠性。

通过 A/D 转换器，将信号处理器输入的多路模拟信号，按 CPU 的指令逐一转变为数字量送给 CPU。每个 A/D 转换器一般可直接输入 8 ～ 64 路模拟信号，由多路选通开关通过分时选通进行 A/D 转换。A/D 转换器有 8 位、10 位、12 位、16 位等多种，但在 DCS 中使用较多的是 12 位 A/D 转换器，每次 A/D 转换时间一般在 100μs 左右。

（2）模拟量输出（Analogy Output，AO）模块。DDC 将要输出的数字信号经 D/A 转换器转换成电流或电压模拟信号，常用的 D/A 转换器有 8 位、10 位、12 位、16 位等多种，但在 DCS 中使用较多的是 12 位 D/A 转换器。通过模拟输出模块输出的 DC 4 ～ 20mA 直流电流信号或 DC 1 ～ 5V、DC

0～5V、DC 0～10V 直流电压信号，用于控制各种直行程或角行程电动执行机构的行程以控制各种阀门的开度，或通过调速装置（如各种交流变频调速器）控制各种电动机的转速，也可通过电—气转换器或电—液转换器来控制各种气动或液动执行机构（如控制气动阀门）的开度等。

（3）数字（状态）输入（Digital Input，DI）模块。该模块用来输入各种限位（限值）开关、继电器、电气联动机构、电磁阀门联动触点的开 / 关状态等二位（on/off）信号。

各种开关量输入信号在数字输入模块内经电平转换、光电隔离并经滤波去除抖动噪声后，存入模块内的数字寄存器中。每路外接开关的状态，相应地由二进制寄存器中一位数字的 0 与 1 来表示。CPU 可周期性地读取各模块内寄存器的状态来获取系统中各个输入开关的状态；也可通过中断申请电路读取，当外部某开关状态变化时，即向 CPU 发出中断申请，提请 CPU 及时处理。

（4）脉冲输入（Pulse Input，PI）模块。现场仪表中转速计、涡轮流量传感器、脉冲电量表及一些机械计数装置等输出的测量信号均为脉冲信号，脉冲输入模块就是为输入这一类测量信号而设置的。脉冲输入与数字输入功能相似。脉冲输入模块上设有多个可编程计数器（如 8253、8254 等 16 位的定时计数器）及标准时钟电路，输入的脉冲信号经幅度变换、整形、隔离后输入计数器。根据不同的功能、编程方式和转换系数，脉冲输入模块可进行计数、脉冲间隔时间测量、脉冲频率测量及总量计算等。

（5）数字输出（Digital Output，DO）模块。该模块用于控制电磁阀门、继电器、指示灯、声报警器等只具有开、关两种状态的装置或设备，即用于锁存 CPU 输出的开关状态数据。这些 0、1 数据的每一位分别对应一路输出的开、关或通、断状态，经光电隔离后可通过小型继电器、双向晶闸管（或固态继电器）的输出控制现场设备。数字输出模块上一般设有输出值回测电路，供 CPU 确认开关量输出状态是否正确。

在设计上述各种输入 / 输出模块时，为保证其通用性和系统组态的灵活性，模块中均设有一些用于改变信号量程与种类的跳线或 DIP 开关。有些 DDC 还有一组模块地址选址开关，用于模块地址的确定。在安装与调试这类系统时必须按组态数据仔细设定。

第五节　现场总线技术

随着控制技术、计算机技术和通信技术的飞速发展，数字化作为一种趋势正在从工业生产过程的决策层、管理层、监控层逐渐渗透到现场设备。从宏观来看，现场总线的出现是数字化网络延伸到现场的结果。随着网络的发展，现场总线将使数字技术占领工业控制系统中模拟量信号的最后一块阵地，一种真正全分散、全数字、全开放的新型控制系统——现场总线控制系统正在向人们走来。

一、现场总线控制系统的结构特点

DCS 中的 DDC 输入端连着传感器、变送器，输出端连着执行器，由 DDC 完成对现场设备的控制，传输的是模拟量信号和开关量信号，是一对一的物理连接。

随着电子技术、计算机技术、通信技术、控制技术等的不断发展，自动控制系统的现场仪表与装置的技术水平迅速提高，出现了大量智能化现场设备。智能化的现场设备除了能检测、转换、传递现场参数（温度、湿度、压力等），接收控制、驱动信号执行调节、控制功能外，还含有运算、控制、校验和自诊断功能。这种智能化的现场设备自身就能完成基本的控制功能，具有很强的通信能力。通过标准化的网络，将智能化的现场设备联系起来，构成现场总线控制系统，就实现了彻底的集散控制。现场总线控制系统的特点有以下几个方面。

（一）系统的开放性

现场总线为开放式的互联网络，既能与同类网络互联，也能与不同类型网络互联。开放式是指现场总线可以与世界上任何地方遵守相同标准的其他设备或系统连接，由于通信协议的公开，遵守同一通信协议不同厂家的设备之间可以实现互换。用户可按自己的需要，选用不同供应商的产品，通过现场总线构筑自己所需要的自动化系统。

（二）互操作性与互换性

互操作性与互换性是指现场总线控制系统中，不同生产厂家性能类似的设备不仅可以相互通信，还可以相互组态、相互替换地构成控制系统。

（三）现场设备的智能化与功能自治性

现场总线控制系统将传感测量、计算与转换、工程量处理与控制等功能分散到现场设备中完成。仅靠现场设备即可完成自动控制的基本功能，并可随时诊断设备的完好状态。

（四）分散的系统结构

现场总线控制系统把 DCS 中的传感测量、补偿、运算、执行和控制等现场控制功能分散到现场仪表，取消了 DCS 中的 DDC，体现了现场设备功能的独立性，构成了新的分散控制的系统结构，简化了系统结构，提高了可靠性。现场总线控制系统的接线十分简单（图 2-25），一对双绞线可以挂接多个设备，当需要增加现场控制设备时，可就近连接在原有的双绞线上，既节省了投资，也减少了安装的工作量。

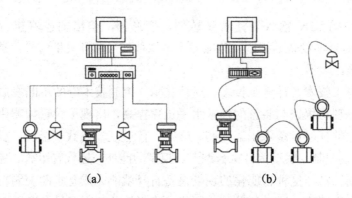

(a)　　　　　　　　　　(b)

图 2-25　DCS 与现场总线控制系统的系统接线比较

（a）DCS 的系统结构　（b）现场总线控制系统的结构

用户可以选择不同厂商所提供的设备来集成系统，避免因选择了某一品牌的产品而限定了后期使用设备的选择范围，也不会出现系统集成中协议、接口不兼容等问题。

二、现场总线控制系统的优越性

现场总线控制系统与传统控制系统相比，具有以下优越性：

（一）节省一次性投资

由于现场总线控制系统的投资门槛低、可扩展性好，用户可根据使用的需要灵活调整投资方案，逐步投入、滚动发展，因此一次性投资较少，投资风险较小。此外，现场总线控制系统中分散在现场的智能设备能直接执行多种传感控制报警和计算功能，因而可以减少变送器的数量，不再需要单独的调节器和计算单元等，也不再需要传统控制系统中的信号调理、转换、隔离等功能单元及复杂接线，还可以用工控机作为操作站，从而节省了大量硬件投资，控制室的占地面积也可以大大减少。

（二）节省安装费用

现场总线控制系统的接线十分简单，一对双绞线或一条电缆上通常可挂接多个设备，因而电缆、端子、槽盒、桥架的用量大大减少，连线设计与接头校对的工作量也大大减少。当需要增加现场控制设备时，无须增设新的电缆，可就近连接在原有的电缆上，既节省了投资，也减少了设计、安装的工作量。据有关资料介绍，现场总线系统比传统控制系统可节约安装费用 60%以上。

（三）节省维护费用

现场总线控制系统结构清楚、连线简单，从而大大减少了维护工作量。同时，由于现场控制设备具有自我诊断与简单故障处理的能力，并自动将诊断维护信息上报控制室，维修人员可以方便地查询所有设备的运行、维护和诊断信息，加大了预防性维护的比例，提高了故障分析与排除的速度，缩短了维护停工时间，节省了维护费用。

（四）提高控制精度与可靠性

由于现场总线设备的智能化和数字化，可将传送过程的误差降至最低，因此控制精度只取决于传感器的灵敏度和执行器的精确度，系统控制精度大大提高。同时，由于系统的结构简化，设备与连线减少，现场设备内部功能加强，减少了信号的往返传输，系统工作可靠性大大提高。

（五）提高用户的选择性

由于现场总线控制系统的开放性，使用户可以对各设备厂商的产品任意进行选择并组成系统，不必考虑接口是否匹配的问题，从而使系统集成过程中的主动权牢牢掌握在用户手中。

第三章　楼宇通信系统

第一节　电话通信网络

电话机是电话系统中使用最广，也是最基本的设备。首先，从电话机开始了解电话通信网的组成等。

一、电话机的种类

电话机是一个庞大的家族，按电话机到电话交换机系统的传输方式分类，可分为有线电话机和无线电话机两大类。

（一）有线电话机

有线电话机种类很多，可以按接续方式、话机适用场合及话机功能等不同方式来分类。

1.按接续方式分类

（1）人工电话机。人工电话机采用人工操作来实现话音的交换、接续，它在当今社会已基本被淘汰。人工电话机包括磁石电话机和共电式电话机。磁石电话机是应用最早的电话机，其主要特征是送话电源和呼叫信号电源均由电话机自备。共电式电话机（即手摇电话机）与磁石电话机的主要区别是，共电式电话机的送话电源和呼叫信号电源由交换机通过电话机的外线提供。

（2）自动电话机。自动电话机是用机械或电子方式实现话音的交换、接续，有机械拨号盘式电话机和电子按键式电话机两种。自动电话机按拨号制式可分为以下三种：

①脉冲电话机或单音频电话机。这种电话机在拨号时，发出的脉冲个数直接代表电话号码数字，它适用于机电式自动交换机或程控自动交换机。

②双音多频电话机，简称双音频电话机或音频电话机。这种电话机拨号时，用高低两个频率信号代表一个电话号码数字。双音多频电话机一般适用于程控自动交换机或具有双音多频接收装置的机电式自动交换机。

③脉冲、双音频兼容的电话机，简称 P/T 型电话机。这种电话机既适用于机电式自动交换机，也可用于程控自动交换机，这是目前社会上使用最多的自动电话机。

2. 按电话机使用场合分类

（1）桌式电话机：俗称"桌机"，即放在桌上使用的电话机。

（2）墙式电话机：俗称"墙机"，即挂在墙上使用的电话机。

（3）墙桌两用机：是一种既可挂在墙上，也可放在桌上使用的电话机。

（4）袖珍电话机：就是现在广泛使用的手机，这种电话机将键盘、送话器、受话器等部件都装在一个手柄里合为一体。它的体积小，使用携带方便。

3. 按电话机功能分类

（1）普通电话机。这种电话机只具有电话机的一般功能，也就是通话功能、接收振铃功能及拨号呼叫功能。

（2）多功能电话机。多功能电话机除了具备普通电话机的功能外，还具备以下功能的一种或数种：号码重发、拨号暂停、号码存储和缩位拨号、脉冲/音频兼容拨号、挂机持线、锁号、受话增音、发送闭音及免提等。多功能电话机已成为社会应用的主流机型。

（3）特种电话机。这种电话机又可分为以下七种类型：

①录音电话机：分为留言电话机、电话录音机和自动应答录音电话机。

留言电话机，即主人预先把需要通知对方的话录下来，当有来话时，振铃数次后可自动应答，把留言发送出去。留言电话机实际上是在普通电话机上加了一个自动应答装置，所以又叫自动应答电话机。

电话录音机是电话机和磁带录音机的组合，使用时由人工操作录下双方的讲话内容，需要重放时，就按下放音键。

自动应答录音电话机是自动应答和自动录音相结合的电话机。有来话时，若主人不在，电话机可自动启动，把磁带或存储器中的留言告诉对方，然后启动磁带录音装置，记录对方留言。主人回来后，可按放音键收听对方的留言。

②可视电话机：是一种能实现面对面谈话的电话设备，通话时可看到对方的面容。可视电话机由电话机、电视机、摄像机和控制装置四部分组成。

③投币电话机：投币电话机具有的控制功能包括：对投入硬币的检测和判别，检测合格后接通电话机线路（允许打电话），根据硬币面额对通话时间进行限制，到时告警和自动拆线，收取硬币。这种电话机已使用较少。

④磁卡电话机：是一种即时收费电话机。磁卡电话机接受一种以预付电话费方式购置的带有磁性材料的卡片（磁卡）。拨电话时，必须先将磁卡插入电话上相应的入口中，经电话判别真伪和是否有效才能开启电话功能。通话

完毕挂机，载有剩余金额的磁卡退出。

⑤IC卡电话机：是更为先进的公用电话机，接受一种以预付电话费方式购置的带有集成电路芯片的卡片（IC卡）。拨电话时，必须先将IC卡经电话交换中心判别是否有效才能开启电话功能。通话完毕挂机，载有剩余金额的IC卡退出。与磁卡电话机相比较，IC卡可在全国通用，磁卡只能在发行地使用；IC卡保管方便，磁卡不能靠近磁性物品。与投币、磁卡电话系统相比，IC卡电话系统具有安全性高、易大规模分级管理、设备运营成本低廉、故障率低等显著优点。此外，IC卡在金融、医疗、教育、交通等领域的成功应用，也为IC卡公话系统多功能服务提供了美好广阔的前景。

⑥数字电话机：是一种既有按键电话机功能，又有数据收、发信号功能的电话机。其内部装有微型计算机，并具有显示电话号码和数据用的小型显示器作为附加装置，还可配备输入号码用的按键盘和感热式打印机。

在模拟电话机中，话音信号和拨号信号同时在声音信道中传送。在数字电话机中，信号用的信道是单独的，它除了可发送和接收信号外，还可发送和接收低速数据。因此数字电话机又比按键电话机前进了一步。

⑦保密电话机：保密电话机能将话音加密，传输给对方后，由对方话机解密还原，从而保护通话内容。保密电话机多服务于党政军机要部门。

（二）无线电话机

根据支持无线电话机的移动通信系统的不同，无线电话机可分为以下两类：

1.无绳电话机

无绳电话移动通信是20世纪70年代中期发展起来的一种移动通信方式。无绳电话系统由两部分组成：一个是连接到电话网的基地台，另一个是无绳电话机。

第一代无绳电话系统（CT-1）是室内使用的无绳电话系统。这是一个介于有线和无线之间的特种电话。无绳电话系统设立一个基站，并且与有线电话机并联接入公用电话网，它的手持式话机发射功率都不大，覆盖范围仅离基站50～200m，有10个信道。随着数字技术的不断运用，无绳电话已部分解决了互相干扰、窃听等问题。目前市场上销售的多是单子机无绳电话机。

CT-1系统相互间易受干扰，保密性差，用户只局限于本基地台使用，为克服以上缺陷，人们研制成功了第二代无绳电话移动通信系统（CT-2）。该系统采用数字技术，有单向和双向两类系统。使用时，只能在一个基站区内使用，不能越区切换；打出时，具有一般电话的功能。双向系统的CT-2手机在打入时有受话的功能。由于公众网移动电话费用较低，使用 CT-2 的城市已很少，各地运营商大都根据不同的经营习惯取不同的名字，如中国香港的和记传讯叫"天地线"，深圳取名"天地通"等。

CT-1 和 CT-2 有很大的区别。CT-1 是一种相当于将电话线延伸了几十米、几百米，买回来接好电话线就可以用；CT-2 通信系统由专门的单位负责运营，相当于一个普通的移动电话系统。目前大家所说的和市场上销售的无绳电话机多指 CT-1。

2.公众移动电话

公众移动电话是目前使用最多的移动电话机（俗称手机），按系统可分为模拟移动电话、数字移动电话和专用移动电话机。

（1）模拟移动电话机。早期的移动电话都是模拟的，模拟就是声音调制后的高频信号的调制深度随声音大小变化而变化。这种移动电话机可在服务范围内移动而不影响通话，也可到联网的其他服务区漫游。

（2）数字移动电话机。数字移动电话是将声音取样、量化并编码，以数字信号调制发射机，在接收后解调还原为声音。数字移动电话保密性好、系统容量大、抗干扰能力强。在国内，数字 GSM 移动电话由中国电信及中国联通经营，因为与世界很多国家都可联网互通，因此中国电信数字 GSM 移动电话又称"全球通"；此外，中国电信还在部分城市、省份试运营长城网数字移动电话，这是采用码分多址（CDMA）制式的移动电话系统。

（3）专用移动电话机。使用专用移动电话网的电话机即专用移动电话机。专用移动电话网与公众移动网的组网方式基本相同，一般是半双工工作方法，专用网具备调度功能，对不同级别的用户给不同的呼叫时长、功能。集群移动电话是该类移动电话的代表。

二、电话通信的基本原理及电话通信网

（一）电话通信的基本原理

电话通信是利用声电的变换传输人类语言信息的一种电信系统。电话通信的基本原理如图 3-1 所示。当发话人拿起话机（常称摘机）对送话器讲话时，人的声音激励空气产生振动，形成声波，声波作用于送话器上时，随着声音的大小、高低的变化，使送话器电路内产生相应的电流变化，称为话音电流。话音电流沿着传输线路传送到对方电话机的受话器，再把语音电流的变化转为声音振动，恢复为原来的声波，作用在人的耳膜上，就可以听到原发话人的声音。

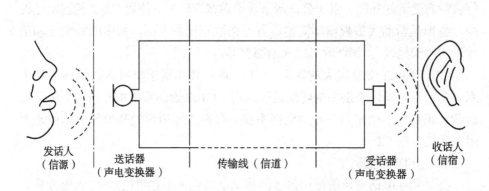

发话人　　　　送话器　　　　　传输线（信道）　　　　受话器　　　　　收话人
（信源）　　（声电变换器）　　　　　　　　　　　　　（声电变换器）　　（信宿）

图 3-1　电话通信的基本原理

由此可见，电话通信实质上是声能和电能的相互变换过程。为了实现双向通话，通话双方的电话机要同时具有送话器和受话器。此外，为了打电话呼叫对方，电话机里还必须有振铃装置。

人耳能够听到的频率叫作声频，又称音频。人们的说话、歌唱以及音乐等都属于音频的范围，人耳能够听到的音频范围通常是 15～20000Hz。高于20000Hz 的叫作超声，是人耳所不能听到的声波。人们说话的声音只是音频范围内的一部分，通常是在 80～6000Hz，其中 300～3400Hz 是说话声音中最主要的部分，因此国际上选定了 300～3400Hz 这个频段作为标准的传送电话通信的频带，这个频带能够保证电话通信有足够良好的清晰度，现在世界各国普遍采用。

众所周知，有两部电话机和一对电话线就可以通电话。如果有两个以上用户要进行电话通信怎么办呢？假如是五个用户，要求相互都能通活，如果没有电话局，那么每家用户就需要有四部电话机和四对电话线分别和另外四家用户连通（图 3-2）才能实现相互通活。用这种办法，用户越多，每家用户要安装的电话机和电话线路也越多，这样用户间的电话线路就会非常复杂，而且非常浪费，显然不可能这样做。

为了解决这个问题，人们在电话用户分布地区的中心设立一个电话局（电话局是电话网中的一个节点，它的基本任务是根据用户的需要完成临时接通电话通信），装设一部电话交换机，每个电话用户都有一对线接到交换机上（图 3-3），由交换机把需要通话的用户临时接通。这样，每个用户只需要一部电话机、一对电话线就可以达到与其他任何用户通话的目的。这种能为任何一对电话用户之间提供通话路由的网就是电话通信网，简称电话网。

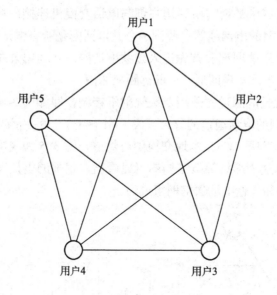

图 3-2　五个用户互相通话

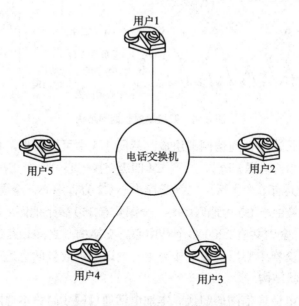

图 3-3　电话交换机工作原理

（二）电话通信网

　　电话通信网的组成是一种很复杂的应用技术。我们知道，在一定距离内，利用一对线路就可以使两部电话单机进行电话通信。但要使一定区域内的电话用户互相通信并尽可能地减少用户间的线路，就必须安装一部或几部电话交换机。这个区域中的所有电话用户都与电话交换机连接，从而组成电话通信网，实现用户间的电话通信。我国的公共电话网是所有电话通信网的基础，其他业务的电话通信网都要首先进入公共电话网，并利用公共电话网中的某些传输和交换设备来实现四通八达的远距离通信。

我国的电话通信网过去采用四级辐射汇接制，即如图 3-4 所示的等级结构。近年来，我国的电话通信网分为五级（C1～C5），由一至四级（C1～C4）长途交换中心和五级（C5）本地交换中心组成，图 3-5 为我国现在电话网络的等级结构。由这个网络等级结构图可以看出，我国的电话通信网主要是由本地电话通信网和长途电话通信网组成的。

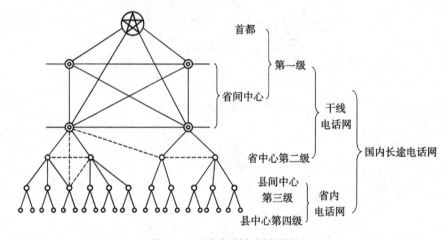

图 3-4　四级辐射长话网结构

（1）我国长途电话通信网的组成。从图 3-5 中可以看出，我国的长途电话通信网（简称长话网）分为 C1～C4 四级交换中心。一级交换中心 C1 为大区中心，全国共有 6 个大区；二级交换中心 C2 为省中心，全国共有 30 个省中心；三级交换中心 C3 为地区中心，全国共有 350 多个地区；四级交换中心 C4 为县中心，全国共有 2200 多个县中心。交换中心之间相互连接成网状结构，以下各级交换中心以逐级汇接为主，辅以一定数量的直达通路，从而构成复合型的网状结构。

（2）本地电话通信网的组成。本地电话通信网（简称本地网）是指同一个长途编号区范围内，由所有的交换局、用户话机及连接线路等组成的电话网络。一个本地网属于 K 话网中的一个长途编号区，且仅有一个长途区号。图 3-6 为一个典型的本地网结构。

本地网中的交换局分为端局和汇接局，图 3-6 中 20、30、40 为端局，21、22、23、31、32、41、42、43 为汇接局。端局是本地网中的基本交叉，同本地网内其他汇接局相连，它通过用户线直接和用户话机连接。汇接局是一种特殊的端局，其主要功能是汇接本区内的本地或长话业务。汇接局一方面与本区内所有的端局相连，另一方面又同本地网内其他汇接局相连；汇接局也和端局一样，直接与周围地区内的用户话机相连，并进行电话交换。

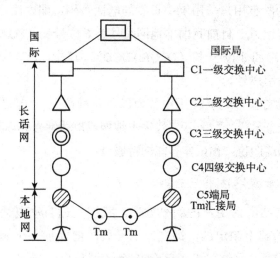

图 3-5 我国长途电话网络的等级结构

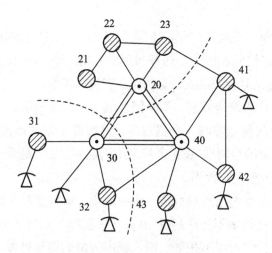

图 3-6 典型的本地网结构

三、我国电话通信网的编号规则

电话通信网中每一个用户都分配有一个号码，用来在网中选择建立接续的路由和作为呼叫的目的地。在多局制的本地网中，每个用户的编号应包括局号码和用户号码两部分。在我国，城市或地区的编号叫作本地网的长途区号。

（一）本地网及市内电话网的编号方案

本地网内的所有用户采用统一长度的电话号码，即由用户所连的交换局号码和用户号码组成。目前我国本地网编号有 6 位号长（PQABCD）、7 位号长（PQRABCD）和 8 位号长（OPQRABCD）。其中，PQ、PQR、OPQR 为局号，ABCD 为用户号。

电话号码的首位号码在使用中分为以下几种情况："0"代表长途字冠；"1"代表特种服务号码；"2～9"代表本地网或市话网号码。其中一些"X0"字头不作局号码前两位，预留作智能网特服号。

（二）国内长途电话用户的编号方法

（1）长途自动电话用户的编号方法。我国长途自动电话用户的编号是在市话号码的基础上制定的，即在市话号码的前面加一个城市或地区的代号（称长途区号）。另外，为了区分长途区号与市话局号，在长途区号前加上长途字冠。这样长途电话号码将由长途字冠、长途区号、市内电话号码组成。

长途字冠在全自动接续的情况下用"0"代表。用户拨叫国内长途电话时先拨长途字冠 0，然后拨区号、局号和用户号码，即"0+长途区号+本地网电话号码"，长途区号为不等长，有两位、三位和四位。

（2）长途区号的编号方案。将全国各城市（包括地区和县）都编上固定的号码，即无论从何地呼叫一个城市时，都拨属于该城市固定的长途区号，这就是所谓"固定编号制"。长途区号采用固定编号后，能使全国的长途电话号码统一起来，方便用户使用。

我国信息产业部电信总局规定，每一城市（地区或县）的长途区号加市话号码的总位数量最多不允许超过 10 位（不包括长途自动字冠"0"）。不同城市的市话号码长度可以不相等，同一城市的市话编号也可以采用号长相差一位的不等编号。

四、程控用户交换机系统

程控交换机是现在电话通信网普遍使用的设备，有必要对它进行进一步了解。

　　程控交换机的任务是对电话系统进行日常运行时的操作和管理以及故障处理。程控交换机把传统的"布线逻辑控制"改变为"存储程序逻辑控制"，这是电话交换技术上的一项重大突破。交换系统由专用的存储程序控制，从而使系统能按程序所规定的一系列指令来执行一连串的任务，实现许多特殊的功能，而且不必为每一项功能配备单独的硬件设备。程控交换机使电话通信网有了智能，使电话机能按人的"旨意"行事。

　　与机电式交换机相比，程控交换机有许多优点。它能灵活组网，能自动转接，接续速度快；它的容量大、设备小，可节省机房面积；它能进行许多特殊的控制动作，能灵活方便地为用户提供多种服务功能，使维护自动化容易实现，给用户带来方便；改变交换中心的操作时，不需改动交换设备，只要改变程序的指令就可以了；它的设备可靠性高、投资低；它既可用于电话，也可用于开放数据、图像通信业务和其他信息交换业务。

　　程控交换技术的问世，标志着电话交换及维护管理进入了由软件控制的新阶段。"程控"使交换系统具有更大的灵活性、适应性和开放性，并能更好地适应未来通信发展的需要。

　　（一）程控交换机的结构

　　程控交换机是将电子计算机的存储程序控制技术引入电话交换设备中，组成了由存储程序控制的电话交换机，简称程控交换机。实际上程控交换机是将电路技术、计算机技术、通信技术综合为一体。

　　程控交换机实质上是通过计算机的存储程序控制来实现各种接口的信道接续，信息交换及交换的控制、维护、管理功能，基本结构如图3–7所示。主要包括话路部分和控制部分两部分。前者负责提供用户之间的连接通路，后者负责接续通路，控制接续的进行。

　　程控交换机的基本结构可以分为以下几个部分：

　　（1）外围接口单元。外围接口单元包括模拟用户线电路、数字用户线电路、模拟中继线电路、数字中继线电路及各种其他接口单元。

　　（2）交换网络。交换网络包括空分接续网络、时分（数字）接续网络和时分/空分组合接续网络等形式。交换网络是程控交换机实现用户间或端口间信息交换的关键部分，目前除了小容量的交换机一般采用空分或时分接续网络，中、大型的交换机几乎全部采用时分/空分组合网络。

　　（3）控制系统。控制系统的主体是微处理机，包括CPU、存储器、I/O设备及相应的软件。控制系统是程控交换机的核心，其主要任务是根据内/外线用户的要求及电话网络运行、维护、管理的要求，执行存贮程序和各种命令，并控制相应的硬件设备，实现信息的交换和系统的维护管理功能。

（4）网络连接设备。网络连接设备是指用于局域网互联的 LAN，与分组数据网互联的 PS Sever，连接 Modem 进行数据通信的 MLU、Modem Pool，以及连接无线移动通信系统、寻呼系统、ISDN 与接入网的有关单元或设备。

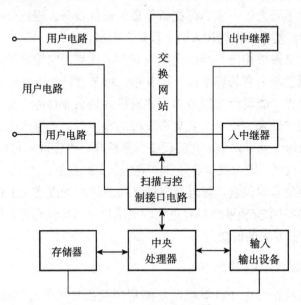

图 3-7　程控交换机的基本结构

（5）信令系统。在程控交换系统的各个部分之间或用户与交换机、交换机与交换机之间，需要传送各种专用的控制信号和信令来保证交换机协调动作，完成用户呼叫、处理、接续、控制等功能。信令系统主要包括各种标准的模拟或数字式用户线信令、局间信令的发送及接收。

（6）其他附属设备。其他附属设备包括话务台、维护终端、计费与话务统计、专用设备及配线架、电源设备等。

（二）程控用户交换机的功能、新业务和分类

1. 程控用户交换机的主要功能

（1）通过模拟用户线接口（ALC），实现模拟电话用户间的拨号接续与信息交换。

（2）通过数字用户线接口（DLC），实现数字电话机或数据终端间的拨号接续与数字、数据信息交换。

（3）经模拟用户线接口和 Modem，实现数据终端间的数据通信。

（4）经数字用户线接口、Modem 用户线单元（MLU）、调制解调器及模拟中继线接口（ATU），实现与上级局或另一交换机的数据终端间的数据通信。

（5）通过专用的接口，完成程控数字交换机与局域网（LAN）、分组数据网（PDN）、ISDN、接入网（AN）及无线移动通信网等的互联。

（6）经所配置的硬件和应用软件，提供诸多专门的服务和响应功能。

（7）借助维护终端、话务台等设备，实现对程控交换机系统或网络配置、性能、故障、安全、统计、计费等方面的管理及各种维护功能。

2. 程控用户交换机的新业务

程控交换机的最大优点是可向用户提供几十种服务功能，有的多达上百种。

（1）缩位拨号：主叫用户对经常联系的被叫用户可采用 1～2 位的缩位号码来代替原来的多位被叫号码（与电话机存储功能机配合）。

（2）呼叫转移：用户离开本地去他处时，来电话时可自动转移到其临时去处。

（3）热线服务：即用户摘机后，不需拨号就可与某一事先指定的被叫用户接通。

（4）呼叫等待：当用户 A 与用户 B 通话时，第三个用户 C 呼叫 A，A 可自由切换与 B 和 C 之间通话，通路均保持不断。

（5）免打扰服务：即别的用户打不进本用户。

（6）会议电话：通常为三方会议，主叫通过拨号呼叫出两个被叫，构成三方通话。

3. 程控用户交换机的分类

用户根据各自不同的应用要求，在程控用户交换机中加设相适应的软硬件后，可把程控用户交换机变换成特殊用途的程控数字用户交换机：

（1）旅馆型。旅馆型程控用户交换机的出入局话务量较大，不需要直接拨入功能，话务台功能要强。为满足客人打长途电话的需要，应具有立即计费功能。同时为满足旅馆房间管理需要，这类程控交换机还应具有旅馆房间管理软件，该软件应提供房间控制、语音信箱（如留言服务、客房状态、请勿打扰、自动叫醒、综合语音和数据系统）等功能。

（2）医院型。医院型程控用户交换机除具有旅馆型程控用户交换机的软件功能外，还应具有呼叫寄存、呼叫转移、病房紧急呼叫、热线电话、BP 寻呼机或 CT-2 无绳电话、综合语音和数据系统等信息接口或功能。

（3）办公自动化型。

①为了提高办公效率，用户能自动呼入 / 呼出，避免话务员介入，以提高效率。

②提供多种通信接口：X.25.N—ISDN、DDN、LAN、光通信。

③传输用户电报、传真、静态图像、可视图像（可视电话）等。

④支持计算机网络联网能力。

⑤具有与语音信箱、传真信箱、电子信箱连接的接口并与上述信箱联网，可提高办公效率，提高对建筑物内用户信息通信的服务等级。

（4）银行型。银行程控用户交换机除具有办公自动化型的功能外，还应具有总行与分行间的通信联络、语言自动应答、警卫巡更线路、外线保留等功能。

（5）专网型。专网型程控用户交换机应具有组网功能，还具有多位号码存贮和转拨、直达路由选择、自动迂回、外线呼叫等级限制、远端集中维护管理及话务台集中设置等功能。

五、综合业务数字网（ISDN）交换机

为了适应信息化时代信息流量大、信息形式多样化的特点，信息通信系统的发展方向是数字化、综合化、宽带化、智能化、标准化和个人化。其中，数字化是利用数字传输与数字交换综合而成的电话通信网（传送话务及非话业务）；综合化是指把各种通信业务包括电话业务和非话业务都以数字的方式统一到一个综合的数字网中传输、交换和处理。这就是综合业务数字网（ISDN）。

ISDN 是由 CCITT 和各国标准化组织开发的一组标准，按 CCITT 与 ISDN 标准给出的定义，"ISDN 是由综合数字电话网发展起来的一个网络，它提供端到端的数字连接以支持广泛的服务（包括声音和非声音的），用户的访问是通过少量多用途用户网络接口标准实现的"。ISDN 可以提供或承担包括话音和非话音业务在内的多种多样的电信服务，用户只需提出一次申请，用一条用户线即可将多种业务终端通过一组标准多功能的用户 / 网络接口接入 ISDN 内并按统一的规程进行通信。ISDN 不仅实现了把多种电信业务综合在一起，而且具有经济、灵活、使用方便和可扩展等优点，可以适应未来用户增长和新型业务的发展。

ISDN 可以与程控交换机系统组成一个综合应用网。ISDN 既保留了原电话网络（PSTN）的全部功能，又在信息化发展中，加入数据通信的新功能。

ISDN 是一种全数字网络，此网络中的一切信号都以数字形式进行传输和交换。原始信号不论是语音、文字、数据还是图像，都先要在终端上转换成数字信号，再通过数字信道送到 ISDN，最后传递到通信另一方的终端设备。

但目前不是所有的终端设备都已数字化，因此还要求网络能适应数字与模拟混合传输，在终端设备上保留一段模拟量传输，再将其转换为数字信号。

用户只要安装上一部普通电话，再配置一台 ISDN 适配器（ISDN TA），

就可接入 ISDN；PC 只要装上 ISDN PC 卡，传真机和调制解调器只要装上 ISDN TA 也就可接入 ISDN。

ISDN 的业务范围十分广泛，它不仅覆盖了原有各种通信网的业务范围，而且提供了多种新型增值业务。ISDN 所支持的业务有：电话（数字化机）与智能用户电报、传真（具有复印速度的 G4 标准传真）、销售网点电子收款机（POS 机）对信用卡的验证、可视图文、遥测、监视和报警、可视电话、会议电视、E-mail、远程局域网（LAN）与因特网的接入等。

六、蜂窝状通信网

随着现代信息技术的发展，移动通信以其方便、快捷的优势，迅速遍及全世界。就移动通信用户手机的数量而言，我国已名列前茅。然而，有的建筑物移动通信效果不佳，主要原因是现代建筑结构越来越高，对室内形成较强的屏蔽，造成大型建筑物的低层、地下商场、地下停车库、电梯轿厢等环境里，移动无线信号弱，形成移动通信盲区；大型建筑物的中间楼层，由于来自不同基站的信号重叠，产生乒乓效应，手机频道切换频繁，话音质量差。此外，受到基站天线高度的限制，建筑物的高层无法正常覆盖，也会形成移动通信盲区。为此，许多大型建筑引入了室内微蜂窝移动通信系统，较好地解决了覆盖和通话质量问题。

蜂窝移动通信一般用于语音通信，以其组成正六边形无线覆盖区而得名，也叫蜂窝系统（Cellular System）。蜂窝系统是以大容量、小区制（蜂窝状小区制）、一信道共用、同频复用为特征的公用移动电话系统，它可构成全市、全省、全国乃至全球的移动电话网。蜂窝移动通信是移动通信系统的一种，它是通信技术与计算机技术有机结合的产物。蜂窝移动通信按楼内和楼外分，又分为宏蜂窝和微蜂窝两种。就移动通信的整体而言，宏蜂窝系统和微蜂窝系统都是移动通信的组成部分。宏蜂窝系统的基本单元是小区，小区到底设多大，涉及无线频率分配和各项参数的设定。在宏蜂窝系统中，基站天线应高于周围建筑物。在市区进行覆盖时，要考虑对高层室内的覆盖。

七、无线 WiFi

WiFi 全称 Wireless Fidelity，是当今世界使用最广的一种无线网络传输技术。WiFi 实际上就是把有线网络信号通过无线路由器转换成无线信号使用的一种通信方式。在建筑物内，如果有 ADSL 或小区宽带，那么只要接入一个无线路由器把有线信号转换成 WiFi 信号，就可供计算机、手机、PDA（个人掌上电脑）等免费上网。

WiFi 技术作为高速有线接入技术的补充，具有可移动性、价格低廉的优点，WiFi 技术广泛应用于有线接入且需无线延伸的领域，如临时会场、工厂、校园等限定区域范围。由于数据速率、覆盖范围和可靠性的差异，WiFi 技术在宽带应用上是高速有线接入技术的一种补充。现在 OFDM（正交频分复用）、MIMO（多入多出）、智能天线和软件无线电等，都开始应用到无线局域网中以提升 WiFi 性能。

WiFi 技术也是蜂窝移动通信的一种补充。蜂窝移动通信的特点是覆盖广、移动性高、数据传输速率不高，它可以利用 WiFi 高速数据传输的特点弥补自身数据传输速率受限的不足。WiFi 技术可利用蜂窝移动通信网络完善的鉴权与计费机制，也可以结合蜂窝移动通信网络覆盖广的特点进行多接入切换功能。这样就能实现 WiFi 与蜂窝移动通信的融合，使蜂窝移动通信的运营更加完善。

WiFi 通信与蜂窝移动通信是既竞争又共存的关系。用于 WiFi 的 IP 话音终端已经进入市场，这对蜂窝移动通信有一部分替代作用，而随着蜂窝移动通信技术的发展，热点地区的 WiFi 公共应用也可能被蜂窝移动通信系统部分取代。但是在一些特殊场合的高速数据传输必须借助于 WiFi。

无线通信的关键是无线接入技术。无线接入技术是指通过无线介质将用户终端与网络节点连接起来，以实现用户与网络间的信息传递。无线信道传输的信号应遵循一定的协议，这些协议即构成无线接入技术的主要内容。其主要包括 IEEE 的 802.11、802.15、802.16 和 802.20 标准，分别指采用 WiFi、WAPI 等标准的无线局域网（WLAN）、采用蓝牙与超宽带（UWB）等无线个域网（WPAN），包括全球微波互联接入（WiMAX）等的无线城域网（WMAN）和宽带移动接入（WBMA）。一般来说，WiFi 可以提供热点覆盖、低移动性和高数据传输速率；WPAN 提供超近距离的无线高数据传输速率连接；WMAN 提供城域覆盖和高数据传输速率；WBMA 则可以提供广覆盖、高移动性和高数据传输速率。

第二节　有线电视系统

有线电视系统（CATV）是相对无线电视而言的新型广播电视传播方式。有线电视系统是从无线电视发展而来的一种高科技的使用技术。有线电视在国内外的迅速发展是经济和广播电视技术进步的标志。有线电视摒弃了无线电视频道容量有限、接收质量无法保证的缺点，以其图像质量高、节目内容丰富、服务范围广而受电视用户的青睐。此外，随着用户对宽带传输的要求，有线电视由于其传输介质所特有的宽频特性越来越受到人们的重视。将现有的有线电视网适当改造，即可使之成为满足人们对宽带通信需求的可行方式之一。

一、有线电视系统的组成

有线电视系统是一个复杂的完整体系，它由许多具体设备和部件按照一定的方式组合而成。从功能上来说，任何有线电视系统无论其规模大小如何，繁简程度怎样，都可抽象成如图 3–8 所示的物理模型。也就是说，任何有线电视系统均可视为由信号源、前端、传输系统、用户分配网四个部分（或称四个功能模块）组成。

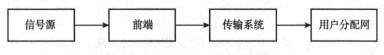

图 3–8   有线电视系统的物理模型

图 3–8 中，信号源是指提供系统所需各类优质信号的各种设备；前端则是系统的信号处理中心，它将信号源输出的各类信号分别处理，并最终混合成一路复合射频信号提供给传输系统；传输系统将前端产生的复合信号进行优质稳定的远距离传输；用户分配网则准确高效地将传输信号分送到千家万户。

有线电视系统有多种分类方法：按用户数量可分为 A 类系统（10 万户以上的系统）和 B 类系统（10 万户以下的系统）；按干线传输方式可分为全电缆系统、光缆与电缆混合系统、微波与电缆混合系统、卫星电视分配系统等；按照是否利用相邻频道，可分为邻频传输系统与非邻频传输系统。其中，非邻频传输系统可按工作频段分为 VHF 系统、UHF 系统和全频道系统；邻频传输系统按最高工作频率又可分为 300MHz 系统、450MHz 系统、550MHz 系统、750MHz 系统、1000MHz 系统等。此外，还有单向系统与双向系统之分。

一般来说，不同的系统在具体的组成上差异很大，取决于系统规模的大小、节目套数的多少、功能应用的情况等诸多因素。为了帮助读者建立起系统的整体概念，并获得直观的认识，下面简要讨论两种最典型的模式。

（一）传统有线电视系统的基本组成

这里所谓的传统有线电视系统，是指采用邻频传输方式，只传送模拟电视节目的单向有线电视系统。这种系统在我国极为普及，分布面广，至今仍大量存在。图 3–9 是这类系统基本组成的示意性框图。

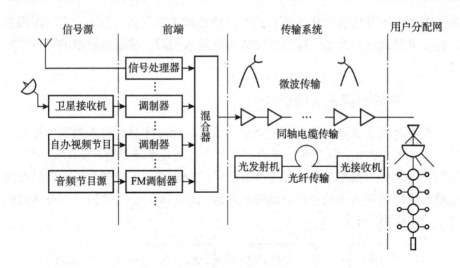

图 3-9　传统有线电视系统的基本组成

1. 信号源

传统有线电视系统的节目来源通常包括多个卫星转发的卫星电视信号，当地电视台发送的开路电视信号，当地微波站发射的微波电视信号，其他有线电视网通过某种方式传输过来的电视信号，自办电视节目，自办或转播的视、音频节目等，接收或产生这些节目信号的设备共同组成了系统的信号源部分。这些设备包括：

（1）用于开路广播电视接收的高增益接收天线（通常是多单元强方向性的八木天线）。为了接收中央台及各省、地、市台向空中发射的广播电视节目，有线电视台必须有高质量的电视接收天线和调频广播接收天线。一般说来，在接收 VHF 频段的电视节目时，要采用单频道天线，即一副天线只接收一个频道的节目；在接收调频广播和 UHF 频段的电视节目时，则可采用频段天线，即由一副天线接收频率相差不大的几个频道的节目。要注意天线的质量和安装天线的位置，注意天线同电缆的匹配连接。对电视台设置得比较远，信号较弱的频道，需要在天线杆上加装天线放大器，对所接收的信号进行预放大，以改善系统的载噪比指标。对那些信号很弱、干扰较强的频道，则可由几副天线组成天线阵，以进一步提高天线的增益和方向性。

（2）用于卫星电视接收的卫星地面接收系统。为了接收中央电视台和部分省级电视台通过卫星转发的电视节目，以及中央人民广播电台通过卫星转发的调频广播节目，有线电视台必须要有口径为 3～6m 的抛物面卫星电视接收天线以及相应的馈源、高频头、卫星接收机等设备。一般说来，接收一个卫星的节目，需要 1～2 副抛物面天线，1～4 个高频头（四个高频头分别用于接收 C 波段和 Ku 波段两种不同极化方式的节目），若干个功分器和卫星接收机。卫星接收机的数量应大于所接收频道的数量，以保证一个频道有一台卫星接收机，并留有一定的备份。卫星接收机的类型主要有模拟接收机（FM）、数字接收机（DVB–S）和数字解扰专用接收机（用于中央电视台等加扰节目）。

（3）用于自办电视节目的自动播出系统。包括多台摄像机、电影电视设备、DVD 播放设备、字幕机、切换矩阵、自动播出控制系统以及演播室、转播车等。

（4）用于接收其他有线网传送信号的相应设备。具体组成取决于传送方式。如采用微波（AML），则需要微波接收天线和下变频器；如采用 AM 光纤，则需要光纤接收机；如果采用数字光纤传送，则除了光纤接收机外，还需要有将相应数字信号转化为模拟视频、音频信号的专门设备。

（5）用于微波电视信号接收的微波接收天线和微波接收机。用于接收 FM 广播节目的天线、接收机和用于自办 FM 节目的立体声放音设备、播出控制设备。

2. 前端

前端是位于信号源和传输系统之间的设备组合，其任务是把从信号源送来的信号进行滤波、变频、放大、调制、混合等，使其适合在传输系统中进行传输。例如，对于当地强信号电视台发出的信号，一般要经过频率变换，把该频道的节目转换成其他频道在线路中传输，以避免空中强信号直接窜入用户电视机而出现重影干扰；在 VHF 系统中，也需要把天线上接收到的信号转换成 VHF 的标准频道或增补频道，以免传输时信号损失太大；从卫星接收机、微波接收机输出的视频、音频信号，以及自办广播电视节目中产生的视频、音频信号，还需要进行调制，使其变为高频信号，才能进入混合器，使各个不同的节目互不干扰地在线路中传送；在邻频传输系统中，还应采用高质量的频道处理器来处理要传输的信号，以避免相邻频道的干扰等。

大型有线电视系统的前端不止一个，其中直接与系统干线或作干线用的短距离传输线路相连的前端称为本地前端（相当于主前端）；经过长距离地面或卫星传输把信号传递给本地前端的前端称为远地前端（相当于本地前端的信号源前端）；设置于服务区域的中心，其输入来自本地前端及其他可能信号源的辅助前端称为中心前端（相当于分前端）。一般来说，一个有线电视系统只有一个本地前端，但却可能有多个远地前端和多个中心前端。

在本地前端中采用的邻频前端主要有两种类型。一种是频道处理器型，即把电视接收天线收到的开路电视信号先下变频至图像载频为 38MHz、伴音载频为 31.5MHz 的中频信号，然后经过中频处理器对信号进行处理，使之适合邻频传输的要求，最后经过一个上变频器，把经过处理的中频信号变为所要传输的高频信号。另一种是调制器型，即把天线收到的开路信号通过一个解调器变成视频和音频信号，再经过一个调制器变成中频信号，经过中频处理和上变频变为高频信号输出。这种方式的特点是前端的输出设备采用清一色的调制器，设备的一致性较好，便于调试。此时对开路信号的处理需要加装电视解调器，当采用标准解调器时，可采用视频处理技术来提高信号质量，使输出的视频、音频信号都是高质量的，与演播室质量相类似。但标准解调器的成本太高，若采用普通解调器，在解调过程中难免对信号质量有损伤。在价格相同的情况下，调制器方式得到的信号质量比频道处理器方式得到的信号质量要稍差一些。

3. 传输系统

干线传输系统的任务是把前端输出的高频复合电视信号优质、稳定地传输给用户分配网，其传输方式主要有光纤、微波和同轴电缆三种。

光纤传输是通过光发射机把高频电视信号转换至红外光波段，使其沿光导纤维传输，到接收端再通过光接收机把红外波段的光变回高频电视信号。光纤传输具有频带很宽（好的单模光纤带宽可达 10GHz 以上，因而可容纳更多的电视频道）、损耗极低、抗干扰能力强、保真度高、性能稳定可靠等突出的优点。前几年，由于激光器和光导纤维的价格较贵，光纤传输的应用受到了限制。随着技术的进步，光纤传输设备的成本不断降低，当干线传输距离大于 3km 时，光纤的成本反而比电缆干线要低。故在干线传输距离大于 3km 时，在传输方式上应首选光纤传输。

微波传输是把高频电视信号的频率变为几赫到几十赫的微波频段，或直接把电视信号调制到微波载波上，定向或全方位地向服务区发射，在接收端再把它变回高频电视信号，送入用户分配网。

微波传输方式不需要架设电缆、光缆，只需安装微波发射机、微波接收机及收/发天线即可，因而施工简单、成本低、工期短、收效快，而且更改线路容易，所传输信号的质量也较高。缺点是容易受建筑物的阻挡和反射，产生阴影区或形成重影。由于雨、雪、雾等对微波信号有较大的衰减，给多雨、多雾、多雪地区的应用带来不便。

电缆传输是技术最简单的一种干线传输方式，具有成本较低、设备可靠、安装方便等优点。但因为电缆对信号电平损失较大，每隔几百米就要安装一台放大器，故而会引入较多的噪声和非线性失真，使信号质量受到严重影响。过去的有线电视系统几乎都采用同轴电缆传输，而现在一般只在较小系统或大系统中靠近用户分配系统的最后几公里中使用。

4. 用户分配网

用户分配网的任务是把有线电视信号高效而合理地分送到户。用户分配网一般是由分配放大器、延长放大器、分配器、分支器、用户终端盒（也称系统输出口）以及连接它们的分支线、用户线等组成。分支线和用户线通常采用较细的同轴电缆，以降低成本和便于施工。分配器和分支器是用来把信号分配给各条支线和各个用户的无源器件，要求有较好的相互隔离、较宽的工作频带和较小的信号损失，以使用户能共同收看、互不影响并获得合适的输出电平。分配放大器和延长放大器的任务是为了补偿分配网中的信号损失，以带动更多的用户。与干线放大器在中等电平下工作不同，分配放大器和延长放大器通常在高电平下工作，输出电平多在 100dBμV 以上。

（二）现代有线电视网络的基本组成

现代有线电视网络在组成上要比传统有线电视系统复杂得多，在体系上也有了很大的变化，传统系统只相当于现代网络的模拟单向传送部分。

如图 3-10 所示，现代有线电视网络已是一个庞大的完整体系，集电视、电话和计算机网络功能于一体。从提供的业务来说，既有基本业务，又有增值业务和扩展业务；从传送的信号类型来说，既有模拟电视信号，又有数字电视信号和 IP 数据信号。

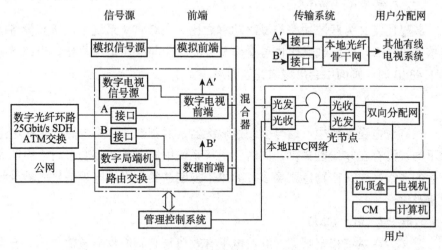

图 3-10 现代有线电视网络的基本组成

为了实现多种综合业务，现代有线电视网络不再是自成一体的独立结构，而是通过上一级的数字光纤骨干环网和本地的光纤骨干环网实现与其他各有线电视系统的联网。另外，现代有线电视网络与公共电信网也实现了互通互联；本地的传输覆盖网则采用 HFC 模式构成双向传输分配网，其中光纤传输部分采用空间分割（空分复用）的方式，即上、下行的信号分别用不同的光纤传输。

图 3-10 中，数字电视信号源主要是数字卫星电视 TS 流、视频服务器和业务生成系统等；数字电视前端实际上是一个数字电视多媒体平台，包括复用器、条件接收系统（CAS）、数字调制器等；数据前端则主要是 Cable Modem 的前端控制器 CMTSO 现代网络与传统系统的不同之处，除了上面所说的数模并存、双向传输、互通互联等几个方面外，还有一个更为典型、更为重要也更具有标志性的区别，那就是综合业务的实现要求现代网络具有复杂完善的计算机管理控制系统，包括用户管理、用户授权、系统管理、网络管理、设备管理、条件接收、节目播出管理、媒体资源管理、收费管理等一系列子系统，以确保系统的正常运转、业务的可靠实现和信息的相对安全。另外，在现代有线电视网络中，用户端必须加机顶盒才能收看数字电视，才能获得授权享受个性化的视频服务和其他增值服务；必须加 Cable Modem 才能与计算机通信，实现 Internet 的接入，才能提供 IP 电话等功能。

二、有线电视系统的技术指标

（一）载噪比（C/N）

载噪比定义为载波功率与噪声功率之比，在 CATV 系统中，所有设备的连接都是 75Ω，因此载噪比也可看作是载波电压与噪声电压之比。当该指标低于 43dB 时，画面中会出现雪花点噪声。

（二）与非线性相关的指标

在有线电视系统中，信号会经过放大器、混频器等许多电路，这些电路都不同程度存在非线性失真，同时又由于系统中同时传送多套节目，由此而产生的非线性失真产物急剧增多，如果不抑制这类失真，电视信号的质量将严重恶化。

1. 载波互调比（IM）

定义为在系统指定某点，载波电平有效值与互调产物有效值之比。产生互调干扰时，画面上将出现斜网状干扰。

2. 交扰调制比（CM）

定义为在被测频道需要调制的包络峰—峰值与在被测载波上转移调制包络峰—峰值之比。其中所谓转移调制就是别的频道串进来的无用调制信号。产生交扰调制时，屏幕上会出现缓慢移动的白色竖条，严重时会有两幅或多幅图像同时出现在屏幕上。

3. 载波组合三次差拍比（CTB）

定义为在多频道传输系统中，被测频道的图像载波电平与落入该频道的组合三次差拍产物的峰值电平之比。其中组合三次差拍指的是多频道传输系统中，由设备非线性传输特性中的三阶项引起的所有互调产物。

4. 载波组合二次差拍比（CSO）

定义为在系统指定某点（频道），被测频道的图像载波电平与落入该频道的组合二次差拍产物的峰值电平之比。

5. 微分增益（DG）

彩色图像信号中的色度信号，由于受系统内设备的非线性影响，使叠加在亮度信号上的色度信号电压增益随亮度信号电平的变化而变化。显然，这种失真的现象是电视画面的色饱和度随亮度的变化而变化。

6. 微分相位（DP）

定义为在从黑电平到白电平间变化的亮度信号上叠加一个规定的小幅度的副载波，以校隐电平处的副载波相位为基准，最大的副载波相位变化数值。该失真现象是电视画面的色调随亮度变化而变化。

（三）与线性相关的指标

这一类失真不会产生新的频率分量，与之相关的技术指标如下：

1. 色度 / 亮度时延差（$\Delta\tau$）

定义为色度信号到达屏幕与亮度信号到达屏幕的时间之差。该失真严重时会产生明显的彩色镶边现象。

2. 频道内幅频特性

频道内系统输出口电平随频率变化而变化的特性称为频道内幅频特性，该指标不好将导致图像质量变差。

（四）载波交流声比

载波交流声比定义为基准调制与峰—峰值交流声调制之比。这种交流声来自电源中 50Hz（或 100Hz）纹波干扰，在屏幕上表现为有横条在上下滚动。

（五）信号电平

信号电平是有线电视系统中最基本的技术指标，失真、噪声干扰等指标的好坏与之密切相关。

1.用户端电平指终端信号电平（dB）

该电平过低，会在电视屏幕上产生雪花点噪声干扰；该电平过高，会超出电视机动态范围，使电视机的 AGC 失控而产生非线性失真和不同步。

2.系统工作电平指传输网络中信号电平

信号在系统中传输时，在不同的位置有不同的电平要求，如在分配网络中，由于延长放大器后面一半串接有大量分支器，因此放大器输出电平一般设计较高，有利于提高分支器的使用效率，称为高电平工作。在干线系统中，为减小非线性失真，输出电平控制得较低，称为低电平工作。

（六）系统输出口相互隔离度

该指标反映了各输出口之间相互影响的程度，用衰减量表示。显然，衰减量越大则各输出口之间的隔离性能越好，产生相互干扰的可能性越小。

三、有线电视系统的主要设备及部件

（一）放大器

在有线电视系统中，放大器的种类最多，通常根据放大器在系统中所在的部分不同和在各部分中所起的作用不同，分为下列几种：

1.天线放大器

天线放大器主要在前端部分使用，主要用来放大天线接收下来的微弱信号，以改善整个系统的载噪比。当接收天线输出端的信号电平低于 60dBμV 时，就要考虑使用天线放大器。但是当信号电平低于 53dBμV 时，即使使用天线放大器也不能获得满意的接收效果。

天线放大器根据其带宽分为宽带型和频道型两种：宽带型天线放大器的带宽是分段的，通常分频段分为 VHF–Ⅰ频段（48.5 ～ 92MHz）、VHF–Ⅲ频段（167 ～ 223MHz）、UHF–Ⅰ频段（450 ～ 800MHz）和 UHF–Ⅱ频段（800MHz ～ 1 GHz），适用于系统接收频道较少，带外干扰不严重的场合；频道型天线放大器的带宽为 8MHz，适用于系统接收频道较多，带外干扰较大的场合。

2.频道放大器

频道放大器主要应用在系统前端部分，对某一频道的信号进行放大，使其输出信号电平达到一定值。实际上，频道放大器是一个带宽为 8MHz 的选频放大器，在放大该频道内信号的同时，对频道外的信号和干扰进行抑制。有的频道放大器还带有自动增益控制的功能，以保证当信号有变化时，该频道放大器的输出电平保持不变。

3. 宽带放大器

宽带放大器在系统的每个部分几乎都要使用到，不同的场合需要使用不同性能的宽带放大器。宽带放大器的带宽可以是全频道的（即包括 VHF 和 UHF 频段），也可以是分段的（即包括 VHF 或 UHF 频段）。宽带放大器的增益可以是统一调整的，也可以是分频段分别予以调整。

4. 干线放大器

该放大器专门用在系统的干线传输部分，用来弥补信号在同轴电缆中传输产生的衰减。其特点是增益不高，输出电平也不高，但考虑到电缆衰减的频率特性和温度特性，一般均具有自动增益控制（AGC）和自动斜率控制（ASC）的功能。高质量的干线放大器则同时具备上述两种功能，称为具有自动电平控制功能的干线放大器（ALC）。

干线放大器的带宽上限一般是根据在系统干线中所传输信号的最高频率来决定的，一般有 300MHz、450MHz、550MHz 三种。

干线放大器一般只有一个输出端口，但为了满足系统整体的需要，有些干线放大器除了一个主输出端口外，还有一个或若干个输出端口。这些端口的输出信号的电平要略高于主输出端口输出的信号电平，以满足通过不太长的分支线直接供用户端分配的要求，这种干线放大器称为干线分支放大器。另有一些干线放大器的输出端口的输出信号的电平要略低于主输出端口输出的信号电平，以满足干线其他支路的传输，这种干线放大器称为干线分配放大器。

干线放大器的典型技术参数如下：

（1）工作频率：45 ～ 860MHz（或分频段覆盖）。

（2）频率响应：在频段内起伏不大于 ±1dB。

（3）输出电平：110 ～ 120dBμV。

（4）增益：20 ～ 26dB。

（5）斜率调节范围：6 ～ 20dB。

（6）CTB：不小于 65dB。

（7）CSO：不小于 65dB。

（8）交流哼声：不小于 66dB。

5. 分支放大器

分支放大器用于干线或支线的末端，具有主路输出和分支输出两路信号或两路以上的输出端口，且端口输出电平有差别。分支端输出电平小于主路端输出电平。分支端信号是通过接在放大器末级的定向耦合器取得的。

6. 分配放大器

通常置于干线传输的末端，用来提高干线放大器输出端口的信号电平，满足分配网络对信号的要求，它和在系统前端部分使用的宽带放大器属于同一类型。分配放大器与分支放大器在系统中所处位置和作用都类同，不同的是：分支放大器中一路为主输出，其他为电平不等的分支输出；分配放大器则所有输出均为电平相等的分路输出。

7. 线路延长放大器

用于系统的分配网络中，随着信号被分配，其电平值会逐渐降低，最后达不到用户终端所需的电平值。为了使信号的分配能继续进行，必须对信号再次放大，用来再次提高信号电平的放大器称为延长放大器，有时称为线路放大器。延长放大器用在干线或支线上，它与干线放大器不同的是，延长放大器没有 AGC 和 ASC 功能。

8. 双向放大器

双向传输是指从前端用规定的频段向下传输电视节目和调频广播节目给用户，用户端用另一规定频段向上传输各种信息给前端。双向放大器是为满足双向传输而设计的。双向传输一般有两种方法：一种是采用两套各自独立的电缆和放大器系统，分别组成上行和下行传输系统；另一种是采用同一根电缆和两套放大器，进双向滤波器进行频率分割，按上行、下行频率分别对信号进行放大，这时双向放大器分别叫反向放大器和正向放大器。通常是将这两个独立的放大组件装在一个放大器中。

双向放大器的典型技术参数为：

（1）频率范围：正向不大于 860MHz；反向不小于 5MHz（分割频率可选）。

（2）频率平坦度：正向不大于 ±1dB；反向不大于 ±1dB。

（3）反射损耗：正向不小于 16dB；反向不小于 16dB。

（4）最小增益：正向 26dB；反向 14dB。

（5）噪声系数：正有小于 8dB；反向不大于 8dB。

（6）哼声调制：不小于 66dB。

（二）频道变换器

频道变换器又称频率变换器。频道变换器的功能是在不改变原频道的信号频谱结构的前提下，改变高频电视信号的载频，即将原来某个频道（如 1 频道）的高频电视信号，送入频道转换器的输入端，从其输出端就能获得另一频道（如 3 频道）电视信号，而其信号内容仍是原频道信号的内容。

频道变换器通常在下列场合下采用：一种是当系统处于强场区时，系统用户终端的电视机有可能先后收到由CATV系统分配网络送至电视机的信号和由电视台发射的空间波直接窜入电视机（因为信号强度大）的信号。显然，这两个同一频道的信号进入电视机在时间上有先后，由系统提供的信号因为经过系统的传输、分配，所以要迟于直接窜入的信号，但因信号强就构成了主图像；直接窜入的信号虽然早收到，但因信号弱，故造成在图像的左方出现重影，又称前重影。前重影只能采取频道变换的办法将该频道的信号转换到另一个频道上来加以克服。另一种是当系统采取全频道传输而干线传输距离又很长时，为了减少干线传输电缆对频率高的信号衰减大的影响，通常在前端把高频段频道的信号转换到低频段的频道上，以减小干线电缆对高频电视信号的衰减。

频道转换器从工作原理上可分为一次变频和二次变频两大类。一次变频指只通过一次频率变化，就直接将原频道的信号转换到另一频道上。这种频道转换器的优点是体积小、造价低；其缺点是转换过程中存在多种干扰，特别是拍频干扰限制了某些频道之间的转换。另外，为了满足所有VHF和UHF之间的频道互相转换，就需要有660种规格的频道转换器。图3-11所示为一次变频方案的频道转换器的原理框图。

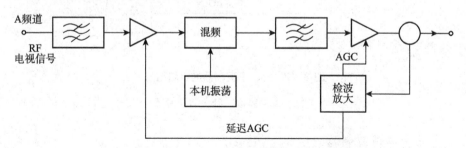

图3-11　一次变频方案的频道转换器的原理框图

二次变频是指先将原频道的高频电视信号通过变频方式转变到某一特定的频率（称为接口频率）上。CATV系统中规定将电视接收机的图像中频作为二次变频的频道转换器的接口频率（我国电视制式规定图像中频为38MHz）。然后通过第二次变频，再将接口频率转换到所需要的频道上去。通常，将原频道的高频电视信号转换成接口频率的中频电视信号的设备称为下变频器，将中频电视信号转换成新的频道的高频电视信号的设备统称为上变频器。上、下变频器在结构上是独立的，故便于组合使用。二次变频的频道转换器只需68种规格就能将UHF频段内任一频道的高频电视信号转换到VHF频段内的任一频道上去，而且转换性能优于一次变频方式的频道转换器。二次变频方式的上、下变频器的电路组成方式是一样的，仅是电路的参数不一样。图 3-12 所示为上、下变频器的电路组成。

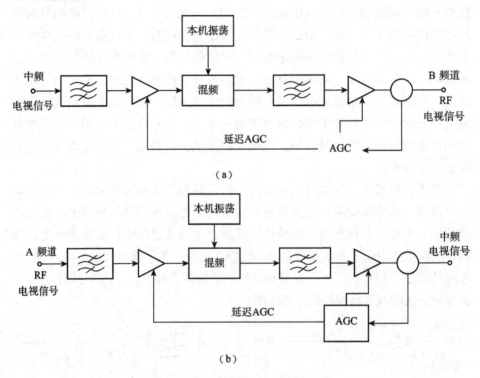

图 3-12　上、下变频器的电路组成

（a）上变频器　（b）下变频器

（三）电视调制器

电视调制器是将系统节目源中的视频和音频信号变成能在系统中传输的高频电视信号。这些视频、音频信号可来自系统演播室的摄像机、录像机、激光视盘和电影电视转换机，也可以来自卫星接收机和微波接收机。

从电路组成方式上分，电视调制器有高频调制方式和中频调制方式两大类。高频调制方式是直接利用视频和音频信号调制载频，图 3-13 所示为高频调制方式电路的工作原理。

中频调制方式是先将视、音频信号调制成电视中频信号，即图像中频频率为 38MHz，然后使伴音中频频率上变频器，将中频电视信号变换成高频电视信号。图 3-14 所示是中频调制方式电路的工作原理。

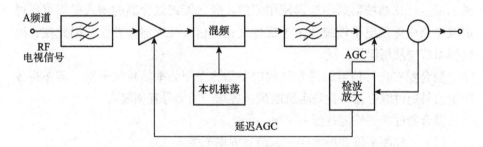

图 3-13　高频调制方式电路的工作原理

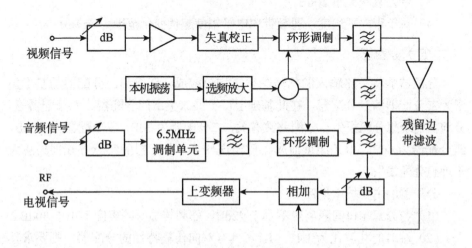

图 3-14　中频调制方式电路的工作原理

由图 3-13 和图 3-14 可以看出，高频电视信号中的许多指标，如调制度、残留边带、微分增益、微分相位失真、群延时失真等均能得到较好的处理，故其电气性能优于高频调制方式的电视调制器。随着数字电子技术的发展，目前采用频率合成技术的全频道电视调制器和适合邻频传输的邻频道电视调制器（简称邻频调制器）已研制成功并投入市场，它可以根据需要使输出的高频电视信号落在任一频道上，这样就极大地方便了在系统中的使用。

（四）混合器

混合器能将多个输入端的电视信号馈送给一个输出口，即是将多个电视频道信号混合成一路，用一根同轴电缆传输，以达到多路复用的目的。混合器分为滤波器式和宽带传输线变压器式。滤波器式混合器的优点是插入损耗较小，但互换性差，调整困难，在信号较多的系统中一般不采用。变压器式混合器相当于分配器或定向耦合器反过来使用，不用调整就可以进行任意频道的混合，比滤波器式混合器使用方便。变压器式混合器的插入损耗可通过前级电路中输出电平较高和抗干扰性优良的信号处理器来补偿，因此在有线电视系统中使用比较广泛。

混合器在进行信号的混合过程中要消除无用频率信号的干扰，需保持各频道信号通过混合器时达到阻抗匹配，各端子间信号互相隔离。

混合器的主要性能指标：

（1）工作频率覆盖所需频道的信号频率范围。

（2）隔离度范围为 20 ～ 40dB。

（3）带外衰减大于 20dB。

（4）对于带内平坦度，通频带内电平幅度起伏变化范围为 ±1dB。

（五）分配器

分配器能将一路输入的信号功率平均分配成几路输出。分配器的基本类型为二分配器和三分配器，在此基础上可扩展派生出四分配器、六分配器等。分配器的理想分配损失与分配路数有关，二分配器为 3dB，三分配器为 4.8dB，四分配器为 6dB。由于能量泄露、传输损耗等，分配器的实际分配损失总大于理想分配损失。

分配器的主要技术指标：

（1）各分配端口间隔离度不小于 22dB，邻频传输时隔离度不小于 30dB。

（2）端口的驻波比为 1.1 ～ 1.7（具有双向传输特性的分配器，则要求其正、反向传输电平损耗相同）。

（3）分配输出端口间相互隔离度不小于 25dB。

（六）分支器

同分配器一样，分支器也是一种进行信号功率分配的装置。但与分配器不同的是，分配器平均分配功率，而分支器是从干线中取出一小部分信号功率分送给用户，大部分功率继续沿干线向下传输。分支器是串接在线路中的，分支输出一路、二路、四路等。

分支器各输出端信号应互不影响，分支端输出信号的大小取决于定向耦合器的耦合量。双向传输中分支器反作用使用时要求分支正、反向特性一致。主输出端口至分支端口的反向隔离度一般为 25 ～ 40dB，主输出端口至主输入端口的反向传输损耗与正向插入损耗相同。

（七）导频信号发生器

在用电缆作为系统传输干线的媒体时，在干线中会使用到各种类型的干线放大器。对于带有 AGC 或 ASC 功能的干线放大器，为了保证能正常工作，在系统前端还必须向干线提供一个频率固定、幅度一定的高频信号，以满足干线放大器自动控制系统工作的需要。这个高频信号称为导频信号。导频信号发生器一般安置在系统的前端部分，导频信号和前端其他的信号混合后送入系统的干线传输部分。

根据干线放大器对导频信号的要求，导频信号发生器可分为单导频信号发生器（提供一路导频信号）和双导频信号发生器（提供两路导频信号）。图 3-15 是导频信号发生器的工作原理。

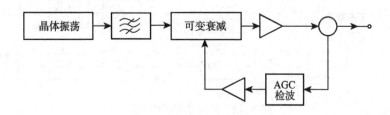

图 3-15　导频信号发生器的工作原理

（八）信号处理器（邻频处理器）

在系统传输的频道不太多的情况下，通常采用隔频传输的形式，例如在有 12 个频道的 VHF 频段，最多只能使用 7 个频道，即 1，3，5，6，8，10，12 频道（因为 5 频道和 6 频道之间的间隔为 83MHz）。不能采用邻频传输的原因是目前的电视频道的间隔为 8MHz，每个频道的图像载频和伴音载频的间隔是 6.5MHz，这样，下一频道图像极易受到上一频道伴音的干扰。例如，2 频道的图像载频为 57.75MHz，其伴音频载为 64.25MHz，而 3 频道的图像载频为 65.75MHz，两者仅相差 1.5MHz，这样，当 2 频道的伴音稍大一些时，就有可能干扰 3 频道的图像。为了能利用相邻的频道来传输信号，一方面可适当调整同一频道内伴音和图像功率的比例，尽可能减小伴音的幅度；另一方面要使系统内所用的频道滤波器和频道放大器加大对频道外信号的衰减。总而言之，要对原有频道的信号进行处理。

从电路组成的方案分，信号处理器可分为解调调制式和外差式。解调调制式先将原频道的高频电视信号解调成视频信号和音频信号，然后对视频、音频信号进行必要的处理，最后通过邻频电视调制器变成符合邻频传输的高频电视信号而进入系统。

外差式是采用两次变频的方式，工作原理和采取二次变频方式的频道转换器基本一致。不同的是信号处理器在将高频电视信号变成中频电视信号后，即可将中频电视信号中的图像信号和伴音信号分离，从而对伴音电平进行调整，以满足邻频传输的要求，然后与图像信号混合变成新的中频电视信号，将该中频电视信号再次变频成新的高频电视信号。图 3–16 为信号处理器的组成。

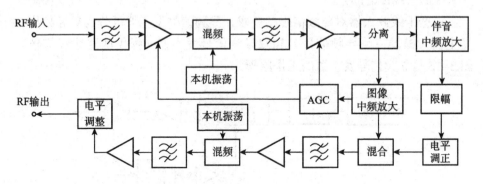

图 3–16　信号处理器的组成

（九）机顶盒

机顶盒（Set Top Box，STB）的定义非常广泛。传统的广播电视是一个单向的业务，用户家中的电视机只是一个基本的接收播放设备。如果用户想从网络中选择不同的个性化服务，或是通过有线网络和电视台进行信息交流，机顶盒就是起到这种作用的设备。从广义上说，凡是与电视机连接的网络终端设备都可称为机顶盒，从基于有线电视网络的模拟频道增补器、模拟频道解扰器，到将电话线与电视机联系在一起的"上网机顶盒"、数字卫星的综合接收解码器、数字地面机顶盒以及有线电视数字机顶盒，都可称为机顶盒。从狭义上说，我们可以将模拟设备排除在外，按主要功能将机顶盒分为上网机顶盒、数字卫星综合接收解码器、数字地面机顶盒，以及有线电视数字机顶盒，这些设备由于具有很好的网络功能、数字功能，因此也被称为"信息家电"。一个完整的数字机顶盒由硬件平台和软件系统组成，可以将其分为四层，从下向上分别为硬件、底层软件、中间件、应用软件。硬件提供机顶盒的硬件平台；底层软件提供操作系统内核以及各种硬件驱动程序；应用软件包括本机存储的应用和可下载的应用；中间件将应用软件与依赖于硬件的底层软件分隔开来，使应用不依赖于具体的硬件平台。

图 3–17 所描述的有线电视数字机顶盒是一种功能齐全的机顶盒，实际在具体实现时，厂商可根据需要对其功能进行增减。

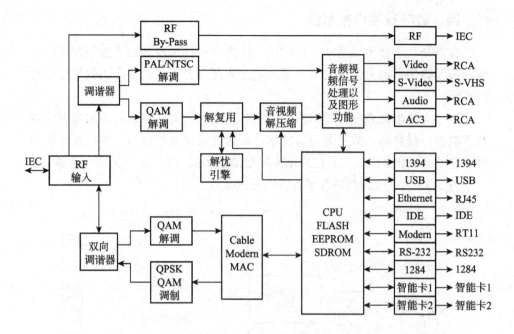

图 3-17　有线电视数字机顶盒

（十）自办节目制作设备

　　自办节目包括播放视盘或录像带，实况转播，播放自己录制的电视节目。主要设备有下列几种：

　　（1）录像机和影碟机：播放录像和转录电视节目必须有的设备。

　　（2）摄像机：摄制自办录像节目，进行实况转播等。

　　（3）自动编辑机：自动编辑机实际上是一个小型信息处理控制系统。在进行节目剪辑时，自动编辑机可以很快找到编辑点并贮存编入点和编出点。按照贮存的编辑点，编辑机可以控制两台录像机自动完成磁带剪辑工作。

　　（4）电子特技机：电子特技机可以使画面呈现多种变化，从而丰富电视节目制作的表现方法。

　　（5）电影电视转换机：电影电视转换机是把电影、幻灯片通过摄像机转换到录像磁带上的设备。

　　（6）节目选择器：节目选择器能对多个节目源进行选择，在实况转播和节目编辑时被广泛使用。

　　（7）字幕添加器：字幕添加器可以把黑白摄像机拍摄的黑白字符以视频形式送到电子特技机中，使字符按要求显示在画面上的某个位置。

四、数字有线电视系统

在当今数字技术飞速发展的时代，广播电视技术也开始了数字领域的探索，成为数字发展主流中的一个重要的组成部分。下面简要介绍数字有线电视系统。

数字有线电视系统与模拟有线电视的主要区别有两点：一是前端系统融合了电视、计算机、数字通信等技术，是含有数字电视播出、用户管理等硬件和软件的综合系统；二是用户端需要增加数字机顶盒以便开展各项业务。

图 3-18 为一个典型的数字有线电视系统示意图。

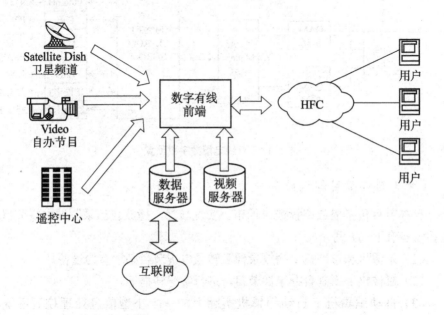

图 3-18 典型的数字有线电视系统示意图

数字有线前端主要由以下几个部分组成：数字电视信源系统、业务系统、存储播出系统、复用加扰系统、条件接收系统、用户管理系统、编码调制系统、回传处理系统，以及其他辅助系统。目前，许多省、市的有线电视台在进行以数字节目播出为主的前端系统数字化改造，而前端系统的改造则决定了整个系统开展业务的能力。目前的前端系统将接收到的数字卫星节目信号直接送入复用器或将模拟电视信号进行相应的编码后也送入复用器，复用器完成多套节目的复用后通过调制器，借助光纤或电缆网络传输到用户终端。但是这仅仅是节目转发系统的改造，随着国家广电总局开展有线数字电视试验及明确了试验的主要任务，各地加快了数字化改造的进程，条件接收系统、用户管理系统、中文电子节目指南等各种业务系统逐渐在全国范围推广。

　　有线数字电视前端系统的建设就是将如此众多的产品根据各地用户的实际需求集成在一起，构建一个经济、高效、安全的数字有线传输的平台。

　　数字有线电视前端系统的一般结构如图 3-19 所示。

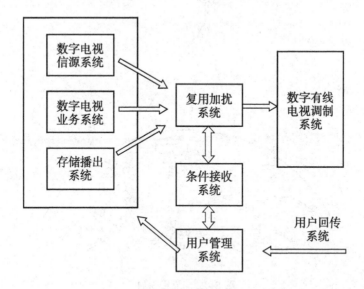

图 3-19　数字有线电视前端系统的一般结构

五、卫星通信及卫星电视信号的接收

（一）卫星通信的基本概念

　　卫星通信是宇宙无线电通信的形式之一，是在地面微波中继通信和空间技术的基础上发展起来的。卫星通信的定义是指地球上的无线电通信站之间利用人造卫星作中继站而进行的通信

　　如图 3-20 所示，地球站 A 与地球站 B 进行通信，由地球站 A 通过自身的卫星天线向通信卫星发射的无线电信号首先被卫星上的转发器接收，经过卫星转发器的放大和处理后，由卫星天线转发到地球站 B，当地球站 B 接收到转发信号后就完成了从 A 站到 B 站的信号传递。从地球站发射到通信卫星的信号所经过的通信路径称为上行路径，从通信卫星转发到地球站的信号所经过的通信路径称为下行路径。同样，地球站 C 也可以向地球站 A 或地球站 B 进行卫星通信。

　　世界无线电行政会议（WARC）规定宇宙无线电通信有三种方式：

　　（1）宇宙站与地球站之间的通信。

　　（2）宇宙站之间的通信。

（3）通过宇宙站转发或反射而进行的地球站相互之间的通信。

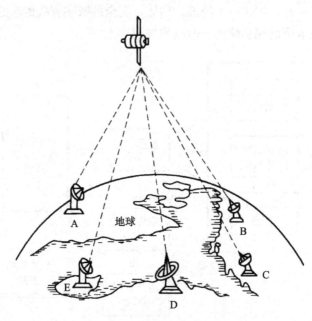

图 3-20　卫星通信

这里所说的宇宙站是指设在地球大气层以外的宇宙飞行体或其他天体上的通信站。地球站是指设在地球表面的通信站，包括陆地上、水面上和大气低层中移动或固定的通信站。卫星通信属于宇宙无线电通信中的第三种方式。

目前绝大多数通信卫星是地球同步卫星，这种卫星的轨道是圆形的，而且轨道平面与地球赤道平面重合，卫星离地球表面的高度约为 36000km，卫星的飞行方向与地球的自转方向相同，这时卫星绕地球一周的时间和地球自转时间相同，那么从地球表面任意一点看卫星，卫星就是"静止"的。这种对地面静止的卫星叫作静止卫星或同步卫星。

（二）通信卫星的结构

通信卫星主要由控制分系统、通信分系统、遥测指令分系统、电源分系统和温控分系统组成，如图 3-21 所示。

1. 控制分系统

控制分系统由各种可控的调整装置和各种转换开关组成，在地面遥控指令站的指令控制下，对卫星的姿态、轨道位置、各分系统的工作状态和主 / 备用设备的切换等进行调整和控制。

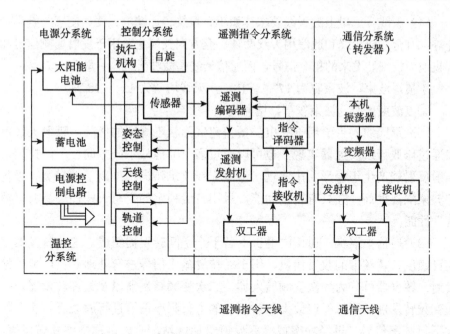

图 3-21　通信卫星的结构

2.遥测指令分系统

地球站的控制站要通过遥测指令信号对卫星上的设备实施控制以保证卫星通信正常运行。遥测指令分系统分为遥测和遥控指令两个部分。其中,遥测部分用来了解卫星上各种设备的运行情况,表明设备运行状态的各种参数被转换成数据通过遥测部分随时送回地球站监测中心;遥控指令部分用来控制卫星上的各种设备,指令信号由地球上的控制站发送到卫星,在卫星转发器中处理后送往各个控制设备和部件。

3.电源分系统

卫星上的电源主要有太阳能电池、化学电池和原子能电池等,目前仍以太阳能电池和化学电池为主。大多是可以充放电的化学电池和太阳能电池并用,在发生星蚀期间,由化学电池供电。为了使供电稳定,电源分系统还设有电源控制电路。

4.温控分系统

温控分系统是为控制卫星内部温度而设置的。卫星的温度通过温度传感器传送给卫星的遥测指令分系统,再由后者发送给地球的控制中心,必要时控制中心就发出温控指令给卫星的温控分系统,用来控制卫星的温度。

5.通信分系统

通信分系统有天线和通信中继机两大部分。

（1）天线。卫星上的天线要求体积小、重量轻、馈电方便、便于折叠和展开等，有全方向天线和通信用天线两种。全方向天线主要用于发射遥测信号和接收地面控制站发来的指令信号，而通信天线是微波天线，一般分为三类：

①覆球波束，波束宽为 $17° \sim 18°$，天线增益为 $15 \sim 18dB$。

②点波束天线，波束较窄，增益高。

③赋形天线，主要用于波束需覆盖地区形状不规则的情况。赋形天线可以通过修改天线反射器实现，也可以通过多个馈源从不同方向、不同排列来照射反射器产生组合形状来实现。卫星天线要求指向精度高、频带宽、极化和波束隔离度高，并具有转接功能，采用自旋稳定的卫星天线还要具有"消旋"性能。

（2）通信中继机。通信中继机由若干个空间转发器组成。这些转发器是高灵敏度、宽频带的收发信机，用于对转发输入信号进行处理后再向地球站发射。转发器可分为一次变频转发器、二次变频转发器以及处理转发器。一次变频转发器是用低噪声放大器对接收的上行频率信号进行放大后一次变频至下行频率信号，再经功率放大后发射给地球站，所以也称微波式转发器，如图 3-22 所示。一次变频转发器射频带宽可达 500MHz，允许多载波工作，适于大容量卫星通信系统，我国东方红Ⅱ号通信卫星就是采用一次变频方案。二次变频转发器是先把接收的（上行频率）信号变为中频信号，经放大限幅后再变频为下行频率信号，再经功率放大后发射，所以这种转发器也称中频变换式转发器，如图 3-23 所示。这种二次变频转发器增益可达 $80 \sim 100dB$，适用于带宽窄、容量不大的系统。处理转发器如图 3-24 所示，在数字卫星通信系统中常采用处理转发器。处理转发器首先将接收信号放大，下变频为中频信号，再进行解调和处理后得到基带信号，然后经过调制、上变频、放大后发回地面。这种转发器一般有两种类型，一种称为信息处理转发器，由于它将接收信号变换到基带，进行再生、码识别、帧结构重新排列等处理，因而这种转发器能消除噪声的积累，提高传输质量。另一种称为空间交换转发器，起着空间交换机的作用，它可以根据地面指令把转发器输入信号切换到某一信道，也可以按预先编制的切换程序进行切换，可按不同的需要进行处理而达到最佳传输和交换的效果。

（三）通信卫星的特点

通信卫星应用范围很大，不仅能够传输电话，还能传输高质量的电视信号及高速数据等。卫星通信与其他微波中继通信方式相比，有以下特点：

（1）卫星通信覆盖区域大，通信距离远。卫星通信的中继站设在距地面约35800km的通信卫星上，只需一个卫星中继站就可以完成10000km的远距离通信，每颗卫星视区可达全球的42.4%，利用三颗同步卫星即可实现全球通信。因此，目前卫星通信是远距离越洋通信和电视转播的主要手段。

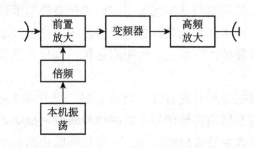

图3-22 一次变频转发器

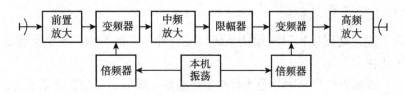

图3-23 二次变频转发器

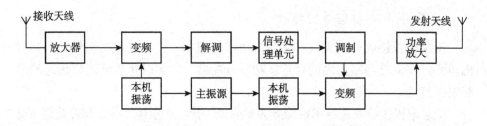

图3-24 处理转发器

（2）卫星通信具有多址连接能力。地面微波中继通信系统的服务区域是一条线，只有在这条通信线上的分站能够用它来进行通信。但在卫星通信中，在卫星所覆盖的区域内，所有的地球站都能利用这颗卫星进行通信。这就实现了多方向、多个地球站之间的相互联系特性，即多址连接特性。

（3）卫星通信的频带宽、容量大。卫星通信采用微波频段，且一颗卫星上可设置多个转发器，故通信容量很大。

（4）卫星通信的质量好、可靠性高。卫星通信主要在自由空间传播，而且通常只经过卫星一次转接，噪声影响小，因此通信质量好。

（5）卫星通信机动灵活。卫星通信的建立不受地理条件的限制，地面站可以建立在边远山区、岛屿、汽车、飞机和舰艇上，而且建站迅速，组网灵活方便。

（6）卫星通信的距离与成本无关。在地面微波通信等通信系统中，一般是通信距离越远，成本就会越高。在卫星通信中，通信线路的造价是不随通信距离的增加而增加的，特别适合远距离通信，这是其他通信方式所不能比拟的。

（7）卫星通信能做到自发自收，利于监测。由于地球站是以卫星作为中继通信站，卫星转发器是将地球站发来的信号转发回地面，因而进入地球站接收机的信号也包含本站发出的信号，这样就可以检测信号是否正确传输以及传输的质量，并能实现卫星通信网的监测。

（四）卫星通信分类

从不同角度可以把卫星通信系统分成各种不同的类别。主要流行的分类有以下两种：

（1）按基带信号分类：分为模拟卫星通信系统和数字卫星通信系统。

（2）按多址方式分类：分为多址卫星通信系统、时分多址卫星通信系统、码分多址卫星通信系统、空分多址卫星通信系统、混合多址卫星通信系统。

（五）卫星电视信号的接收

卫星电视接收站由天线和接收机两部分组成，接收机包括室外单元和室内单元。在室外与室内之间可连接功率分配器，以实时接收同卫星传送的多路电视节目。

卫星电视接收站按技术性能分为专业型（转收或集体接收）和普及型（直接接收用）。

卫星接收站的组成如图 3-25 所示。

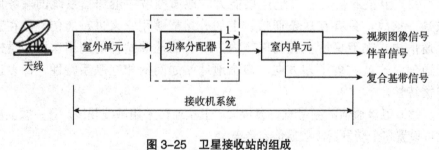

图 3-25　卫星接收站的组成

卫星接收天线的反射体口径大小的选择，要根据所要求的图像质量等级 Q、载噪比（C/N）、信噪比（S/N）及品质因数（G/T）等决定。卫星电视接收系统的信噪比（S/N）为 36.6dB 时，即可达到四级图像质量。

（六）当前卫星通信的发展趋势

从技术发展上看，当前静止卫星通信主要向着提高辐射功率、延长卫星寿命、加大带宽和容量以及实现星上处理的方向发展。

从开发领域上看，随着移动卫星通信的发展，VSAT（Very Small Apreture Terminal）通信系统、高清晰度卫星直播电视等领域都将得到突出的重视和获得飞跃的发展。

六、VSAT 卫星通信系统

VSAT（Very Small Apreture Terminal）是口径非常小的天线的意思，是 20 世纪 80 年代发展起来的一种新型的卫星通信系统，是具有小口径天线的智能化地球站。VSAT 卫星通信系统的出现打破了人们对卫星通信原有的观念，使得原来需要建立庞大复杂系统的事情变得简单化。因此，在特定用户的需求下，得到了非常迅速、广泛的应用。

（一）VSAT 卫星通信系统的组成及工作原理

典型的 VSAT 卫星通信系统由主站、卫星、小站（VSAT）组成，如图 3-26 所示。

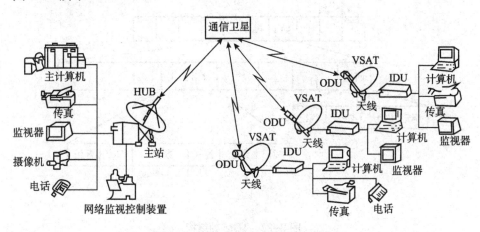

图 3-26 VSAT 卫星通信系统构成

1. 主站

主站又称中心站或枢纽站（HUB），它是通信系统的核心。和普通地面站一样，主站使用大型天线，天线直径一般为 3.5～8m（Ku 频段）或 7～13m

（C频段），其发射功率与通信体制、工作频段、数据速率、载波数目等诸多因素有关，一般为数百瓦。为了对全网进行监测和管理，主站除配备一般地球站的收/发通信设备、数据接口外还设有一个网络控制中心。

2. 小站

小站一般由小口径天线、室外单元和室内单元组成。天线有正馈和偏馈两种形式。室外单元主要包括功率放大器、低噪声放大器、上/下变频器和相应的监测电路等；室内单元主要包括调制解调器和数据接口设备等。室内单元和室外单元通过同轴电缆连接，传送中频信号和供电。

3. VSAT系统的工作原理

小站和主站通过卫星转发器连成星形系统，其中主站发射有效全向辐射功率（EIRP）高，接收G/T值大，而小站的发射EIRP小，接收G/T值小，故小站和主站之间通过卫星能互通，而小站和小站就不能互通。小站先将信号送至主站，再由主站送给另一小站实现互通，即通过小站—卫星—主站—卫星—小站的"双跳"方式互通。主站通过卫星发往小站称外向传输；小站通过卫星发往主站称内向传输，对于TDM/TDMA（时分复用/时分多址）方式，外向信道采用时分复用（TDM），将数据组成帧通过卫星以广播方式发往所有的小站，为使各站同步，每帧（约1s）开头发一个同步码组，该同步码组向网中所有终端提供TDMA帧的起始信息（SOF），TDM帧结构如图3-27所示。

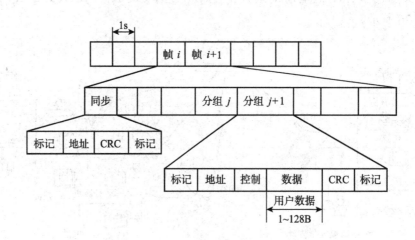

图3-27 TDM帧结构

在TDM帧中，每个报文分组包含一个地址字段，标明需要对通的小站地址。所有小站接收TDM帧，从中选出该站所要接收的数据。采用TDMA方式的内向信道一般采用随机方式发送突发性信号，一个信道采用通道共享协议可以容纳许多小站，这些小站以分组的形式通过 TDMA 信道经过卫星转发向主站发送信息，主站成功收到某一小站信息后用外向的 TDM 信道回传一个 ACK（确认字符）信号，告之已成功收到信息；如果该小站收不到 ACK 信号，则需要重发。

内向的 TDMA 信道分成一系列连续性的帧和时隙，每帧由 N 个时隙组成，如图 3–28 所示。各小站只能在时隙内发送分组，并与帧起始时刻（SOF）以及时隙起始时刻保持同步，这种统一的定时是通过主站在外向 TDM 信道上广播的 SOF 信息获得的。

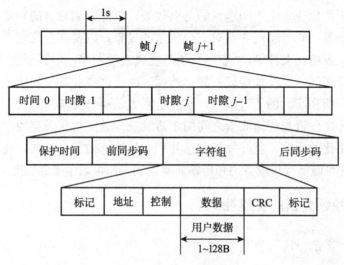

图 3–28　TDMA 帧结构

（二）VSAT 卫星通信系统的特点

（1）能提供宽带的点对点通信，比特率为 2.4kbit/s、8.9kbit/s 或 1.54kbit/s，且扩容时经济灵活。

（2）独立性好，是用户拥有的专用网。

（3）组网灵活、接续方便、多种业务可在一个网内共存，可对所有地点提供相同业务种类和服务质量。

（4）通信质量好，比特误码率可达 $10^{-7} \sim 10^{-10}$，而地面线路仅为 $10^{-3} \sim 10^{-4}$。

（5）受灾害影响小、安全性好、不易窃听。

（6）设备简单，体积小，重量轻，耗电省，造价低，安装、维护和操作简便。小站的天线功率可以是几十瓦甚至小到几瓦以下，发射机功率可以是几十瓦甚至小到几瓦，可以迅速安装和开通业务，并且和用户终端可以直接接口，使通信系统大大简化。

（7）覆盖范围大，通信成本与距离无关。

VSAT 卫星通信系统适用于工商、信息和管理部门的计算机业务，除了提供数据和话音通道外，还能接入 ISDN 终端来满足将来发展的各种新业务。

第三节　视频会议技术

视频会议是利用电视和通信网召开会议的一种通信方式。在召开视频会议时，处于两地或多个不同地点的与会代表，既能听到对方的声音，又能看到对方的形象，同时还能看到对方会议室的场景，以及在会议室中展示的实物、图片、表格、文件等，"缩短"了与会代表的距离，增强了会议的气氛，使大家就像在同一处参加会议一样。然而，由于这类业务中的信息主体是活动的电视图像和实时的语音信号，信息量很大，而且要求是双向、多点之间的通信，传输信道与传输质量之间的矛盾就成为其能否普及应用的焦点。要想达到实用化的程度，就必须在信息处理和传输上做很多工作，花很大的代价，这样才可能使得传输费用和传输质量达到人们可以接受的程度。

一、视频会议的优越性

（一）节省会议的费用和时间

先分析一组数据：第一，在我国，召开一次全国 32 个省、市、自治区参加的全国性视频会议，费用仅为 5 万元左右。根据粗略估计，相同规模的会议若在宾馆召开，会议费用将高达 100 多万元。第二，据国外统计，各级管理机构的工作人员每年用于参加会议的时间约占全部工作时间的 30% 以上，美国每年用于公务出差的费用高达 300 亿美元，而每次开会或会面中大约 80% 的时间需花费在路途中。可见视频会议的使用意味着更多金钱和时间的节约。

（二）提高开会的效率

由于召开视频会议的费用大致与开会的时间成正比，就促使与会代表节省时间、提高办事效率。由于参加会议的人员就在本地，和会议有关的材料、文件、实物都在身边，可以充分方便地相互交流。

（三）适应某些特殊情况

对于我国这样幅员辽阔，且许多地方交通不发达的情况，特别是对一些多山区的省份、边疆城市，视频会议的应用将带来极大方便，因而这些地区使用视频会议的愿望尤为迫切。此外，视频会议还适于各种紧急会议的召开，在一些紧急场合，如救灾、防汛、战地会议等，可以使用视频会议系统及时了解或发布紧急情况和决策，收效则难以用金钱来估算。

（四）增加参加会议的人员

在很多场合，参加会议的代表往往因为工作紧张或经费有限，无法参加会议。而使用视频会议后，则可以解决这一矛盾，吸纳更多的人员参加会议。此外在利用视频会议进行问题研究、方案制定时，可以随时方便地增加一些参加会议的人员，真正做到集思广益。

二、视频会议系统的组成

视频会议系统主要由会议电视终端设备（CODEC）、传输信道以及多点控制单元（Multipoint Control Unit，MCU）组成。会议电视终端设备和 MCU 是视频会议系统所特有的部分，传输信道则是利用通信网。

根据不同场合需要，视频会议系统还包括其他设备，如摄像机、图像显示设备、传声器、编辑导演设备、会场扩声设备、调音台等。全国会议电视网还应设置 CMMS 和监控管理工作站。

（一）会议电视终端设备

会议电视终端设备将视频、音频、数据、信令等各种数字信号分别进行处理后组合成一路复合的数字码流，再将它转变为与用户—网络接口兼容的，符合传输网络所规定的信道帧结构的信号格式送上信道进行传输。其中用户—网络接口是一种能够满足会议电视终端设备（或 MCU）与传输信道接口要求的数字电路接口。

一般每个会场应配置一台会议电视终端设备，重要会场应有一台备用，并满足下列基本要求：

（1）视频编解码器以全公共中间格式（CIF）或 1/4 公共中间格式（QCIF）的方式处理图像。根据需要也可以采用 4CIF 或其他格式的编解码方式。

（2）音频编解码器应具备对音频信号进行 PCM、ADPCM 或 LDCELP 编解码的能力。

（3）视频 / 音频输入、输出设备应满足多路输入和输出，以及分画面和消除回声等功能要求。

（4）多路复用和信号分离设备应能将视频、音频、数据、信令等各种数字信号组合到 64 ～ 1920kbit/s 或更高比特率的数字码流内，或从码流中分离出相应的各种信号，成为与用户一网络接口兼容的信号格式，该格式应符合相关规定。

（5）用户一网络接口应符合 V.35、G.703、ISDN 等接口标准，并应符合国家相关标准。

（6）会场的操作控制和显示应采用菜单式操作界面和汉化显示终端。全部会场的终端设备、MCU 和级联端口的状态信息，应在工作站的显示屏幕上一次全部显出。菜单操作界面的会场地址表格中，应只对完好的会场信息做出操作响应，以保证播送的画面一定是好的。

图 3-29 所示为会议电视终端设备的基本配置。会议电视终端设备左边是用户 I/O 设备，包括摄像机、显示器、传声器、扬声器及数据设备。由于会议电视终端设备的核心作用是编 / 解码，常常又称编 / 解码器。终端设备右边是编 / 解码器和数字通信网的连接通道。

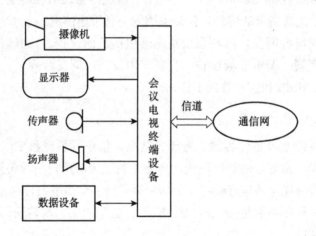

图 3-29　会议电视终端设备的基本配置

（二）传输信道

目前视频会议的传送网络都是利用现有的电信网络（如数字微波、数字光或卫星等数字通信信道）或计算机网络。例如，视频会议信号可以在 PCM（脉冲编码调制）数字信道或数字数据网（Digital Data Network，DDN）中以 E1 速率（2.048Mbit/s）或更低的速率（如 384kbit/s）传输；可以在 N-ISDN 中以 64kbit/s、128kbit/s 或 $P \times 64$kbit/s（P 为倍率）的速率传输；可以在计算机局域网中以分组方式传输；可以在 B-ISDN 中以 ATM 方式传输。

视频会议信号的传输介质可采用光缆、电缆、微波以及卫星等数字信道，或者其他类型的传输信道，在用户接入网的范围内，还可以采用 HDSL/ADSL 等设备进行传输。视频会议业务可以在现有的多种通信网络中展开，如 SHD 数字通信网、DDN、ISDN、ATM 或帧中继网络等。现在，新标准还保证会议电视信号可以在各种计算机网络中传输，如 LAN、WAN、Internet 等。无论是电信网或者是计算机网，视频会议系统主要是利用它们来传送活动或静态图像信号、语音信号、数据信号以及系统控制信号。

（三）多点控制单元

在目前的各种网络本身的通信控制机制中，还不能完全满足视频会议系统所要求的多点对多点通信控制功能。因此，除终端设备、通信线路外，视频会议系统要进行多点试听信息传输与切换，还必须增设多点控制单元（MCU）设备。MCU 根据一定准则处理视听信号，并将它们分配给应连接的信道。在某种意义上说，MCU 的作用就像电话网的交换机（其功能和要求要比电话交换机复杂得多），即按用户的意图将所传输的信息传到对方。

多点控制单元（MCU）的配置数量应根据组网方式确定，并且需要满足下列基本要求：

（1）MCU 应能组织多个终端设备的全体或分组会议，对某一终端设备送来的视频、音频、数据、信令等多种数字信号广播或转送至相关的终端设备，且不得劣化信号的质量。

（2）MCU 的传输信道端口数量，在 2048kbit/s 的速率时，不应少于 12 个。

（3）同一个 MCU 应能同时召开不同传输速率的视频会议。

（4）MCU 应能进行 2～3 级级联组网和控制。

（四）音频/视频切换矩阵设备

音频/视频切换矩阵设备应满足下列基本要求：

（1）切换矩阵应能实现对视频的切换，而且不得劣化视频信号质量。

（2）切换矩阵应能实现对音频的切换，而且不得劣化音频信号质量。

（3）切换矩阵应保证能与音频、视频信号同步。

（4）切换矩阵的音频/视频接口应作适当的预留。

（五）摄像机和传声器

摄像机和传声器的配置应符合下列要求：

（1）视频会议的每个会场应配备带云台的受控摄像机。面积较大的会议室，还可按照需要增加辅助摄像机和一台图文摄像机，以满足功能上的需求和保证从各个角度摄取会场全景或局部特写镜头。

（2）视频会议的会场应根据用户要求参与发言的人数确定传声器的配置数量。传声器也不宜设置过多，其数量最好不要超过 10 个。

（六）编辑导演设备

（1）使用多个摄像机的会场应采用编辑导演设备对多个画面进行预处理。该设备应能与摄像机操作人员进行电话联系，以便及时调整所摄取的画面。

（2）单一摄像机的会场的编辑导演设备可由会议操作人员直接操作控制，摄取所需的画面。

（七）调音台设备

（1）声音系统的质量取决于参与视频会议的全部会场的声音质量，每个会场必须按规定的声音电平进行调整，才能保证全系统有较好的声音效果。由多个传声器组成的会场应采用多路调音台对发言传声器进行音质和音量的控制，以保证话音清晰，并防止回声干扰。

（2）单一传声器的会场可以不设调音台。

（八）图像显示设备

应根据会议室的大小和照度要求，选择适宜的图像显示设备和投影机。

（九）会场扩声设备

（1）扬声器的布置应使会议室得到均匀的声场，而且能防止声音反馈。

（2）扩声系统的功率放大器应采用数个小容量功率放大器集中设置在同一机房，用合理的布线和切换系统，保证会议室在损坏一台功率放大器时而不会造成会场扩声中断。

（3）声音信号输入功率放大器之前，应采用均衡器和扬声器控制器进行处理，以便得到较好的声音信号质量。

三、视频会议系统的功能

（一）会议电视终端设备的主要功能

终端技术在视频会议系统中是至为重要的一项技术，可以说，正是由于终端技术的进步和发展才使得会议电视技术和业务逐步走向实用、形成产业。会议电视终端设备承担了多种媒体信息的输入、输出和处理，以及用户和网络之间的连接、交互和控制多项任务。

会议电视终端设备属于用户数字通信设备，在视频会议系统中处在用户的视听数据输入、输出设备和网络之间。如图 3–30 所示的会议电视终端设备 A，它的主要作用就是将 A 处会议点的实况图像信号、语音信号及用户的数据信号进行采集、压缩编码、多路复用后送到传输信道上去；同时把从信道接收到的视频会议信号进行多路分解、视频 / 音频解码，还原成对方会场的图像、语音及数据信号输出给用户的视听播放设备。与此同时，会议电视终端设备还将该点的会议控制信号（如建立通信、申请发言、申请主席控权等）送到 MCU，同时接收 MCU 送来的控制信号，执行 MCU 对该点的控制指令。

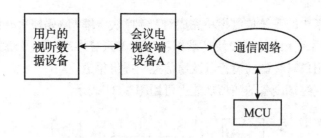

图 3–30　终端设备在会议电视中的位置

系统地讲，会议电视终端设备主要完成以下四项功能：

1. 完成用户视频、音频和数据信号的输入与输出

一般输入终端的视频、音频都是模拟信号，终端的 I/O 模块就要将它们进行数字化，变为数字视频 / 音频信号。例如，先将模拟视频信号变为 PCM 数字视频，再转换为 CIF 或 QCIF 的数字视频；将音频信号变为 PCM 数字音频信号。数据信号的输入比较简单，只要符合数据输入接口标准就行（如 RS–232C 等）。由于最终送到用户声像设备的信号必须是模拟信号，会议电视终端设备还要将经解码后得到的数字视频 / 音频信号重新转化为模拟信号输出，作为用户监视器和音响设备的输入。

2. 对数字视频 / 音频信号进行压缩编 / 解码

视频信号的压缩编 / 解码必须按照 H.261 建议进行，音频信号的编 / 解码可以选用 G.711、G.722 或 G.728 标准。其中，G.711 标准的语音编 / 解码能力是每个终端必须具备的，其他两种标准的编 / 解码能力是可以选用的。选用条件是，必须在通信双方或多方都具有此项能力，并通过控制和指示信号达成一致使用的情况下方可生效。

3. 信道传输

信道传输包括对数字视频的缓存、纠错编 / 解码，对各种媒体信号的多路复用 / 解复用，以及终端和信道接口等功能。缓存的作用是将编码后输出

的不定速率的视频信号，经缓冲存贮后变为固定速率的视频信号，再对这一视频信号进行 BCH（511，493）纠错编码，编码后送往多路复用电路。多路复用是将压缩编码后的音频信号、纠错后的视频信号、数据信号及控制信号合成为一路数字码流送往接口电路。按照不同信道传输码的要求，接口电路将复用电路送来的符合 H.221 帧结构的信道码流进行信道及波形变换。例如，为了满足 E1 信道的传输要求，必须将终端输出的码流转变为符合 G.703 标准的 HDB3 后送上信道进行传输。以上是信道传输中的发送功能，信道接收功能和发送部分相反。

4. 系统控制功能

终端设备中的系统控制模块完成对 I/O 模块、编 / 解码模块、信道传输模块的控制作用。系统控制模块还承担视频会议系统中端到端及端到网络信令的传送，为用户对终端的设置以及通信控制提供渠道。

会议电视终端设备的四项功能也可用图 3–31 表示。

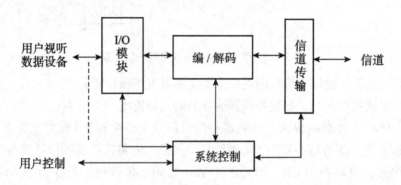

图 3–31　会议电视终端设备的四项功能

（二）视频会议网络的功能

视频会议的网络技术就是将多个会议电视终端设备通过通信网络将它们连接在一起并能够进行多点之间的通信。视频会议不需要改变网络的性能，而只是解决如何充分利用现有的通信网络，扩展它的业务功能。

（三）MCU 的功能

MCU 的作用是对输入的多路视频会议信号进行切换。由于视频会议信号中包含图像、语音及数据三类不同的信号，因此，MCU 的切换作用又不像电话交换那样只是简单地将话音信号进行转接，它要对三类信号进行不同的处理。MCU 对语音信号采取多路混合的方式（也叫切换方式）传送，对视频信号采取直接分配的方式传送，对于数据信号采取广播方式或 MLP 方式传送。

此外，MCU 还要完成对通信控制信号、网络接口信号的处理等。

四、视频会议系统的关键技术及质量要求

（一）视频会议系统的关键技术

视频会议系统是通信领域内的一项新技术，它涉及的技术内容很多，但其中最为关键的有各种媒体信息的处理技术、多点会议电视的联网控制技术、各种通信网络的接口和传输技术，以及适用于不同通信网络的视频会议操作标准，具体为信息压缩技术、多点控制技术、传输和接口技术、国际标准化。

（二）会议电视终端设备之间端到端的传输性能指标

会议电视网内任意两个会议电视终端设备之间端到端的传输性能指标，应符合表 3–1 所示的规定。

表 3–1　视频会议系统的传输性能指标要求

项目名称	传输信道速率	误比特率	1h 内最大误码数	1h 内严重误码事件	无误码秒（%）
国内段会议电视链路	2048	1×10^{-6}	7142	0	92
国际段会议电视链路	2048	1×10^{-66}	7142	2	92
国内、国际全程链路	2048	1×10^{-6}	21427	2	92
国内段会议电视链路	64	1×10^{-6}			

（三）视频会议效果的质量评定

1. 视频质量定性评定

（1）图像质量：近似 VCD 图像质量。

（2）图像清晰度：送至本端的固定物体的图像应清晰可辨。

（3）图像连续性：送至本端的运动图像连续性应良好，无严重拖尾现象。

（4）图像色调及色饱和度：本端观察到的图像与被摄实体对照，色调及色饱和度应良好。

2. 音频质量评定

（1）回声抑制：由本地和对方传输造成的回声量值，系统应无明显回声。

（2）唇音同步：动作和声音无明显时间间隔。

（3）声音质量：系统音质应清晰可辨、自然圆润。

第四节 三网合一

在科技高速发展的今天，现代信息业，或者说网络使地球逐步缩小为一个"地球村"。网络信息技术已成为现代人们关心的焦点。现代信息技术的发展，使得传统的语音或视频的业务服务已经不能满足人们的需求，网络正在朝着数据、图形、音频、视频等多媒体技术综合运用的方向不断发展。虽然传统的电话网、有线电视网及计算机网在网络资源、信息资源和接入技术等方面都各有所长，但它们都是面向特定业务的：电信网面向话音，电视网面向视频，计算机网面向数据，用户只能从不同的服务提供商处获得所需的各类业务。同时，由于各网间不能互通，造成网络资源的重复投资浪费。三网合一正是在这种状况下提出来的。

所谓三网合一是指计算机网络、电信网络、有线电视（CATV）网络的一体化，即传统电信网、计算机网和有线电视网将趋于相互渗透和相互融合，或者说就是将视频、语音和数据这三种业务建立在一个网络平台上的技术。三网合一是对综合业务数字网（ISDN）概念的扩展，也是打破行业垄断，统一规划管理三大网络建设的前提条件。

一、三网合一的特征

三网合一是个统一的网络系统，并以全数字化的网络设施来支持包括数据、话音和视频在内的所有业务的通信。因此，这种网络体系应该具有以下几个基本特征：

（一）网络之间的透明性

网络在物理层上是互通的，即一个网络的信号可以直接传递或者经过组织、变换，传送到另一个网络中去，并且通过另外的网络传送至其他用户的终端时，不改变信息的内容。也就是说，网络之间要互相透明。

（二）网络资源的共享性

用户只需一个物理网络连接就可以享用其他网络的资源或者与其他网络上的用户交换数据，进行通信。

（三）网络的独立性

在应用层面上，虽然网络之间是相互渗透和交叉的，但又可以相互独立、互不妨碍，并且在各自的网络上可以像以往那样独立发展自己的新业务。

（四）网络的兼容性

网络之间的协议兼容是指：因为各个网络都有自己的协议，因此信息从一个网传送到另一个网时要进行转换，以满足所转向网络的协议要求。

要真正将三网合一，实现语音、视频、数据等各种信息的一网传输，并提供较好的服务质量，必须同时具备传输、交换、接入的宽带化，并且在网络的各个环节对各种信息进行统一处理，这是三网合一的技术前提。

二、三网合一的技术平台和关键技术

三网合一作为规划全国网络的基础条件，需要一个前瞻性的战略规划与一个完备的解决方案。在三网合一的运行过程中，需要解决的关键技术主要出现在这几个方面：接入网技术；大容量、高速度的路由方案及硬件系统；联合与协调不同操作系统、不同网络环境间的中间件技术；面对日益增长的大规模服务请求，高利用且有良好伸缩能力与容错效果的软交换平台系统；高性能并行计算技术等。

（一）三网合一的技术平台

三网合一的技术平台包括骨干网、城域网和接入网三个部分。接入网（Access Network）是本地局端与用户端设备之间的信息传输网的总称，是直接连接用户和本地局端口的网络线路。

骨干网和城域网带宽的不断增加，使接入网的窄带环境严重阻碍了互联网经济的快速发展。由于接入网是直接连接最终用户的一段网络，而所有的商业模式归根结底都要来自终端的用户，所以自然成了各网络运营商争夺的焦点，而宽带接入网建设也成了希望进入该领域的服务商、投资商关注的重点。

（二）三网合一的关键技术

1. 接入网技术

接入网连接用户端到本地局端或网络节点，它通常由用户传输系统、复用设备、交叉连接设备等部分构成，负责将电信业务透明地传送到用户。接入网问题在技术界又被称为"最后一公里问题"，也是三网合一的难点。现阶段宽带接入网主要有混合光纤同轴电缆（HFC）接入技术和基于铜线的 xDSL技术数字用户环路接入技术及高速园区网宽带入户技术等。

2. 光纤

通信技术与宽带骨干网改进所有网络，无论它支持的业务是什么，现在都大量地使用光纤通信。目前光缆的费用已足够低，甚至为提供数兆比特率而安装光缆都是经济的。光缆一旦被安装，就有了巨大的带宽容量。因此，人们为提供一种类型的业务安装一条光缆，也就有了传输其他类型业务的容量。

绝大多数网络运营商都断言：理想的宽带接入网将是基于光纤的网络。与双绞线、同轴电缆或无线技术相比，光纤的接入容量几乎是无限的。现代光纤传输系统在单个波长上的传输速率达到 10GB/s，而新的波分复用（WDM）系统在一根光纤上可承载 64 个波长。即使如此，这些系统对光纤的理论容量的利用率还不到 1%。光纤传输信号可经过很长的距离无须中继，例如，某T1 信息线路的中继距离（中继的间隔）为 1.7km，典型的 CATV 网络要求在同轴电缆上每隔 500~700m 加一个放大器，而光纤传输系统的中继距离可达100km 以上。光纤的工作寿命比铜缆长得多，因为后者不可避免地受到水渗透的腐蚀作用。当线缆被割断时，修复一根光纤比逐根地修复铜缆中几千对线要容易得多。此外，光纤系统比其他传输技术更容易学习和掌握，因此人们越来越注意光纤接入网。

待传输的业务量越大，要求传输的距离越长，光纤的优越性就越明显。因此光纤传输系统在长途骨干网内迅速取代了其他传输手段，随着成本的持续下降，光纤开始替换局间中继线的微波和 T1 线路。目前，光纤已用在接入网的前馈部分，用在 CATV 头端和靠近用户的电节点之间，如图 3-32 所示。

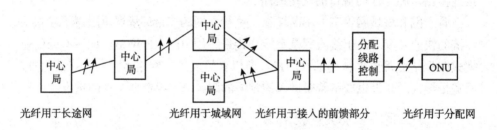

光纤用于长途网　　　　光纤用于城域网　　光纤用于接入的前馈部分　　　光纤用于分配网

图 3-32　光纤传输系统在长途骨干网中的应用

骨干网传输的宽带化是三网合一的基础。光纤通信技术的发展使密集波分复用（DWDM）技术已经成熟并走向商品化。现在，以光纤为媒介、以DWDM+SDH（同步数字系列）为主体的光纤网成了电信骨干网的主流，在普通标准单模光纤上提供 10GB/s 传输能力的 WDM 系统已经在我国的许多主干线路上投入使用；以 DWDM 为基础的光通信网络必将在整个骨干网中占主导地位，三网将在此基础上融合。但是存在的问题是较为成熟的DWDM+SDH 系统主要是针对语音信号设计的，要使信息量很大的视频、数据等信息，尤其是实时性要求很高的视频信息也能在该系统上快速、高效地传输，同时保证较好的服务质量，还需要改进宽带骨干网。例如，如何保证语音和视频信息的服务质量，如何以一种统一的数据格式传输各种信息，如何与传统的 PSTN 兼容，如何进行复杂、灵活的网络管理，如何保证技术实现的低成本等，都是要考虑的问题。

3.并行计算与分布式系统

（1）并行计算。并行是一种普遍现象，自然界、人类社会、一个组织、一个系统，它们的组成元素的活动都是并行的，元素和元素之间存在着交互作用，有合作、有竞争，而交互作用则依靠通信手段来达到。例如，当前在航空、航天、军事、金融、通信和机械等领域，计算机发挥着越来越大的作用，数不胜数的设备或系统是由多个嵌入硬件的并行执行且交互的程序来组成的。要实现并行计算，不仅要有并行的硬件，更重要的是要有相应的软件环境。

（2）分布式系统。当讨论分布式系统时，我们面临许多对以下形容词所描述的不同类型：分布式的、网络的、并行的、并发的和分散的。如果系统部件局限在一个地方，它就是集中式的；如果其部件在不同的地方，部件之间要么不存在或存在有限的合作，要么存在紧密的合作，它就是分散式的。当一个分散式的系统不存在或存在有限的合作时，它就被称为网络的，否则就被称为分布式的。在不同的地方的部件是否存在紧密的合作，建议可以用硬件、控制、数据这三个尺度加以检验，总结如下：分布式系统＝分布式硬件＋分布式控制＋分布式数据。所以，分布式系统就是对一个用户看起来像普通系统，然而运行在一系列的自治处理单元（PE）上的系统。每个 PE 有各自的物理存储空间，并且信息传输延迟不能忽略不计，这些 PE 间有紧密的合作，系统必须支持任意数量的进程和 PE 的动态扩展。

如果一个系统与多处理单元（PE）、互联硬件、处理单位的故障无关，且共享状态的所有特征，它可能就是分布式系统。

4.软件技术

软件技术的发展，尤其是软交换和中间件技术的发展，使得三大网络及其终端都能通过软件变换，最终支持各种用户所需的特性、功能和业务。

5.IP 技术

IP 协议的普遍采用，使得各种以 IP 为基础的业务都能在不同的网上实现互通，具体下层基础网络是什么已无关紧要。IP 协议不仅已经成为占主导地位的通信协议，而且人们首次有了统一的，两大网络都能接受的通信协议，从而在技术上为三网融合奠定了最坚实基础。从用户驻地网到接入网，再到核心网，整个网络将实现协议的统一，各种各样的终端最终都能实现透明连接。尽管各种网络仍有自己的特点，但技术特征正逐渐趋向一致，诸如数字化、光纤化、分组化等，特别是逐渐向 IP 协议的汇聚已成为下一步发展的共同趋向。技术的进步，促进了行业在技术、服务和市场方面的快速融合。利用这些技术进步，许多市场参与者在战略上通过交叉平台产品开发超越传统业务范围，扩展业务提供。

6. 信息数字化技术及数据压缩技术和多媒体技术

数字信号处理领域的技术进展使任何形式的信息都可以有效地转化成数字比特流。现在，由于所有形式的信息都被转换成"比特"，用同一网络高性价比地运载所有信息已成现实。数据压缩技术和多媒体技术是伴随信息数字化技术而诞生的，并随 DSP 技术而发展变化。

第四章　设备监控系统

　　楼宇设备自动化是楼宇自动化的基础。智能建筑中的机电设备和设施就是楼宇自动化系统的对象和环境，因此，有必要认识和掌握这些机电设备和设施的运行规律和控制特性。只有这样，才能设计出方案优秀的楼宇自动化系统，实现其全局的优化控制和管理。

第一节　暖通空调系统及其监控系统

一、空调与冷热源系统

（一）空气调节的任务和作用

　　空气调节，是采用技术手段把某一特定空间内部的空气环境控制在一定状态下，以满足人体舒适和工艺生产过程的要求，简称空调。空调所控制的内容包括空气的温度、湿度、空气流动速度及洁净度等。现代技术发展有时还要求对空气的压力、成分、气味及噪声等进行调节与控制。所以，采用技术手段创造并保持满足一定要求的空气环境，乃是空气调节的任务。

　　众所周知，对上述参数产生干扰的来源主要有两个：一是室外气温变化、太阳辐射及外部空气中的有害物的干扰；二是内部空间的人员、设备与生产过程所产生的热、湿及其他有害物的干扰。因此需要采用人工的方法消除室内的余热、余湿，或补充不足的热量与湿量，清除室内的有害物，保证室内新鲜空气的含量。

　　根据空调调节服务对象的不同，把为保证人体舒适的空调称为舒适性空调，而把为生产或科学实验过程服务的空调称为工艺性空调。工艺性空调往往同时需要满足人员的舒适性要求，因此二者又是相互关联的。

　　舒适性空调的作用是为人们的工作和生活提供一个舒适的环境，目前已普遍应用于公共与民用建筑中，如会议室、图书馆、办公楼、商业中心、酒店和部分民用住宅。此外,舒适性空调也广泛应用于交通工具中,如汽车、火车、飞机、轮船等。

工艺性空调一般对新鲜空气量没有特殊要求,但对温湿度、洁净度的要求比舒适性空调高。在这些工业生产过程中,为避免元器件由于温度变化而产生胀缩及湿度过大引起表面锈蚀,一般严格规定了温湿度的偏差范围,如温度不超过 ±0.1℃,湿度不超过 ±5%。在电子工业中,不仅要保证一定的温湿度,还要保证空气的洁净度。制药行业,食品行业及医院的病房、手术室则不仅要求一定的空气温湿度,还需要控制空气洁净度和含菌数。

现代农业的发展也与空调密切相关,如大型温室、禽畜养殖、粮食贮存等,都需要对内部空气环境进行调节。

此外,在宇航、核能、地下设施及军事领域,空气调节也都发挥着重要作用。

因此现代化发展需要空气调节,空气调节技术的提高与发展则依赖于现代化。空气调节具有广阔的发展前景。

(二)空调基数和空调精度

不同使用目的的空调系统的空气状态参数控制指标是不同的,一般情况下,主要是控制空气的温度和相对湿度。空调房间室内温度、湿度通常用空调基数和空调精度两组指标进行描述。

空调基数是指在空调房间所要求的基准温度与相对湿度。空调精度是指空调房间的有效区域内空气的温度、相对湿度在要求的连续时间内允许的波动幅度。例如,温度 t_n=(20±1)℃和相对湿度 φ_n=(50±5)%,其中 20℃和 50% 是空调基数,±1℃ 和 ±5% 是空调精度。就室内温度而言,按允许波动范围的大小,一般分为 $\Delta t_n \geqslant \pm 1℃$,$\Delta t_n = \pm 0.5℃$ 和 $\Delta t_n = \pm(0.1\sim0.2)℃$ 三类精度级别。

我国《工业建筑供暖通风与空气调节设计规范》(GB 50019—2015)中规定,舒适性空调室内计算参数为:

1. 夏季

温度:应采用 22 ～ 28℃;

相对湿度:应采用 40% ～ 65%;

风速:不应大于 0.3m/s。

2. 冬季

温度:应采用 18 ～ 24℃;

相对湿度：应采用 30% ～ 60%；

风速：不应大于 0.2m/s。

工业建筑中室内空气参数是由生产工艺过程的特殊要求决定的，所以工艺性空调的室内计算参数应根据工艺需要并考虑必要的卫生条件确定。

（三）空调系统的基本组成

完整的空调系统（图 4-1），通常由以下四个部分组成：

1. 空调房间安装

空调的空间可以是封闭式的，也可以是敞开式的；可以是一个房间或多个房间组成，也可以是一个房间的一部分。

2. 空气处理设备

空气处理设备是由过滤器、表冷器（即表面冷却器）、空气加热器、空气加湿器等空气热湿处理和净化设备组合在一起的，是空调系统的核心，室内空气与室外新鲜空气被送到这里进行热湿处理与净化，达到要求的温度、湿度等空气状态参数，再被送回室内。

3. 空气输配系统

空气输配系统是由送风机、送风管道、送风口、回风口、回风管道等组成。空气输配系统把经过处理的空气送至空调房间，将室内的空气送至空气处理设备进行处理或排出室外。

4. 冷（热）源空气处理设备的冷源和热源

夏季降温用冷源一般用制冷机组，在有条件的地方，也可用深井水作为自然冷源。冬季加热的热源可以是蒸汽锅炉、热水锅炉、热泵。

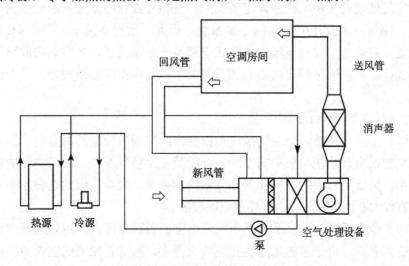

图 4-1　空调系统的工作原理

（四）空调系统分类

空调系统有很多类型，可以采用不同的方法对空调系统进行分类。

1.按空气处理设备的位置分类

（1）集中式空调系统。集中式空调系统是指空气处理设备（加热器、冷却器、过滤器、加湿器等）以及通风机全部集中放置在空调机房内，空气经过处理后，经风道输送和分配到各个空调房间。集中式空调系统可以严格地控制室内温度和相对湿度；可以实现理想的气流分布；可以对室外空气进行过滤处理，满足室内空气洁净度的不同要求。但集中式空调系统的空调风道系统复杂，布置困难，而且空调各房间被风管连通，当发生火灾时会通过风管迅速蔓延。集中式空调系统的冷、热源一般也是集中的，集中在冷冻站和锅炉房或热交换站。对于大空间公共建筑物的空调设计，如商场，可以采用这种空调系统。

（2）半集中式空调系统。半集中式空调系统是指空调机房集中处理部分或全部风量，然后送往各房间，由分散在各被调房间内的二次设备（又称末端装置）再进行处理的系统。半集中式空调系统可根据各空调房间负荷情况自行调节，只需要新风机房，机房面积较小；当末端装置和新风机组联合使用时，新风风量较小，风管较小，利于空间布置。其缺点是对室内温湿度要求严格时，难以满足；水系统复杂，易漏水。对于层高较低，又主要由小面积房间构成的建筑物的空调设计，如办公楼、旅馆、饭店，可以采用这种空调系统。

（3）分散式空调系统。又称局部空调系统，是指把空气处理所需的冷热源、空气处理设备和风机整体组装起来，直接放置在被调房间内或被调房间附近，控制一个或几个房间的空调系统。因此，这种系统不需要空调机房，一般也没有输送空气的风道。分散式空调系统布置灵活，各空调房间可根据需要起停，各空调房间之间不会相互影响；但室内空气品质较差，气流组织困难。

2.按负担室内负荷所用介质分类

（1）全空气系统。全空气系统是指室内的空调负荷全部由经过处理的空气来负担的空调系统。集中式空调系统就属于全空气系统。由于空气的比热容较小，需要用较多的空气才能消除室内的余热、余湿，因此这种空调系统需要有较大断面的风道，占用建筑空间较多。

（2）全水系统。全水系统是指室内的空调负荷全部由经过处理的水来负担的空调系统。由于水的比热容比空气大得多，因此在相同的空调负荷情况下，所需的水量较小，可以解决全空气系统占用建筑空间较多的问题，但不能解决房间通风换气的问题，因此不单独采用这种系统。

（3）空气—水系统。空气—水系统是指室内的空调负荷全由空气和水共同来负担的空调系统。风机盘管加新风的半集中式空调系统就属于空气—水系统。这种系统实际上是前两种空调系统的组合，既可以减少风道占用的建筑空间，又可以保证室内的新风换气要求。

（4）制冷剂系统。制冷剂系统是指由制冷剂直接作为负担室内空调负荷介质的空调系统。如窗式空调器、分体式空调器、多联机等就属于制冷剂系统。这种系统是把制冷系统的蒸发器直接放在室内来吸收室内的余热余湿，通常用于分散式安装的局部空调。由于制冷剂不宜长距离输送，因此不宜作为集中式空调系统来使用。

3. 按空调系统使用的空气来源分类

（1）直流式系统。这种系统使用的空气全部来自室外，吸收余热、余湿后又全部排掉，因而室内空气得到百分之百的交换。所以，这种系统适用于产生剧毒物质、病菌及散发放射性有害物的空调房间。直流式系统是一种耗费能量最多的系统。

（2）封闭式系统。与直流式系统刚好相反，封闭式系统全部使用室内再循环空气。因此，这种系统最节能，但是卫生条件也最差，封闭式系统只适用于无人操作、只需保持空气温湿度的场所及很少进入的库房。

（3）回风式系统。该系统使用的空气一部分为室外新风，另一部分为室内回风。所以，回风式系统具有既经济又符合卫生要求的特点，使用比较广泛。在工程上根据使用回风次数的多少，又分为一次回风系统和二次回风系统。

（五）常用空调系统简介

1. 一次回风系统

（1）工作原理。一次回风系统属于典型的集中式空调系统，也属于典型的全空气系统。该系统是由室外新风与室内回风混合，混合后的空气经过处理后，经风道输送到空调房间。这种空调系统的空气处理设备集中放置在空调机房内，房间内的空调负荷全部由输送到室内的空气负担。空气处理设备处理的空气一部分来自室外（这部分空气称为新风），另一部分来自室内（这部分空气称为回风），所谓一次回风是指回风和新风在空气处理设备中只混合一次。

（2）系统的应用。一次回风系统具有集中式空调系统和全空气系统的特点，适用于空调面积大，各房间室内空调参数相近，各房间的使用时间也较一致的场合。会馆、影剧院、商场、体育馆，还有旅馆的大堂、餐厅、音乐厅等很多公共建筑场所都采用这种系统。

　　根据空调系统所服务的建筑物情况，有时需要划分成几个系统。建筑物的朝向、层次等位置相近的房间可合并在一个系统，以便于管路的布置、安装和管理；工作班次和运行时间相同的房间可划分成一个系统，以便于运行管理和节能；大的地方，为了减少和建筑配合的矛盾，可根据具体情况划分成几个系统。商场的空调经常采用集中式全空气系统，这是商场空调的典型方式。采用这种方式是因为空调处理设备放置在机房内，运转、维修方便，并能对空气进行过滤，减小振动和噪声的传播。但集中式全空气系统机房占用面积大。图 4-2 所示为商场最常用的标准空调方式系统。

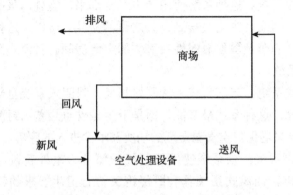

图 4-2　商场最常用的标准空调方式系统

　　2. 风机盘管加新风空调系统

　　（1）工作原理。风机盘管加新风空调系统属于半集中式空调系统，也属于空气—水系统。风机盘管加新风空调系统由风机盘管机组和新风系统两部分组成。风机盘管设置在空调系统内作为系统的末端装置，将流过机组盘管的室内循环空气冷却，加热后送入室内；新风系统是为了保证人体健康的卫生要求，给房间内补充一定的新鲜空气。通常室外新风经过处理后就送入空调房间。这种空调系统主要有三种新风供给方式：

　　①靠渗入室外新鲜空气补给新风。这种方法比较经济，但是室内的卫生条件较差。

　　②从墙洞引入新风直接进入机组。这种做法常用于要求不高或旧建筑中增设空调的场合。

　　③独立新风系统。由设置在空调机房的空气处理设备把新风集中并处理

到一定参数，然后送入室内。新风一般单独接入室内，如图4-3所示。

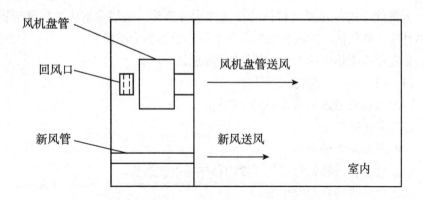

图4-3 新风与风机盘管送风各自送入室内

（2）系统的应用。风机盘管加新风空调系统具有半集中式空调系统和空气—水系统的特点。目前这种系统已广泛应用于宾馆、办公楼、公寓等商用或民用建筑。大型办公楼（建筑面积超过10000m²）的周边往往采用轻质幕墙结构，由于热容量较小，室内温度随室外空气温度的变化而波动明显。所以空调外区一般冬季需要供暖，夏季需要供冷。内区由于不受室外空气和日射的直接影响，室内负荷主要是人体、照明和设备发热，全年基本上是冷负荷，且全年负荷变化较小，为了满足人体需要，新风量较大。所以针对负荷特点，内区可以采用全空气系统或全新风系统，外区采用风机盘管系统。对于中小型办公楼，由于建筑面积较小或平面形状呈长条形，通常不分内外区，可以采用风机盘管加新风系统的空调方式。客房空调一般多采用风机盘管加新风系统的典型方式。常用的客房风机管道有四种方式：

①卧室暗装型：一般安装在客房过厅的天花板内，通过送风管道及风口把处理后的空气送入室内，对室内特别是有天花板装修时较为有利；但是检修困难，尤其是顶棚不可拆卸时，必须预留专门的检修入孔。

②立式明装型：一般安装于窗下地面上，安装方便，检修时可直接拆下面板。水管通常从该层楼板下穿上来，在机组内留有专门的接管空间。这种方式会占用部分室内面积。

③卧式明装型：不占用地板面积和天花板空间，但是它的水管连接较为困难，因此通常靠近管道竖井隔墙安装。

④立式暗装型：由于装修的要求，机组被装修材料遮掩，对机组外表面的美观要求较低，但是检修工作量相对大一些，需要与装修工程配合。

（六）影响空调负荷的因素

为消除室内的热量而提供的冷量称为冷负荷，为消除室内热损耗而提供的热量称为热负荷，室内多余的需要消除的湿量称为湿负荷。

影响室内冷热负荷的内、外扰因素包括：

（1）通过围护结构传入的热量。

（2）通过外窗进入的太阳辐射热量。

（3）人体散热量。

（4）照明散热量。

（5）设备、器具、管道及其他内部热源的散热量。

（6）食品或物料的散热量。

（7）渗透空气带入的热量。

（8）伴随各种散湿过程产生的潜热量。

影响室内湿负荷的内、外扰因素包括：

（1）人体散湿量。

（2）渗透空气带入的湿量。

（3）化学反应过程的散湿量。

（4）各种潮湿表面、液面或液流的散湿量。

（5）食品或其他物料的散湿量。

（6）设备散湿量。

在确定空调设备容量时除了要考虑以上各种因素形成的负荷，还需要考虑新风的冷负荷与湿负荷，以及风机与水泵温升造成的附加负荷。

一般来说，空调房间的室内散热、散湿量在一天中不是恒定不变的，随室内人员数量、设备使用情况的变化而变化。围护结构传热与日照产生的热量以及新风等形成的负荷随室外气候参数的逐时变化而变化。空调负荷一般是由总负荷变化的最大值来确定的。由于建筑围护结构与室内各种物体具有一定的蓄热能力，有些物体与家具还具有蓄湿能力，所以由室内外各种扰量形成的瞬时空调负荷与空调实际负荷存在一定的时间延迟和峰值衰减，因此空调的实际负荷并不简单等于室内产热量、室外传入热量等各项之和。在空调系统设计中准确计算各种负荷以确定空调设备容量与冷热源容量是必要的，其计算方法和过程比较复杂，下面仅介绍利用设计概算指标进行设备容量概算的方法。

（七）空调系统风量的确定

1.送风量的确定

空调系统的送风量大小决定了送回排风管道的断面积大小，从而决定了风道所需占据建筑空间的大小。由于空调风道与水管、电缆等相比断面尺寸要大得多，所以对于有顶棚的建筑，空调送风管道的尺寸是决定顶棚空间最小高度的主要因素。对于集中空调系统，空调系统的总处理风量取决于空调负荷、送风温度与室内空气温度。

如果减小送风量、增大送风温差，使夏季送风温度过低，则可能使人受冷气流作用而感到不适，同时室内温湿度分布的均匀性与稳定性也会受影响，因此夏季送风温差值需受限制。由于冬季送热风时的送风温差值比送冷风时的送风温差值大，所以冬季送风量比夏季小。所以空调送风量一般是先用冷负荷确定夏季送风量，在冬季采用与夏季相同的送风量，也可小于夏季。冬季的送风温度一般以不超过45℃为宜。

送风量除需满足处理负荷的要求外，还需满足一定的换气次数，即房间通风量与房间体积的比值，单位是次/h。

2. 新风量的确定

保证空调房间内有足够的新风量（即新鲜空气量），是保证室内人员身体健康与室内卫生标准的必要措施。新风量不够，会造成房间内空气质量下降，会使室内人员产生憋闷、头痛、精神不振、昏睡等症状；但增加新风量将会带来较大的新风负荷，从而增加空调系统的运行费用，因而也不能无限制地增加新风在送风量中所占的百分比。《民用建筑供暖通风与空气调节设计规范》中规定，空气调节系统的新风量，应按满足室内人员所需的新风量以及补偿排风和保持房间正压所需的新风量这二者中的最大值来确定。

（八）空调房间的气流组织

经过空调系统处理的空气，经送风口进入空调房间，与室内空气进行热质交换后由回风口排出，必然引起室内空气的流动，形成某种形式的气流流型和速度场。速度场往往是其他场（如温度场、湿度场和浓度场）存在的基础和前提，所以不同恒温精度、洁净度和不同使用要求的空调房间，往往也要求不同形式的气流流型和速度场。例如，要求恒温精度很高的计量室，总是要求有回流的气流流型，以便计量部分能处在回流区；洁净度要求很高的集成电路车间，则要求做成平行流流型；至于体育馆内的乒乓球比赛大厅，限制室内速度场就更严格了。

影响气流组织的因素很多，如送风口位置及形式、回风口位置、房间几何形状及室内的各种扰动等。其中以送风口的空气射流及其参数对气流组织的影响最为重要。

1.送风口的空气流动规律

空气经喷嘴向周围气体的外射流动称为射流。射流按流态不同，可分为层流射流和紊流射流；按其进入空间的大小，可分为自由射流和受限射流；按送风温度与室温的差异，可分为等温射流和非等温射流；按喷嘴形式不同，还可分为圆射流和扁射流。空调中遇到的射流，均属于紊流非等温受限（或自由）射流。

（1）等温自由紊流射流。设射流温度与房间温度相同，房间体积比射流体积大得多，送风口长宽比小于10，射流呈紊流状态。当射流进入房间后，射流边界与周围气体不断进行动量、质量交换，周围空气不断被卷入，射流流量不断增加，断面不断扩大。射流速度因与周围空气的动量交换而不断下降，当射流边界层扩散到轴心时，射流发展到了主体段，随着射程的继续增大，速度继续减小，直至消失。等温自由射流的发展过程如图4-4所示。

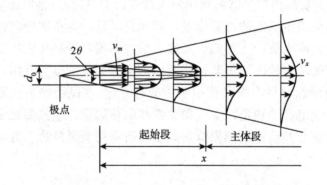

图4-4 等温自由射流的发展过程

（2）非等温自由射流。当射流出口温度与房间空气温度不相同时，称为非等温射流。在空气调节中，采用的正是这种非等温射流。送风温度低于室内空气温度时为冷射流，高于室内空气温度时为热射流。非等温射流由于密度与周围空气密度不同，所受的重力与浮力不相平衡，使整个射流发生向下或向上弯曲，气流产生偏移，如图4-5所示。

（3）受限射流。当射流边界的扩展受到房间边壁影响时，就称为受限射流。不管是受限射流还是自由射流，都是对周围空气的扰动，受限射流所具有的能量是有限的，它能引起的扰动范围也是有限的，不可能扩展到无限远去。受限射流还要受到房间边壁的影响，因此形成了受限射流的特征。当射流不断卷吸周围空气时，周围较远处空气流必然要来补充，由于边壁的存在与影响，势必导致形成回流（图4-6）。回流范围有限，则促使射流外逸，于是射流与回流闭合，形成大涡流。在所谓的第 I 临界断面处，将出现极值：射流断面最大，射流流量最大，回流流速最大。

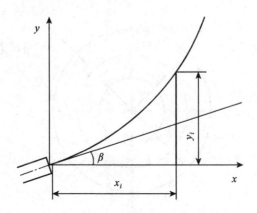

图 4-5　弯曲射流的轴线轨迹

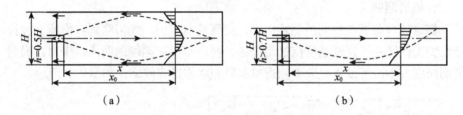

（a）　　　　　　　　　　　　（b）

图 4-6　有限空间射流流场

（4）旋转射流。气流通过具有旋流作用的喷嘴向外射出，气流本身一面旋转，一面又向静止介质中扩散前进，这种射流称为旋转射流。由于射流的旋转，使得射流介质获得向四周扩散的离心力。和一般射流相比，旋转射流的扩散角要大得多，射程短得多，并且在射流内部形成了一个回流区。正因为旋转射流有如此特点，所以，对于要求快速混合的通风场合，用它作为送风口是很合适的。

2.回风口空气流动规律

回风口与送风口的空气运动规律是完全不同的。送风射流以一定的角度向外扩散，而回风气流则从四面八方流向回风口，流线向回风点集中形成点汇，等速面以此点汇为中心，形状近似于球面，如图4-7所示。实验结果表明，吸风气流作用区，气流速度迅速下降，吸风影响范围很小。

（九）气流组织的形式

按照送、回风口布置位置和形式的不同，可以有各种各样的气流组织形式。大致可以归纳为以下五种：侧送侧回、上送下回、中送上下回、下送上回及上送上回。

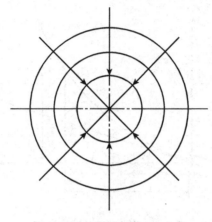

图 4-7　回风点汇

1. 侧送侧回

侧送风口布置在房间的侧墙上部，空气横向送出，气流吹到对面墙上转折下落到工作区并以较低速度流过工作区，再由布置在同侧的回风口排出。根据房间跨度大小，可以布置成单侧送单侧回和双侧送双侧回，如图 4-8 所示。

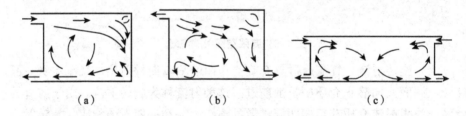

（a）　　　　　　　　（b）　　　　　　　　（c）

图 4-8　侧送侧回气流流型

侧送侧回形式使工作区处于回流区，具有以下优点：

由于送风射流在到达工作区之前，已与房间内空气进行了充分的混合，速度场和温度场都趋于均匀和稳定，因此能保证工作区气流速度和温度的均匀性。所以对于侧送侧回来说，容易满足设计对于速度不均匀系数的要求。

此外，由于侧送侧回的射流射程比较长，射流来得及充分衰减，故可加大送风温差。

基于上述优点，侧送侧回是用得最多的气流组织形式。

2. 上送下回

散流器送风和孔板送风是常见的上送下回形式。散流器送风如图 4-9所示。

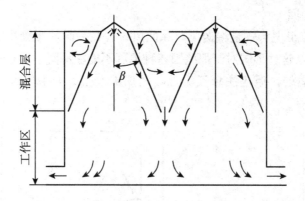

图 4-9　散流器上送下回流型

密布散流器送风，可以形成平行流流型，涡流少、断面速度场均匀。对于温湿度要求精度高的房间，特别是要求洁净度很高的房间，上送下回是理想的气流组织形式。

3. 中送上下回

图 4-10 所示是中部送风下部回风或下部、上部同时回风的气流流型图。

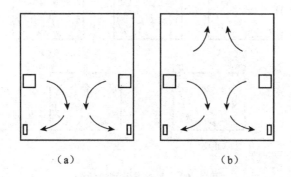

（a）　　　　　　　　　　　（b）

图 4-10　中送上下回气流流型

对于高大房间来说，送风量往往很大，房间上部和下部的温差也比较大，因此将房间分为上下两部分对待是合适的。下部视为工作区，上部视为非工作区。采用中部送风，下部和上部同时排风，形成两个气流区，保证下部工作区达到空调设计要求，而上部气流区负担排走非空调区的余热量。

4. 下送上回

这种形式的送风口布置在下部，回风口布置在上部，如图 4-11（a）所示，也有送、回风口都布置在下部的，如图 4-11（b）所示。

对于室内余热量大，特别是热源又靠近天花板的场合，如计算机房、广播电台的演播大厅等，采用这种气流组织形式是非常合适的。

5. 上送上回

这种气流组织形式是将送风口和回风口叠在一起，布置在房间上部，如图 4-12 所示。这种形式对于那些因各种原因不能在房间下部布置回风口的场合是相当合适的。但应注意气流短路的现象发生，如果气流短路，则经济性差。

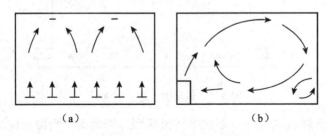

图 4-11　下送风气流流型

（a）回风口在上部　（b）送风口在下部

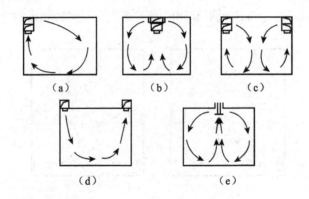

图 4-12　上送上回气流流型

（十）空气的基本处理方法

空调系统通过使用各种设备及技术手段使空气的温度、湿度等参数发生变化，最终达到要求的状态。对空气的主要处理过程包括热湿处理与净化处理两大类，其中热湿处理是最基本的处理方式。

最简单的空气热湿处理过程可分为四种：加热、降温、加湿、除湿。所有实际的空气处理过程都是上述各种单一过程的组合，如夏季最常用的冷却去湿过程就是除湿与降温过程的组合，喷水室内的等焓加湿过程就是加湿与降温的组合。在实际空气处理过程中有些过程往往不能单独实现，如降温有时伴随着除湿或加湿。

1. 加热

单纯的加热过程是容易实现的。主要的实现途径是用表面式空气加热器、电加热器加热空气。如果用温度高于空气温度的水喷淋空气，则会在加热空气的同时使空气的湿度升高。

2. 降温

采用表面式空气冷却器或温度低于空气温度的水喷淋空气都可使空气温度下降。如果表面式空气冷却器的表面温度高于空气的露点温度，或喷淋水的水温等于空气的露点温度，则可实现单纯的降温过程；如果表面式空气冷却器的表面温度或喷淋水的水温低于空气的露点温度，则空气会实现冷却去湿过程；如果喷淋水的水温高于空气的露点温度，则空气会实现冷却加湿的过程。

3. 加湿

单纯的加湿过程可通过向空气加入干蒸汽来实现。直接向空气喷入水雾可实现等焓加湿过程。

4. 除湿

除了可用表冷器对空气进行除湿处理外，还可以使用液体或固体吸湿剂来进行除湿。液体吸湿是利用某些盐类水溶液对空气的水蒸气的强吸收作用来对空气进行除湿，方法是根据要求的空气处理过程的不同（降温、加热或等温）用一定浓度和温度的盐水喷淋空气。固体吸湿剂是利用有大量孔隙的固体吸附剂（如硅胶）对空气中水蒸气的表面吸附作用来除湿的。但在吸附过程中固体吸附剂会放出一定的热量，所以空气在除湿过程中温度会升高。

（十一）典型的空气处理设备

1. 表面式换热器

表面式换热器是空调工程中最常用的空气处理设备，它的优点是结构简单、占地少、水质要求不高、水侧的阻力小。目前这类设备大多由肋片管组成，管内流通冷水、热水、蒸汽或制冷剂，空气掠过管外通过管壁与管内介质换热。制作材料有铜、钢和铝。使用时一般用多排串联，便于提高空气的换热量；如果通过的空气量较大，为避免迎风风速过大，也可以多个并联。表面式换热器可分为表面式空气加热器与表面式空气冷却器两类。

（1）表面式空气加热器：用热水或蒸汽作热媒，可实现对空气的等湿加热。

（2）表面式空气冷却器：用冷水或制冷剂作冷媒，因此又可分为冷水式与直接蒸发式两种。其中直接蒸发式冷却器就是制冷系统中的蒸发器。使用表面式空气冷却器可实现空气的干式冷却或湿式冷却过程，过程的实现取决于表面式空气冷却器的表面温度是高于还是低于空气的露点温度。

表面式换热器的冷热水管上一般装有阀门，用来根据负荷的变化调节水的流量，以保证出口空气参数符合控制要求。

风机盘管机组中的盘管就是一种表面式换热器，空调机组中的空气冷却器是直接蒸发式冷却器。

2.喷水室

喷水室的空气处理方法是向流过的空气直接喷淋大量的水滴，被处理的空气与水滴接触，进行热湿处理，达到要求的状态。喷水室由喷嘴、水池、喷水管路、挡水板、外壳等组成，如图4-13所示。喷水室的优点是能够实现对多种空气进行处理，具有一定的空气净化能力，耗费金属少、容易加工；缺点是占地面积大、对水质要求高、水系统复杂、水泵耗电量大等，而且要定期更换水池中的水，耗水量比较大。目前在一般建筑中已很少使用，但在纺织厂、卷烟厂等以调节湿度为主要目的的场合仍大量使用。

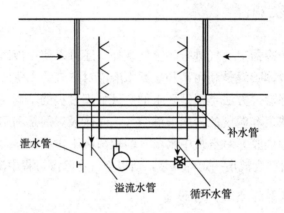

图4-13　喷水室构造原理

3.加热与除湿设备

（1）喷蒸汽加湿。蒸汽喷管是最简单的加湿装置，它由直径略大于供气管的管段组成，管段上开有多个小孔。蒸汽在管网压力作用下由小孔喷出，混入空气中。为保证喷出的蒸汽中不夹带冷凝水滴，蒸汽喷管外有保温套管，如图4-14所示。使用蒸汽喷管需要由集中热源提供蒸汽，它的优点是节省动力用电，加湿稳定迅速、运行费用低，因此在空调工程中应用广泛。

（2）电加湿器。电加湿器是一种喷蒸汽的加湿器，它是利用电能使水汽化，然后用短管直接将蒸汽喷入空气中，电加湿器包括电热式和电极式两种。

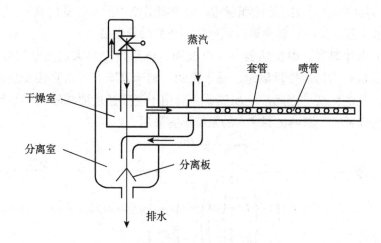

图 4-14　干蒸汽加湿器

电热式加湿器是由管状电热元件置于水槽中做成的。电热元件通电后将水加热至沸腾产生蒸汽。为了防止断水空烧，补水通常采用浮球阀自动控制；为了避免蒸汽中夹带水滴，在电热加湿器的后面应装蒸汽过热器；为了减少加湿器的热耗和电耗，电热式加湿器的外壳应做好保温。

电极式加湿器是利用三根不锈钢棒或镀铬铜棒做电极，插入水容器中组成。以水为电阻，通电之后水被加热产生蒸汽；蒸汽由排气管送到空气里，水位越高、导热面积越大，通过电流越强，产生的蒸汽也越多；水位的高低通过改变溢流管的高低来调节，从而调节加湿量。使用电极式加湿器时，应注意外壳要有良好的接地，使用中要经常排污和定期清洗。

这两种电加湿器的缺点是耗电量大，电热元件与电极上易结垢，优点是结构紧凑，加湿量易于控制，经常应用于小型空调系统中。

（3）冷冻除湿机。冷冻除湿机是由制冷系统与送风装置组成的。其中制冷系统的蒸发器能够吸收空气中的热量，并通过压缩机的作用，把所吸收的热量从冷凝器排到外部环境中。冷冻除湿机的工作原理是由制冷系统的蒸发器将要处理的空气降温除湿，再由制冷系统的冷凝器把降温除湿后的空气加热。这样处理后的空气虽然温度较高，但湿度很低，适用于只需要除湿，而不需要降温的场合。

（4）氯化锂转轮除湿机。这是一种固体吸湿剂除湿设备，是由除湿转轮传动机构外壳风机与再生电加热器组成，如图 4-15 所示。氯化锂转轮除湿机利用含有氯化锂和氯化镒晶体的石棉纸来吸收空气中的水分。用吸湿纸做的转轮缓慢转动，要处理的空气流过 3/4 面积的蜂窝状通道被除湿，再生空气经过滤器与加热器进入另 1/4 面积通道，带走吸湿纸中的水分排出室外。这种设备吸湿能力强，维护管理简单，是比较理想的除湿设备。

（5）电加热器。电加热器是让电流通过电阻丝发热来加热空气的设备。其优点是加热均匀、热量稳定、易于控制、结构紧凑，可以直接安装在风管内，缺点是电耗高。因此，电加热器一般用于温度精度要求较高的空调系统和小型空调系统，加热量要求大的系统不宜采用。

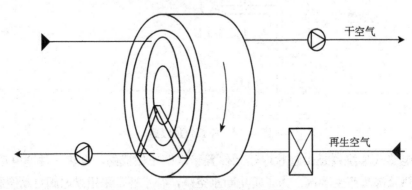

图 4-15 转轮除湿机工作原理

电加热器有裸线式和管式两种类型。裸线式电加热器的电阻丝直接暴露在空气中，空气与电阻丝直接接触，加热迅速、结构简单，但容易断丝漏电，安全性差。管式电加热器是将电阻丝装在特制的金属套管内，中间填充导热性能好的电绝缘材料，如结晶氧化镁等。这种电热管有棒形、蛇形和螺旋形等多种形式。

通过电加热器的风速不能过低，以避免造成电加热器表面温度过高。通常电加热器和通风机之间要有启闭连锁装置，只有通风机运转时，电加热器才能接通。

（十二）组合式空调机组

组合式空调机组也称为组合式空调器，是将各种空气热湿处理设备和风机、阀门等组合成一个整体的箱式设备。箱内的各种设备可以根据空调系统的组合顺序排列在一起，能够实现各种空气的处理功能。组合式空调机组可选用定型产品，也可自行设计。如图 4-16 所示是一种组合式空调机组。

（十三）局部空调机组

局部空调机组属于直接蒸发表冷式空调机组。局部空调机组是指一种由制冷系统、通风机、空气过滤器等组成的空气处理机组。

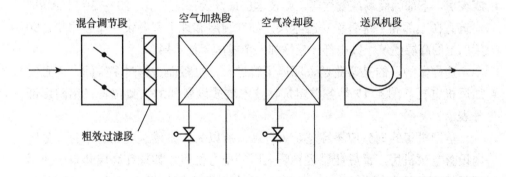

图 4-16　组合式空调机组的形式之一

　　根据结构形式分，局部空调机组可分为整体式、分体式和组合式三种。整体式局部空调机组是指将制冷系统、通风机、空气过滤器等组合在一个整体机组内，如窗式空调器。分体式局部空调机组是指将压缩机和冷凝器及冷却冷凝器的风机组成室外机组，蒸发器和送风机组成室内机组，两部分独立安装，如家用壁挂式空调器。组合式局部空调机组是指压缩机和冷凝器组成压缩冷凝机组，蒸发器、送风机、加热器、加湿器、空气过滤器等组成空调机组，两部分可以装在同一房间内，也可以分别装在不同房间内。相对于集中式空调系统而言，局部空调机组投资低、设备结构紧凑、体积小、占机房面积小、安装方便。缺点是设备噪声较大，对建筑物外观有一定影响。

　　局部空调机组不带风管，如需接风管，用户可自行选配。局部空调机组一般无防振要求，可直接放在一般地面上或混凝土基础上；有防振要求时，要做防振基础或利用垫橡胶垫、弹簧减震器等减震。若机组安装在楼板上，则楼板荷重不应低于机组荷重。

（十四）空调机房

　　空调机房是放置集中式空调系统或半集中式空调系统的空气处理设备及送、回风机的地方。

1.空调机房的位置

　　空调机房应尽量设置在负荷中心，目的是缩短送、回风管道，节省空气输送的能耗，减少风道占据的空间。但空调机房不应靠近要求低噪声的房间，如广播电视房间、录音棚等的建筑物，空调机房最好设置在地下室，一般的办公室、宾馆的空调机房可以分散在各楼层上。

　　高层建筑的集中式空调机房宜设置在设备技术层，以便集中管理。20层以下的高层建筑宜在上部或下部设置一个技术层。如果建筑物上部为办公室或客房，下部为商场或餐厅等，则技术层最好设在地下室。20～30层的高层建筑宜在上部和下部各设一技术层，如在顶层和地下室各设一个技术层。30层以上的高层建筑，其中部还应增加一个或两个技术层。

这样做的目的是避免送、回风干管过长、过粗而占据过多空间，而且增加风机电耗。图4-17是各类建筑物技术层或设备间的大致位置（用阴影部分表示）。

空调机房的划分应不穿越防火分区，所以大中型建筑应在每个防火分区内设置空调机房，最好能设置在防火区的中心位置。如果在高层建筑中使用带新风的风机盘管等空气—水系统，应在每层或每几层（一般不超过五层）设一个新风机组。当新风量较小、房屋空间较大时，也可把新风机组悬挂在天花板内。

各层空调机房最好能在垂直方向上的同一位置布置，这样可缩短冷、热水管的长度，减少管道交叉，节省投资和能耗。各层空调机房的位置应考虑风管的作用半径不要过大，一般为30～40m。一个空调系统的服务面积不宜大于500m²。

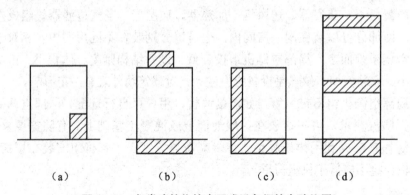

图4-17　各类建筑物技术层或设备间的大致位置

（a）小型楼房　（b）一般办公楼　（c）出租办公楼　（d）中高层建筑

2.空调机房的面积

空调机房的面积与采用的空调方式、系统的风量大小、空气处理的要求等有关，也与空调机房内放置设备的数量和每台设备的占地面积有关。一般采用全空气集中式空调系统，当空气参数要求严格或有净化要求时，空调机房面积为空调面积的10%～20%；舒适性空调和一般降温空调系统为5%～10%；仅处理新风的空气—水系统，新风机房约为空调面积的1%～2%。如果空调机房、通风机房和冷冻机房统一估算，总面积约为总建筑面积的3%～7%。

空调机房的高度一般净高为 4 ～ 6m。对于总建筑面积小于 3000m² 的建筑物，空调机房净高为 4m；对于总建筑面积大于 3000m² 的建筑物，空调机房净高为 4.5m；对于总建筑面积超 20000m² 的建筑物，其集中空调的大机房净高应为 6 ～ 7m，而分层机房则为标准层的高度，即 2.7 ～ 3m。

3. 空调机房的结构

空调设备安装在楼板或屋顶上时，结构的承重应按设备重量和基础尺寸计算，而且应包括设备中充注的水或制冷剂的重量及保温材料的重量等。对于一般常用的系统，空调机房的荷载估算为 500 ～ 600kg/m³，而屋顶机组的荷载应根据机组的大小而定。

空调机房与其他房间的隔墙以 240 墙为宜，机房的门应采用隔声门，机房内墙表面应粘贴吸声材料。

空调机房的门和拆装设备的通道应能顺利地运入最大设备构件，如构件不能从房门运入，则应预留安装孔洞和通道，并考虑拆换的可能。

空调机房应有非正立面的外墙，以便设置新风口让新风进入空调系统。如果空调机房位于地下室或大型建筑的内区，则应有足够断面的新风竖井或新风通道。

4. 空调机房内的布置

大型机房应设单独的管理人员值班室，值班室应设在便于观察机房的位置，自动控制屏宜放在值班室。

机房最好有单独的出入口，以防止人员噪声传入空调房间。

经常操作的操作面宜有不小于 1m 的净距离，需要检修的设备旁边要有不少于 0.7m 的检修距离。

经常调节的阀门应设置在便于操纵的位置。需要检修的地点应设置检修照明。

风管布置应尽量避免交叉，以减少空调机房与顶棚的高度。放在顶棚内的阀门等需要操作的部件，如顶棚不能上人，则需要在阀门附近预留检查孔便于在顶棚下操作。如果顶棚较高能够上人，则应预留上人的孔洞，并在顶棚上设人行通道。

（十五）空调水系统

就空调工程的整体而言，空调水系统包括冷（热）水系统、冷却水系统和冷凝水系统。空调水系统的作用，就是以水作为介质在空调建筑物之间和建筑物内部传递冷量或热量。正确合理地设计空调水系统是整个空调系统正常运行的重要保证，也能有效地节省电能消耗。

冷水 / 热水系统是指由冷水机组 / 换热器制备出的冷水 / 热水的供水，由冷水 / 热水循环泵，通过供水管路输送至空调末端设备，释放出冷量 / 热量后的冷水 / 热水的回水，经回水管路返回冷水机组 / 换热器。对于高层建筑，该系统通常为闭式循环环路，除循环泵外，还设有膨胀水箱、分水器和集水器、自动排气阀、除污器和水过滤器、水量调节阀及控制仪表等。对于冷水水质要求较高的冷水机组，还应设软化水制备装置、补水水箱和补水泵等。

冷却水系统是指用于冷却冷水机组冷凝器的水系统，冷却水系统一般由冷却循环水泵、冷却塔、除污器、冷却水管路等组成。

冷凝水系统是指装置在空调末端，夏季工况时用来排出冷凝水的管路系统。

1. 冷水系统

制冷的目的在于供给用户使用，向用户供冷的方式有两种：直接供冷和间接供冷。直接供冷是将制冷装置的蒸发器直接置于需冷却的对象处，使低压液态制冷剂直接吸收该对象的热量。采用这种方式供冷可以减少一些中间设备，故投资少、机房占地面积少，而且制冷系数较高；直接供冷的缺点是蓄冷能力差，制冷剂渗漏可能性增大，所以适用于中小型系统或低温系统。间接供冷是先利用蒸发器冷却某种载冷剂，然后将此载冷剂输送至各个用户，使需冷却对象降低温度。这种供冷方式使用灵活、控制方便，特别适合区域性供冷。下面就常用的冷水系统做简要介绍。

冷水系统为循环水系统，根据用户需要情况不同，可分为闭式冷水系统和开式冷水系统两种，如图 4–18 所示。

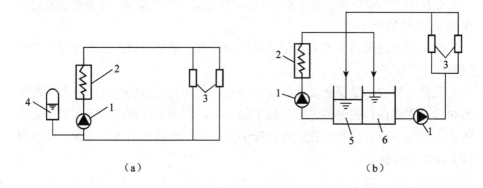

（a）　　　　　　　　　　　　（b）

图 4–18　冷水系统

（a）闭式冷水系统　（b）开式冷水系统
1—水泵　2—蒸发器　3—用户　4—膨胀水箱　5—回水箱　6—冷水箱

开式系统需要设置冷水箱和回水箱，系统水容量大、运行稳定、控制简便。闭式系统与外界空气接触少，可以减缓腐蚀现象。闭式系统必须采用壳管式蒸发器，用户侧则应采用表面式换热设备；开式系统则不受这些限制，当采用水箱式蒸发器时，可以用它代替冷水箱或回水箱。

按调节特征分，冷水系统有定水量系统和变水量系统两种形式。定水量系统中的水流量不变，通过改变供、回水温度来适应空调房内的冷负荷变化。变水量系统则通过改变水流量来适应冷负荷变化，而供、回水温差基本不变。由于冷水的循环和输配能耗占整个空调制冷系统能耗的 15% ~ 20%，而空调负荷需要的冷水量也经常性地小于设计流量，所以变水量系统具有节能潜力。

变水量系统有一级泵系统和二级泵系统两种常用的冷水系统。

图 4-19 所示为一级泵系统示意图。常用的一级泵系统是在供、回水集管之间设置一根旁通管，以保持冷水机组侧为定流量运行，而用户侧处于变流量运行。目前，由于冷水机组可在减少一定水量的情况下正常运行，所以供、回水集管之间可不设置旁通管，而整个系统在一定负荷范围内采用变流量运行，这样可使水泵能耗大为降低。一级泵系统组成简单、控制容易、运行管理方便，一般多采用此种系统。

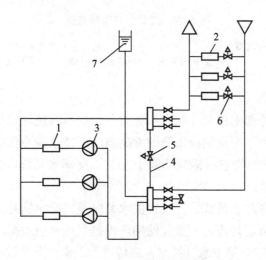

图 4-19　一级泵系统示意图

1—冷水机组　2—空调末端　3—冷水水泵　4—旁通管
5—旁通调节阀　6—二通调节阀　7—膨胀水箱

图 4-20 所示为二级泵系统示意图，它由两个环路组成：由一次泵、冷水机组和旁通管组成的这段管路称为一次环路；由二次泵、空调末端和旁通管组成的这一段管路称为二次环路。一次环路负责冷水的制备，二次环路负责冷水的输配。这种系统的特点是采用两组泵来保持冷水机组一次环路的定流

量运行，而用户侧二次环路为变流量运行，从而解决了空调末端设备要求变流量与冷水机组蒸发器要求定流量的矛盾。该系统完全可以根据空调负荷需要，通过改变二次水泵的台数或者水泵的转速调节二次环路的循环水量，以降低冷水的输送能耗。可以看出，二级泵系统的最大优点是能够分区、分路供应用户侧所需的冷水，因此适用于大型系统。

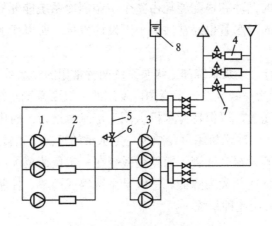

图 4-20　二级泵系统示意图

1—次泵　2—冷水机组　3—二次泵　4—空调末端　5—旁通管
6—旁通调节阀　7—二通调节阀　8—膨胀水箱

2.冷却水系统

合理地选用冷却水源和冷却水系统对节约制冷系统的运行费和初期投资具有重要意义。为了保证制冷系统的冷凝温度不超过制冷压缩机的允许工作条件，冷却水的进水温度一般应不高于 32℃。冷却水系统可分为直流式、混合式和循环式三种。

（1）直流式冷却水系统。直流式供水系统是最简单的冷却水系统，即升温后的冷却回水直接排走，不重复使用。根据当地水质情况，冷却水可为地面水（河水或湖水）、地下水（井水）或城市自来水。由于城市自来水价格较高，只有小型制冷系统采用。直流式供水系统中，冷凝器用过的冷却水直接排入下水道或用于农田灌溉，因此它只适用于水源充足的地区。

（2）混合式冷却水系统。采用深井水的直流式供水系统，由于水温较低，一次使用后升温不大。例如，为了保证立式壳管冷凝器有足够高的传热效果，冷却水通过冷凝器以后的温升一般为 3℃ 左右，如果深井水的温度为 18℃，采用直流式供水系统时，则将大量 21℃ 的水排掉，是对自然资源的极大浪费。当然，加大冷却水在冷凝器中的温升，可以大大减少深井水的用量，但这样将使冷凝器的传热效果变差。因此，为了节约深井水的用量，减少打井的初投资，而又不降低冷凝器的传热效果，常采用混合式冷却水系统，如图 4–21 所示。

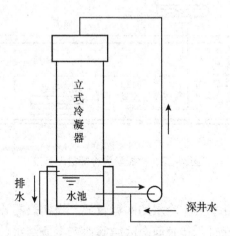

图 4–21　混合式冷却水系统

混合式冷却水系统是将一部分已用过的冷却水与深井水混合，然后用水泵压送至各台冷凝器使用。这样既不减少通入冷凝器的水量，又提高了冷却水的温升，从而可大量节省深井水的消耗量。

（3）循环式冷却水系统。循环式冷却水系统就是将来自冷凝器的冷却回水先通入蒸发式冷却装置，使之冷却降温，然后用水泵送回冷凝器循环使用。循环式冷却水系统大大降低了冷却水的消耗量。

制冷系统中常用的蒸发式冷却装置有两种类型：一种是自然通风冷却循环系统，另一种是机械通风冷却循环系统。如果蒸发式冷却装置中，冷却水与空气充分接触，水通过该装置后，其温度可降到比空气的湿球温度高 3 ～ 5℃。

机械通风冷却循环系统采用机械通风冷却塔，冷凝器的冷却回水由上部被喷淋在冷却塔内的填充层上，以增大水与空气的接触面积，被冷却后的水从填充层流至下部水池内，通过水泵再送回冷水机组的冷凝器中循环使用。冷却塔顶部装有通风机，使室外空气以一定流速自下而上通过填充层，以加强冷却效果。这种冷却塔的冷却效率较高、结构紧凑、适用范围广，并有定型产品可供选用。图 4–22 所示为机械通风冷却循环系统。

机械通风冷却循环系统中，冷却塔根据不同应用情况，可以放置在地面或屋面上，可以配置或不配置冷却水池，可以是一机对一塔的单元式或者是共用式。

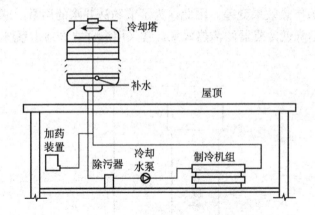

图 4-22　机械通风冷却循环系统

3.冷凝水系统

空调冷水系统夏季供应冷水的水温较低，当换热器外表面温度低于与之接触的空气露点温度时，其表面会因结露而产生凝结水。这些凝结水汇集在设备的集水盘中，然后通过冷凝水管路排走。

（1）系统形式：一般采用开式重力非满管流。

（2）凝水管材料：为避免管道腐蚀，冷凝水管道可采用聚氯乙烯塑料管或镀锌钢管，不宜采用焊接钢管。当采用镀锌钢管时，为防止冷凝水管道表面结露，通常需设置保温层。

（3）冷凝水管道设计要点：

①保证足够的管道坡度。冷凝水管必须沿凝水流向设坡，其支管坡度不宜小于 0.01，干管坡度不宜小于 0.005，且不允许有积水的部位。

②当冷凝水集水盘位于机组内的负压区时，为避免冷凝水倒吸，集水盘的出水口处必须设置水封，水封的高度应比集水盘处的负压（水柱高）大50% 左右。水封的出口与大气相通。

③冷凝水立管顶部应设计通大气的透气管。

④冷凝水管管径应按冷凝水流量和冷凝水管最小坡度确定。一般情况下，每 1 kW 冷负荷最大冷凝水量可按 0.4 ～ 0.8kg 估算。

（十六）空调冷源和制冷原理

空调工程中使用的冷源，有天然的和人工的两种。

天然冷源包括一切可能提供的、低于正常环境温度的天然物质，如深井水、天然冰等。其中地下水是常用的天然冷源。在我国的大部分地区，用地下水喷淋空气都具有一定的降温效果，特别是北方地区，由于地下水的温度较低（如东北地区的北部和中部为 4 ～ 12℃），可以采用地下水来满足空调系统降温的需要。但必须强调，我国水资源不够丰富，在北方尤其突出。许多城市，由于对地下水的过分开采，导致地下水位明显降低，甚至造成地面沉陷。因此，节约用水和重复利用水是空调技术中的一项重要课题。此外，各地地下水的温度也并非都能满足空调的要求。

由于天然冷源受时间、地区、气候条件的限制，不可能总能满足空调工程的要求，因此，目前世界上用于空调工程的主要冷源依然是人工冷源。人工制冷的设备叫作制冷机。空调工程中使用的制冷机有压缩式、吸收式和蒸汽喷射式三种，其中以压缩式制冷机应用最为广泛。

1. 压缩式制冷机

压缩式制冷机的工作原理是利用"液体汽化时要吸收热量"这一物理特性，通过制冷剂的热力循环，以消耗一定量的机械能作为补偿条件来达到制冷的目的。

压缩式制冷机是由制冷压缩机、冷凝器、膨胀阀和蒸发器四个主要部件组成，并用管道连接，构成一个封闭的循环系统。制冷剂在制冷系统中历经蒸发、压缩、冷凝和节流四个热力过程，如图 4–23 所示。

在蒸发器中，低温低压的制冷剂液体吸收其中被冷却介质（如冷水）的热量，蒸发成低温低压的制冷剂蒸汽，每小时吸收的热量 Q_0 即为制冷量。

低温低压的制冷剂蒸汽被压缩机吸入，并被压缩成高温高压的蒸汽后排入冷凝器，在压缩过程中，制冷压缩机消耗机械功 W。

在冷凝器中，高温高压的制冷剂蒸汽被冷却水冷却，冷凝成高压的液体，放出热量 Q_k（$Q_k = Q_0 + W$）。

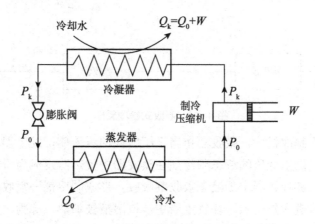

图 4–23　压缩式制冷循环原理

从冷凝器排出的高压液体，经膨胀阀节流后变成低温低压的液体，进入蒸发器再行蒸发制冷。

由于冷凝器中所使用的冷却介质（水或空气）的温度比被冷却介质的温度高得多，因此上述人工制冷过程实际上就是从低温物质夺取热量而传递给高温物质的过程。由于热量不可能自发地从低温物体转移到高温物体，故必须消耗一定量的机械功 W 作为补偿条件，正如要使水从低处流向高处时，需要通过水泵消耗电能才能实现一样。

目前常用的制冷剂有氨和氟利昂。氨有良好的热力学性能，价格便宜，但有强烈的刺激作用，对人体有害，且易燃易爆。氟利昂是饱和碳氢化合物的卤族衍生物的总称，种类很多，可以满足各种制冷要求，目前国内常用的是 R12 和 R22。这种制冷剂的优点是无毒无臭，无燃烧爆炸危险，但价格高，极易渗漏并不易发现。中小型空调制冷系统多采用氟利昂作制冷剂。

2. 吸收式制冷

吸收式制冷的工作原理与压缩式制冷基本相似，不同之处是用发生器、吸收器和溶液泵代替了制冷压缩机，如图 4-24 所示。吸收式制冷不是靠消耗机械功来实现热量从低温物质向高温物质的转移传递，而是靠消耗热能来实现这种非自发的过程。

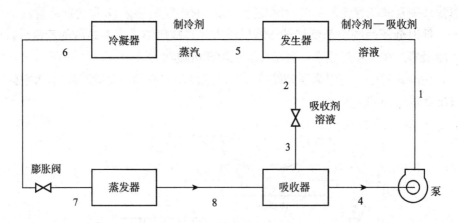

图 4-24　吸收式制冷原理

在吸收式制冷机中，吸收器相当于压缩机的吸入侧，发生器相当于压缩机的压出侧。低温低压的液态制冷剂在蒸发器中吸热蒸发成为低温低压的制冷剂蒸汽后，被吸收器中的液态吸收剂吸收，形成制冷剂—吸收剂溶液，经溶液泵升压后进入发生器。在发生器中，该溶液被加热、沸腾，其中沸点低的制冷剂变成高压制冷剂蒸汽，与吸收剂分离，然后进入冷凝器液化，经膨胀阀节流的过程与压缩式制冷一致。

吸收式制冷目前常用的有两种工质，一种是溴化锂—水溶液，其中水是制冷剂，溴化锂为吸收剂，制冷温度为0℃以上；另一种是氨—水溶液，其中氨是制冷剂，水是吸收剂，制冷温度可以低于0℃。

吸收式制冷可利用低位热能（如0.05MPa蒸汽或80℃以上热水）用于空调制冷，因此有利用余热或废热的优势。由于吸收式制冷机的系统耗电量仅为离心式制冷机的20%左右，在供电紧张的地区可选择使用。

（十七）制冷压缩机

制冷压缩机是压缩式制冷装置的一个重要设备。制冷压缩机的形式很多，根据工作原理的不同，可分为容积型和速度型两类。容积型压缩机是靠改变工作腔的容积，周期性地吸入气体并压缩。常用的容积型压缩机有活塞式压缩机、螺杆式压缩机、滚动转子压缩机和涡旋式压缩机，应用较广的是活塞式压缩机和螺杆式压缩机。速度型压缩机是靠机械的方法使流动的蒸汽获得很高的流速，然后急剧减速，使蒸汽压力提高。这类压缩机包括离心式和轴流式两种，应用较广的是离心式制冷压缩机。

1. 活塞式压缩机

活塞式压缩机是应用最为广泛的一种制冷压缩机，它的压缩装置是由活塞和气缸组成。活塞式压缩机有全封闭式、半封闭式和开启式三种构造型式。全封闭式压缩机一般是小型的，多用于空调机组中；半封闭式除用于空调机组外，也常用于小型的制冷机房中；开启式压缩机一般都用于制冷机房中。氨制冷压缩机和制冷量较大的氟利昂压缩机多为开启式。

2. 离心式压缩机

离心式压缩机是靠离心力的作用，连续地将所吸入的气体压缩。离心式压缩机的特点是制冷能力大、结构紧凑、质量轻、占地面积小、维修费用低，通常可在30%～100%负荷范围内无级调节。

3. 螺杆式压缩机

螺杆式压缩机是回转式压缩机中的一种，这种压缩机的气缸内有一对相互啮合的螺旋形阴阳转子（即螺杆），两者相互反向旋转。转子的齿槽与气缸体之间形成 V 形密封空间，随着转子的旋转，空间容积不断发生变化，周期性地吸入并压缩一定量的气体。与活塞式压缩机相比，螺杆式压缩机的特点是效率高、能耗小，可实现无级调节。

（十八）制冷系统的其他主要部件

在制冷系统中，除了压缩机，还有蒸发器、冷凝器和膨胀阀等部件，下面简要介绍一下制冷系统中的其他主要部件。

1. 蒸发器

蒸发器有两种类型，一种是直接用来冷却空气的，称为直接蒸发式表面冷却器。这种类型的蒸发器只能用于无毒害的氟利昂系统，直接装在空调机房的空气处理室中。另一种是冷却盐水或普通水用的蒸发器。在这种类型的蒸发器中，氨制冷系统常采用一种水箱式蒸发器，其外壳是一个矩形截面的水箱，内部装有直立管组或螺旋管组。还有一种卧式壳管型蒸发器，可用于氨和氟利昂制冷系统。

2. 冷凝器

空调制冷系统中常用的冷凝器有立式壳管式和卧式壳管式两种。这两种冷凝器都是以水作为冷却介质，冷却水通过圆形外壳内的许多钢管或铜管内，制冷剂蒸汽在管外空隙处冷凝。

立式冷凝器用于氨制冷系统，它的优点是占地小，可以装在室外，可以在系统运行中清洗水管，对冷却水水质的要求可以放宽一些；缺点是冷却水与氨只能进行比较有效的热交换，因而耗水量比较大，适用于水质较差、水温较高而水量充足的地区。

卧式冷凝器在氨和氟利昂制冷系统中均可使用。这种冷凝器可以装于室内或室外，也可装置在贮液器的上方。卧式冷凝器必须停止运行才能清洗水管，适用于水质较好、水温较低、水量充足的地区。

3. 膨胀阀

膨胀阀在制冷系统中的作用是：

（1）保证冷凝器和蒸发器之间的压力差。这样可以使蒸发器中的液态制冷剂在要求的低压下蒸发吸热；同时，使冷凝器中的气态制冷剂在给定的高压下放热、冷凝。

（2）供给蒸发器一定数量的液态制冷剂。供液量过少，将使制冷系统的制冷量降低；供液量过多，部分液态制冷剂来不及在蒸发器内汽化，就会随同气态制冷剂一起进入压缩机，引起湿压缩，甚至发生冲缸事故。

常用的膨胀阀有手动膨胀阀、浮球式膨胀阀、热力膨胀阀等。

通过计算合理地选择各种设备和部件，并设计各有关管道使之正确地将各设备和部件连接起来，这样就组成了一个空调制冷系统。

目前，以水作冷媒的空调系统常采用冷水机组作冷源。所谓冷水机组，就是将制冷系统中的制冷压缩机、冷凝器、蒸发器、附属设备、控制仪器、制冷剂管路等全套零部件组成一个整体，安装在同一底座上，可以整机出厂、运输和安装。图4–25所示为YEWS系列冷水机组的外形图，使用该机组时，只要在现场连接电源及冷水的进出水管即可。

冷水机组具有外形美观、结构紧凑、安装调试和操作管理方便等优点，得到了广泛的应用。

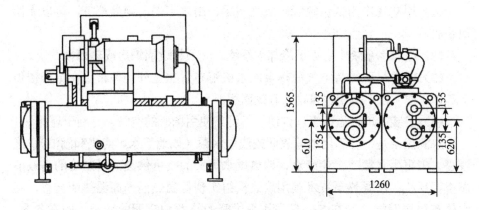

图 4-25　YEWS 系列冷水机组的外形图

（十九）热泵

目前，许多建筑都采用热泵机组。所谓热泵，即制冷机组消耗一定的能量从低温热源取热，向需热对象供应更多的热量的装置。使用一套热泵机组既可以在夏季制冷，又可以在冬季供暖，如图 4-26 所示。

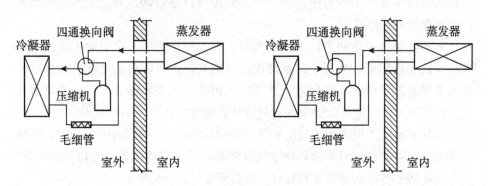

图 4-26　热泵工作原理

热泵取热的低温热源可以是室外空气、地面或地下水、太阳能、工业废热以及其他建筑物的废热等。由此，利用余热是有效利用低温热能的一种节能技术手段。

目前经常使用的热泵有空气源热泵和水源热泵两大类。

空气源热泵通过对外界空气的放热制冷，通过吸收外界空气的热量来供热。这种热泵机组随着室外温度的下降，其性能系数明显下降，当室外温度下降到一定温度时（-5～-10℃），该机组将无法正常运行，故该机组一般在长江以南地区应用较多。

空气源热泵的主要特点有：

（1）用空气作为低位热源，取之不尽、用之不竭，到处都有，可以无偿地获取。

（2）空调水系统中省去了冷却水系统，无须另设锅炉房或热力站。

（3）要求尽可能将空气源热泵冷水机组布置在室外，如布置在裙房楼顶上等，这样可以不占用建筑物的有效面积。

（4）安装简单，运行管理方便，不污染使用场所的空气，有利于环保。

水源热泵是一种利用地球表面或浅层水源（如地下水、河流和湖泊），或者是人工再生水源（工业废水、地热尾水等）的既可供暖又可制冷的高效节能空调系统。水源热泵技术利用热泵机组实现低温热能向高温热能转移，将水体和地层蓄能分别在冬、夏季作为供暖的热源和空调的冷源，即在冬季，把水体和地层中的热量"取"出来，提高温度后，供给室内采暖；夏季，把室内的热量取出来释放到水体和地层中。

水源热泵是利用了地球表面或浅层水源作为冷热源，进行能量转换的供暖空调系统。地球表面水源和土壤是一个巨大的太阳能集热器，收集了47%的太阳能量，比人类每年利用能量的500倍还多。水源热泵技术利用贮存于地表浅层近乎无限的可再生能源，为人们提供供暖空调，当之无愧地成为可再生能源的一种形式。

水源热泵技术在利用地下水以及地表水源的过程中不会引起区域性的地下以及地表水污染。实际上，水源水经过热泵机组后，只是交换了热量，水质几乎没有发生变化，经回灌至地层或重新排入地表水体后，不会造成原有水源的污染。可以说水源热泵是一种清洁能源方式。

地球表面或浅层水源的温度一年四季相对稳定，一般为10～25℃，冬季比环境空气温度高，夏季比环境空气温度低，是很好的热泵热源和空调冷源。这种温度特性使得水源热泵的制冷、制热系数可达3.5～5.5。

（二十）制冷机房

设置制冷设备的房屋称为制冷机房或制冷站。小型制冷机房一般附设在主体建筑内，氟利昂制冷设备也可设在空调机房内。规模较大的制冷机房，特别是氨制冷机房，则应单独修建。

1. 对制冷机房的要求

单独修建的制冷机房，宜布置在厂区夏季主导风向的下风侧。在动力站区域内，一般应布置在乙炔站、锅炉房、煤气站、堆煤场等的上风侧，以保持制冷机房的清洁。

氨制冷机房不应靠近人员密集的房间或场所，以及有精密贵重设备的房间等，以免发生事故时造成重大损失。

制冷机房应尽可能设在冷负荷的中心处，力求缩短冷水和冷却水管路。当制冷机房是全厂的主要用电负荷时，还应尽量靠近变电站。

规模较小的制冷机房可不分隔间，规模较大的，按不同情况可分为机器间（布置制冷压缩机和调节站）、设备间（布置冷凝器、蒸发器、贮液器等设备）、水泵间（布置水泵和水箱）、变电室（耗电量大时应有专用变压器）以及值班室、维修间和生活间等。

制冷机房的高度，应根据设备情况确定，并应符合下列要求：对于氟利昂压缩式制冷，不应低于 3.6m；对于氨压缩式制冷，不应低于 4.8m。溴化锂吸收式制冷机顶部至屋顶的距离应不低于 1.2m。设备间的高度也不应低于 2.5m。

对于制冷机房的防火要求应按现行的《建筑设计防火规范》执行。

制冷机房应有每小时不少于三次换气的自然通风措施，氨制冷机房还应有每小时不少于七次换气的事故通风设备。

制冷机房的机器间和设备间应有良好的自然采光，窗孔投光面积与地板面积的比例不小于 1：6。

在仪表集中处应设局部照明，在机器间及设备间的主要通道和站房的主要出入口应设事故照明。

制冷机房的面积一般占总建筑面积的 0.6%～0.9%，一般按每 1163kW 冷负荷需要 100m^2 估算。

制冷机房应有排水措施。在水泵、冷水机组等四周做排水沟，集中后排出；在地下室常设集水坑，再用潜水泵抽出。

2. 设备布置原则

制冷系统一般应由两台以上制冷机组组成，但不宜超过六台。制冷机的型号应尽量统一，以便维护管理。除特殊要求外，可不设用制冷机。大、中型制冷系统，宜同时设置 1～2 台制冷量较小的制冷机组，以适应低负荷运行时的需要。

机房内的设备布置应保证操作、检修的方便，同时要尽可能使设备布置紧凑，以节省占地面积。设备上的压力表、温度计等应设在便于观察的地方。

机房内各主要操作通道的宽度必须满足设备运输和安装的要求。

制冷机房应设有为主要设备安装维修的大门及通道，必要时可设置设备安装孔。

制冷机房的高度应根据设备情况确定。对于 R22、R134a 等压缩式制冷，不应低于 3.6m；对于氨压缩式制冷，不应低于 4.8m。制冷机房的高度是指自地面至屋顶或楼板的净高。

制冷机房的地面载荷为 $4 \sim 6t/m^2$，且有振动。

冷却塔一般设置在屋顶上，占地面积一般为总建筑面积的 $0.5\% \sim 1\%$。

冷却塔的基础载荷是：横式冷却塔为 $1t/m^2$；立式冷却塔为 $2 \sim 3t/m^2$。

二、空调系统的监控

（一）空调通风监控系统

智能楼宇系统是智能建筑集成系统的重要组成部分，空调自控设备又是智能楼宇系统的核心设备。空调设备本身是智能楼宇系统的耗能耗电的大户，且由于智能建筑中大量电子设备的应用使得智能建筑的空调负荷远远大于传统建筑。

良好的工作环境，要求室内温度适宜、湿度恰当、空气洁净。楼宇空气环境是一个极复杂的系统，其中有来自人、设备散热和气候等干扰，调节过程和执行器固有的非线性和滞后性，各参量和调节过程的动态性，以及楼宇内人员活动的随机性等诸多因素的影响。对这样一个复杂的系统，为了节约和高效，必须进行全面管理、实施监控。图 4-27 所示是一个空调监控系统原理图。

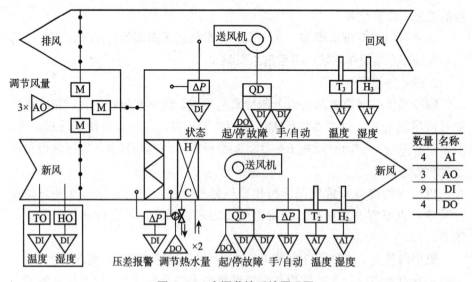

图 4-27　空调监控系统原理图

（二）新风、回风机组的监控

对于新风机组中的空气—水换热器，夏季通入冷水对新风进行降温除湿，冬季通入热水对空气加热，其中水蒸气加湿器用于冬季对新风加湿。回风是为了充分利用能源，冬季利用剩余热量，夏季利用剩余冷气。对新风、回风机组进行监控的要求如下：

1. 监测功能

监视风机电动机的运行/停止状态；监测风机出口的空气温、湿度参数；监测过滤器两侧压差，以了解过滤器是否需要更换；监视风机阀门打开/关闭的状态。

2. 控制功能

控制风机的起动/停止；控制空气—水换热器两侧调节阀，使风机出口温度达到设定值；控制水蒸气加湿器阀门，使冬季风机出口空气湿度达到设定值。

3. 保护功能

在冬季时，当某种原因造成热水温度降低或热水停供时，应停止风机，并关闭风机阀门，以防止机组内温度过低冻裂空气—水换热器；当热水恢复正常供热时，应起动风机，打开风机阀门，恢复机组正常工作。

4. 集中管理功能

智能大楼各机组附近的 DDC（直接数字控制器）通过现场总线与相应的中央管理机相连，显示各机组起/停状态；传送送风温度、湿度及各阀门的状态值；发出任一机组的起/停控制信号；修改送风参数设定值；任一风机机组工作出现异常时，发出报警信号。

（三）空调机组的监控

空调机组的调节对象是相应区域的温度、湿度，故送入装置的输入信号还包括被调区域内的温度、湿度信号。当被调区域较大时，应安装几组温度、湿度检测点，以各点测量信号的平均值或主要位置的测量值作为反馈信号；若被调区域与空调机组 DDC 安装位置距离较远时，可专设一台智能化的数据采集装置，装于被调区域，将测量信息处理后通过现场总线送至空调 DDC。在控制方式上一般采用串级调节形式，以防止室内外的热干扰、空调区域的热惯性及各种调节阀门的非线性等因素的影响。对于带有回风的空调机组，除了保证经过处理的空气参数满足舒适性要求外，还要考虑节能问题。由于存在回风，需增加新风、回风空气参数检测点。但回风通道存在较大的惯性，使得回风空气状态不完全等同于室内空气状态，故室内空气参数信号须由设在空调区域的传感器取得。新风、回风混合后，空气流通混乱，温度不均匀，很难得到混合后的平均空气参数。所以，不测量混合空气的状态，该状态也不作为 DDC 控制的任何依据。

（四）变风量系统的监控

变风量（VAV）系统是一种新型的空调方式，在智能大楼的空调中被越来越多地采用。带有 VAV 装置的空调系统各环节需要协调控制，其内容主要体现在以下几个方面：

（1）由于送入各房间的风量是变化的，空调机组的风量将随之变化，所以应采用调速装置对送风机转速进行调节，使送风量与变化风量相适应。

（2）送风机速度调节时，需引入送风压力检测信号参与控制，不使各房间内压力出现大的变化，保证装置正常工作。

（3）对于 VAV 系统，需要检测各房间风量、温度及风阀位置等信号并经过统一分析处理后才能给出送风温度设定值。

（4）在进行送风量调节的同时，还应调节新风、回风阀，以使各房间有足够的新风。

带盘管的变风量末端监控原理如图 4-28 所示。

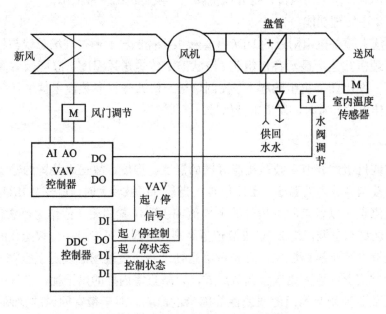

图 4-28　带盘管的变风量末端监控原理

变风量系统的控制具有被控设备分散、控制变量之间相互关联性强的特点。主风道变风量空调机组的变频风机和各个末端分布位置分散，同时各个末端风阀的开度数据是对变频风机进行控制的依据，这就要求采用的控制设备能够具有智能，同时设备之间还要有通信能力，且在工程实现上比较容易。基于 LonWorks 技术的分布式控制体系结构如图 4–29 所示。

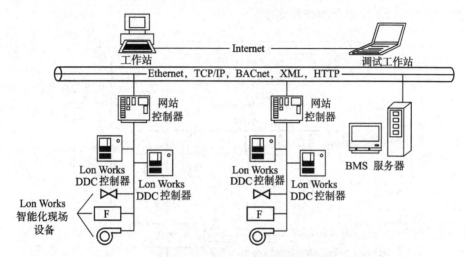

图 4-29　基于 LonWorks 技术的分布式控制体系结构

根据组合式变风量空调机组的特点，控制器应选择 MN200 型 DDC。该控制器处于 LonWorks 控制网上，通过 LonWorks 网络与变风量末端控制器进行通信，向上通过网络控制器（UNC）与工作站进行数据交换。根据变风量末端的特点，控制器选择 MNL-V2RV2 型变风量末端控制器，该控制器也处于 LonWorks 控制网中，通过 LonWorks 网络可与其他变风量末端控制器及变风量机组控制器通信，向上通过网络控制器（UNC）与工作站进行数据交换，如图 4–30 所示。

现代智能楼宇空调系统的监控画面如图 4–31 所示。

（五）暖通系统的监控

暖通系统主要包括热水锅炉房、换热站及供暖网。供暖锅炉房的监控对象可分为燃烧系统和水系统两大部分，其监控系统可由若干 DDC 及一台中央管理机组成。各 DDC 分别对燃烧系统、水系统进行检测控制，由供暖状况控制锅炉及各循环泵的开启台数，设定供水温度及循环流量，协调各 DDC 完成监控管理功能。

1.锅炉燃烧系统的监控

热水锅炉燃烧过程的监控任务，主要是根据对产热量的要求控制送煤链条速度及进煤挡板高度，根据炉内燃烧情况、排烟含氧量及炉内负压控制鼓风、引风机的风量。检测的参数有：排烟温度，炉膛出口、省煤器及空气预热器出口温度，供水温度，炉膛、对流受热面进出口、省煤器、空气预热器、除尘器出口的烟气压力，一次风、二次风压力，空气预热器前后压差，排烟含氧量信号，挡煤板高度位置信号。燃烧系统需要控制的参数有炉排速度、鼓风机、引风机风量及挡煤板高度。

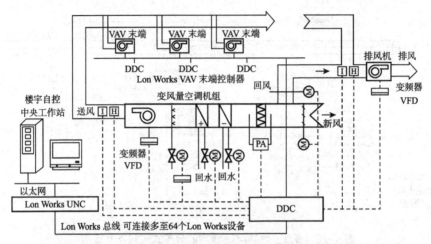

图 4-30　基于 LonWorks 技术的变风量控制系统结构

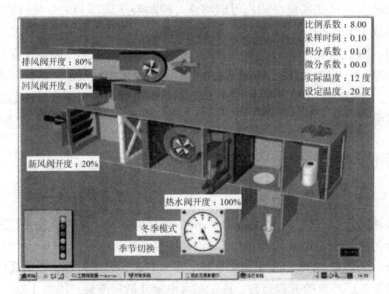

图 4-31　现代智能楼宇空调系统的监控画面

2. 锅炉水系统的监控

锅炉水系统的监控的主要任务有以下三个方面：

（1）保证系统安全运行。主要保证主循环泵的正常工作及补水泵的及时补水，使锅炉中的循环水不致中断，也不会由于欠压缺水而放空。

（2）计量和统计。确定供回水温度、循环水量和补水流量，以获得实际供热量和累计补水量等统计信息。

（3）运行工况调整。根据要求改变循环水泵运行台数或改变循环水泵转速，调整循环水量，以适应供暖负荷的变化，节省电能。

（六）冷热源及其水系统的监控

智能化大厦中的冷热源主要包括冷却水、冷冻水及热水制备系统，其监控特点如下：

1. 冷却水系统的监控

冷却水系统的主要作用是通过冷却塔、冷却水泵及管道系统向制冷机提供冷水，监控的目的主要是保证冷却塔风机、冷却水泵安全运行；确保制冷机冷凝器侧有足够的冷却水通过；根据室外气候情况及冷负荷调整冷却水运行工况，使冷却水温度在要求的设定范围内。

2. 冷冻水系统的监控

冷冻水系统由冷冻水循环泵通过管道系统连接冷冻机蒸发器及用户各种冷水设备组成。监控的目的是保证冷冻机蒸发器通过足够的水量以使蒸发器正常工作；向冷冻水用户提供足够的水量以满足使用要求；在满足使用要求的前提下尽可能减少水泵耗电，实现节能运行。图 4-32 所示为冷源系统监控原理。

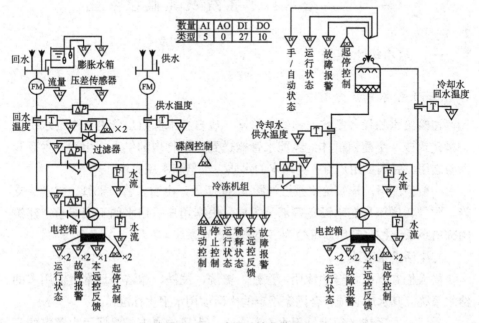

图 4-32　冷源系统监控原理

3. 热水制备系统的监控

热水制备系统以换热器为主要设备，其作用是产生生活、空调机供暖用热水。监控的目的是监测水力工况以保证热水系统的正常循环，控制热交换过程以保证要求的供热水参数。图 4-33 所示为热交换系统监控图。

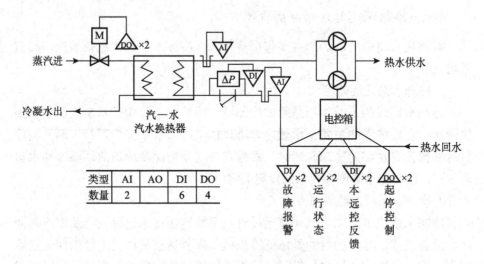

类型	AI	AO	DI	DO
数量	2		6	4

图 4-33　热交换系统监控图

第二节　给水排水系统及其监控系统

一、给水排水系统

（一）给水系统分类

建筑给水的任务是将城镇给水管网（或自备水源给水管网）中的水引入一幢建筑或一个建筑群体，经配水管输送到建筑物内部供人们生活、生产和消防之用，并满足用户对各类用水的水质、水量和水压要求。

一般情况下，建筑给水系统如图 4-34 所示，由引入管、干管、立管、支管、附件、增压与贮水设备等部分组成。根据用户对用水的不同要求，建筑内部给水系统按照其用途可分为三类基本给水系统。

1. 生活给水系统

供人们在不同场合的饮用、烹饪、盥洗、洗涤、沐浴等日常生活用水的给水系统，其水质必须符合国家规定的生活饮用水卫生标准。

生活给水系统必须满足用水点对水量、水压的要求。根据用水需求的不同，生活给水系统按照供水水质标准不同可再分为：生活饮用水给水系统，建筑中水系统等。

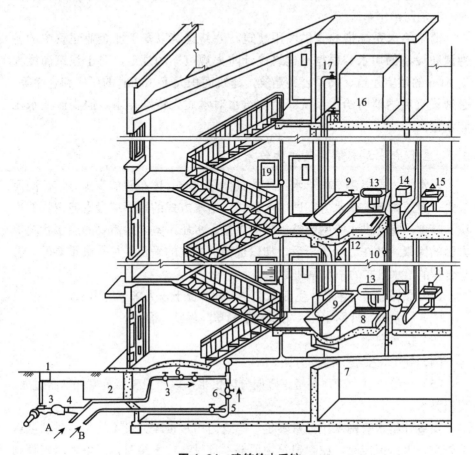

图 4-34　建筑给水系统

1—阀门井　2—引入管　3—闸阀　4—水表　5—水泵　6—止回阀　7—干管
8—支管　9—浴盆　10—立管　11—水龙头　12—淋浴器　13—洗脸盆　14—大便器
15—洗涤盆　16—水箱　17—进水管　18—出水管　19—消火栓
A—入贮水池　B—来自贮水池

　　生活饮用水是指供食品的洗涤、烹饪以及盥洗、沐浴、衣物洗涤、家具擦洗、地面冲洗等的用水。

　　建筑中水系统是指民用建筑物或居住小区内使用后的各种排水如生活排水、冷却水及雨水等经过适当处理后，回用于建筑物或居住小区内，作为杂用水的供水系统。回用水主要用来冲洗便器、冲洗汽车、绿化和浇洒道路。

　　2. 生产给水系统

　　为工业企业生产方面用水所设的给水系统称为生产给水系统，包括各类不同产品生产过程中所需的工业用水、冷却用水和锅炉用水等。生产用水对水质、水量、水压及安全性随工业要求的不同而有较大的差异。

3.消防给水系统

消防给水系统指的是供民用建筑、公共建筑以及工业企业建筑中的各种消防设备的用水。根据《建筑设计防火规范》的规定，对于建筑高度大于 21m 的住宅建筑、高层公共建筑，建筑面积大于 $300m^2$ 的厂房和仓库等，必须设置室内消防给水系统。消防给水对水质无特殊要求，但要保证水压和水量。

（二）建筑内部给水系统的给水方式

给水方式是指建筑内给水系统的具体组成与具体布置的实施方案。简而言之，建筑内部的供水方案即给水方式。给水方式的选择应考虑建筑物的性质、高度，室外供水管网能够提供的水量、水压，室内所需要的用水状况等方面的因素，并在综合分析后，加以选择。方案的确定往往是最重要的，选择合理的给水方式的一般原则是：

（1）在保证满足生产、生活用水要求的前提下，力求节约用水。

（2）尽量利用外网水压，力求系统简单、经济、合理。

（3）供水安全、可靠。

（4）施工、安装、维修方便。

（5）当静压过大时，要考虑竖向分区供水，以防卫生器具零件承压过大，裂损漏水。

当室外给水管网水压经常不足，建筑内用水量较大且不均匀，要求可靠性较高、水压恒定时，或者建筑物顶部不宜设高位水箱时，可以采用变频调速给水装置供水。这种供水方式可省去屋顶水箱，水泵效率较高，但一次性投资较大。

分质给水方式即根据不同用途所需的不同水质，分别设置独立的给水系统。饮用水给水系统供饮用、烹饪、盥洗等生活用水，水质须符合《生活饮用水卫生标准》。杂用水给水系统，水质较差，仅符合《城市污水再生利用　城市杂用水水质》，只能用于建筑内冲洗便器、绿化、洗车、扫除等用水。

在实际工程中，确定较合理的供水方案，应当全面分析该项工程所涉及的各项因素。其中，技术因素包括对城市给水系统的影响、水质、水压、供水的可靠性、节水节能效果等；经济因素包括基建投资、经常费用等；社会和环境因素包括对建筑立面的影响、对结构和基础的影响、占地面积、对周围环境的影响等，应进行综合评定再最终确定。

有些建筑的给水方式，考虑到多种因素的影响，往往是两种或两种以上的给水方式适当组合而成。

（三）建筑排水

建筑排水是将建筑内部人们在日常生活和工业生产中产生的污废水以及降落在建筑屋面的雨水和融积雪水收集起来，及时迅速地排至室外，以免发生室内冒水或屋面漏水，影响室内环境卫生及人们的生活和生产活动。

建筑排水系统的任务是及时、迅速地排除居住建筑、公共建筑和生产建筑内的污（废）水。按照污（废）水的来源，建筑排水系统可分为以下几种：

1. 生活排水系统

人们日常生活中所产生的洗涤污水和粪便污水等。粪便污水为生活污水；盥洗、洗涤等排水为生活废水。

2. 生产废水排水系统

生产废水为工业建筑中污染较轻，或经过简单处理后可循环或重复使用的废水；生产污水为生产过程中被化学杂质（有机物、重金属离子、酸、碱等）或机械杂质（悬浮物及胶体物）污染较重的污水。

3. 屋面雨水排水系统

排除屋面雨水和融化的雪水。建筑物屋面雨水排水系统应单独设置。

选择建筑内部排水方式时要综合考虑污（废）水的性质、受污染程度、室外排水系统体制以及污水的综合利用和处置情况等因素。例如建筑小区有中水工程时，建筑内部排水体制应采用分流制，以利于中水处理及综合利用；工业冷却水与生产污水需要采用分流制，以利于后续中水处理，而含有大量固体杂质的污（废）水、浓度较大的酸/碱性污（废）水及含有毒物或油脂的污（废）水，需要设置独立的排水系统，且要达到国家规定的污水排放标准后，才允许排入市政排水管网。

排水系统如图 4-35 所示。

（四）高层建筑的给水系统

目前，关于高层建筑的划分国际上尚无统一的标准，各国根据本国的经济条件和消防装备情况，规定了本国高层建筑的划分标准。我国《高层民用建筑设计防火规范》规定：10 层及 10 层以上的住宅和建筑高度超过 24m 的其他民用建筑称为高层建筑。对于高层工业建筑，我国规定高度超过 24m 的两层及两层以上的厂房为高层建筑，而建筑高度超过 24m 的单层厂房不属于高层建筑。

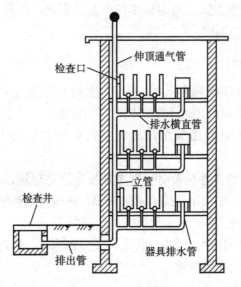

图 4-35　排水系统

　　建筑高度是指建筑物室外地面到其檐口或女儿墙的高度。屋顶的瞭望塔、水箱间、电梯机房和楼梯出口间等不计入建筑高度和层数内。住宅的地下室、半地下室的顶板高出室外地面不超过 1.5m 者，不计入层数内。

　　我国高、低层建筑的界线是根据市政消防能力划分的。由于目前我国登高消防车的工作高度约为 24m，大多数通用的普通消防车，直接从室外消防管道或消防水池抽水，扑救火灾的最大高度也约为 24m，故以 24m 作为高层建筑的起始高度。住宅建筑由于每个单元的防火分区面积不大，有较好的防火分隔，火灾发生时火势蔓延扩大受到一定限制，危害性较小，同时它在高层建筑中所占比例较大，若防火标准提高，将增加工程总投资，因此高层住宅的起始线与公共建筑略有区别，以 10 层及 10 层以上的住宅（包括首层设置商业服务网点的住宅）为高层建筑。

　　高层建筑具有层数多、高度大、振动源多、用水要求高、排水量大等特点，因此对建筑给水排水工程的设计、施工、材料及管理都提出了较高的要求，必须采取相应的技术措施，才能确保给水排水系统的良好工况，满足各类高层建筑的功能要求。与一般建筑给水排水工程相比，高层建筑给水排水工程具有以下特点：

　　（1）高层建筑给水、热水、消防系统静水的压力大，如果只采用一个区供水，不仅影响使用，而且管道及配件容易损坏。因此，供水必须进行合理的竖向分区，使静水压力降低，保证供水系统的安全运行。

（2）高层建筑引发火灾的因素多，火势蔓延速度快，火灾危险性大，扑救困难。因此，高层建筑消防系统的安全可靠度要比普通建筑的高。由于目前我国消防设备能力有限，扑救高层建筑火灾的难度较大，所以高层建筑的消防系统应立足于自救。

（3）高层建筑的排水量大、管道长，管道中压力波动较大。为了提高排水系统的排水能力，稳定管道中的压力，保护水封不被破坏，高层建筑的排水系统应设置通气管系统或采用新型的单立管排水系统。另外，高层建筑的排水管道应采用机械强度较高的管道材料，并采用柔性接口。

（4）高层建筑的给水排水设备使用人数多，瞬时的给水量和排水量大，一旦发生停水或排水管道堵塞事故，影响范围大。因此，高层建筑必须采取有效的技术措施，保证供水安全可靠、排水通畅。

（5）高层建筑的动力设备多、管线长，易产生振动的噪声。因此，高层建筑的给水排水系统必须考虑设备和管道的防振动和噪声的技术措施。

如今，高层建筑的给水排水技术日趋成熟，但也存在着许多尚需解决的问题，具体有以下方面：

①节水、节能的给水排水设备及附件的开发与应用。

②新型减压、稳压设备的研制与应用。

③安全可靠、经济实用、运行管理方便的供水技术与方式的研究与推广。

④高层建筑消防技术与自动控制技术。

⑤提高排水系统过水能力，稳定排水系统压力的技术措施。

⑥低成本、高效能的新型管道材料的开发与应用。

⑦热效率高、体积小的热水加热设备的研制与应用。

高层建筑如果采用同一给水系统，底层管道中静水压力过大，会带来以下弊端：需采用耐高压管材、配件及卫生器具，使工程造价增加；开启阀门或水龙头时，管网中易产生水锤；底层水龙头开启后，由于压力过高，使出水流量增加，造成水流喷溅，影响正常使用；使顶层龙头可能产生负压抽吸现象，形成回流污染。

为了克服上述弊端，保证建筑供水的安全可靠性，高层建筑给水系统应采取竖向分区供水，即沿建筑物的垂直方向，依序合理地将其划分为若干个供水区，而每个供水区都有自己的完整的给水系统。确定竖向给水分区，是高层建筑整个给水系统设计的首要任务和基础环节。竖向分区的合理与否，直接关系着给水系统的运行、使用、维修、管理、投资节能的情况和效果。竖向分区的各分区最低卫生器具配水点处静水压力不宜大于 0.45MPa，特殊情况下不宜大于 0.55MPa。分区范围内，一般住宅、旅馆、医院的静水压力宜为 0.30 ~ 0.35MPa，办公楼宜为 0.35 ~ 0.45MPa。下面介绍几种高层建筑常采用的供水方式。

1. 高位水箱供水方式

高位水箱供水方式分串联供水方式、并联供水方式、减压水箱供水方式和减压阀供水方式等。

（1）高位水箱串联供水方式。如图 4-36 所示，水泵分散设置在各区，楼层中各区的水箱兼作上一区的水池。这种供水方式的优点是无高压水泵和高压管线，运行经济。缺点是水泵分散设置在各区，分区水箱所占建筑面积较大，水泵设在楼层，防振隔声要求高；水泵分散，维护管理不便；若下区发生事故，上区供水会受到影响，供水可靠性差。

（2）高位水箱并联供水方式。如图 4-37 所示，在各区独立设置水泵和水箱，各区水泵集中布置在建筑物底层或地下室，分别向各区供水。这种供水方式的优点是各区给水系统独立，互不影响，某区发生事故时不影响全局，供水安全可靠；水泵集中布置，管理维护方便，运行费用经济。缺点是水泵台数多，水泵口压力高、管线长，设备费用增加；分区水箱占建筑面积分散且较大，减少建筑使用面积，影响经济效益。

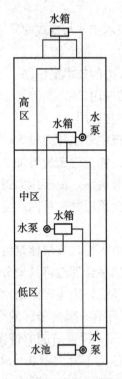

图 4-36 高位水箱串联供水方式

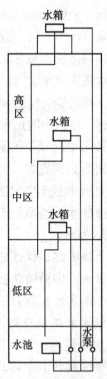

图 4-37 高位水箱并联供水方式

2.减压水箱供水方式

如图 4-38 所示，整栋建筑物内用水量全部由设在底层的水泵一次提升至屋顶总水箱，然后分送至各分区水箱，分区水箱起减压作用。这种供水方式的优点是水泵数量少，设备费较低，管理维护简便；水泵房面积小，各分区减压水箱调节容积小。缺点是水泵运行费用高，屋顶总水箱容积大，对建筑的结构和抗震不利；水泵或水泵出水（压力）管如发生故障，将影响整个高层建筑用水，安全可靠性较差；建筑高度较高、分区较多时，各区减压水箱浮球阀承受压力大，易造成关闭不严，可能需经常维修。

3.减压阀供水方式

如图 4-39 所示，整栋建筑物内用水量全部由设在底层的水泵一次提升至屋顶总水箱，再通过各区减压阀依次向下供水。这种供水方式的优点是：水泵数量少、占地少，且集中布置便于维修管理；管线布置简单、投资省。缺点是各区用水均需提升至屋顶总水箱，水箱容积大，对建筑结构和抗震不利，也增加电耗；供水不够安全，水泵或屋顶水箱输水管、出水管的局部故障都将影响各区供水。

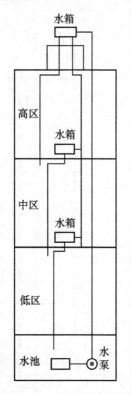

图 4-38　减压水箱供水方式

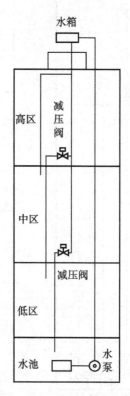

图 4-39　减压阀供水方式

4.气压水罐供水方式

该供水方式主要有气压罐并联给水方式和气压罐减压阀给水方式，如图 4-40 和图 4-41 所示。优点是不需设置高位水箱，不占建筑楼层面积，设置位置灵活。缺点是水泵启闭频繁，运行费用较高，气压水罐贮水量小，水压变化幅度大，罐内起始压力高于管网所需的设计压力，会产生给水压力过高等弊端。气压给水设备可以配合其他给水方式局部使用在高层建筑最高层的消防给水系统，解决压力不足的问题。

5.变频调速泵供水方式

如图 4-42 所示，采取该供水方式时，屋顶无须设置高位水箱，地下室设置变频调速泵，根据给水系统中用水量变化情况自动改变电动机的频率，从而改变水泵的转数，继而改变水泵的出水量。这种供水方式的优点是：水泵会经常在较高效率下运行；省去了高位水箱，提高了建筑面积的利用率。缺点是变频水泵及控制设备价格较高，且维修复杂。

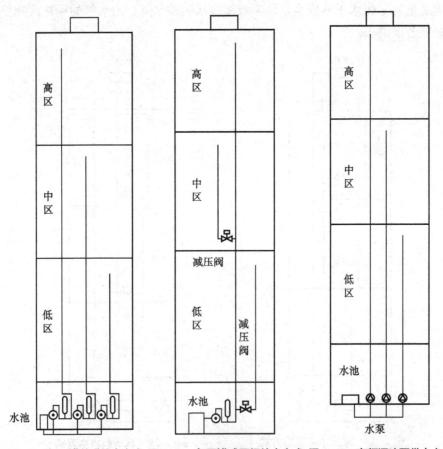

图 4-40　气压罐并联给水方式　图 4-41　气压罐减压阀给水方式　图 4-42　变频调速泵供水方式

二、给水排水系统的监控

（一）生活给水监控系统

在智能建筑中，生活给水中的水泵直接供水方式采用变频调速技术控制供需水量平衡，自带控制功能完备的 DDC 监控系统（具有与外界通信的接口）或 PLC 变频器控制系统。

在楼宇自动化系统中，对于气压水罐和减压水箱供水方式，采用直接通过电力配电箱进行监控，或利用自带的 DDC 系统的通信接口与本系统的监控系统或 BAS 系统进行系统集成。通过电力配电箱进行监控比较简单，但不能有效监控内部运行的关键参数；通过系统集成可解决上述不足之处，但集成费用过高、集成技术较难。

在高低位水箱供水方式中，应根据实际情况确定高、低位水箱的容量及数量，确定供水水泵的扬程、功能及流量等参数，其监控系统须根据供水要求进行设计、现场安装和调试等。图 4-43 是高低位水箱给水监控系统原理图。

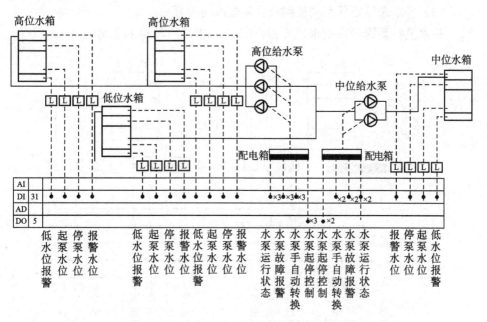

图 4-43　高低位水箱给水监控系统原理图

在高低位水箱供水方式中，低位水箱（或蓄水池）由室外城市供水管网供水，高位水箱从蓄水池由给水水泵供水，监控系统功能如下：

（1）监控低位水箱和高位水箱的水位，保证生活用水和消防用水最低水位；当水位低于消防最低水位或高出溢出水位时即报警。

（2）监控供水水泵的运行状态，故障时报警。

（3）优化水泵运行，累计各水泵的运行时间，必要时编制维修和保养报告。

（二）生活排水监控系统

智能化建筑的卫生条件要求较高，其排水系统必须通畅，保证水封不受破坏。有的建筑采用粪便污水与生活废水分流，避免水流干扰，改善卫生条件。智能化建筑一般都建有地下室，有的深入地面下 2～3 层或更深，地下室的污水常不能以重力排除。在此情况下，污水集中于污水池，然后以排水泵将污水提升至室外排水管中。污水泵应为自动控制，保证排水安全。智能化建筑排水监控系统的监控对象为集水池和排水泵。排水监控系统的监控功能有：

（1）污水池和废水集水池水位监测及超限报警。

（2）根据污水池与废水集水池的水位，控制排水泵的起 / 停。当集水池的水位达到高限时，联锁启动相应的水泵，直到水位降至低限时联锁停泵。

（3）排水泵运行状态的检测及发生故障时报警。

排水监控系统通常由水位开关、DDC 组成，如图 4-44 所示。

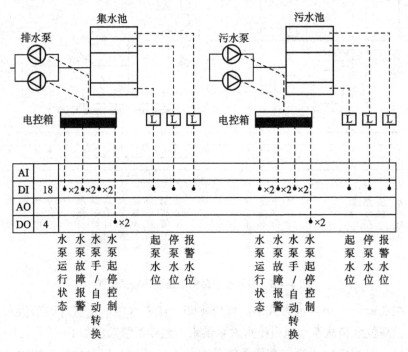

图 4-44　排水监控系统原理

第三节 供配电系统及其监控系统

随着科技的发展，新技术与新产品层出不穷，建筑物也向着更科技化、更现代化的方向发展，随着建筑技术的迅速发展和现代化建筑的出现，建筑电气也发展成为以近代物理学、电磁学、电子学、光学、声学等理论为基础的，应用于建筑工程领域内的一门新兴的综合性工程学科。建筑电气工程就是以电能、电气设备和电气技术为手段来创造、维持与改善限定空间的功能和环境的工程，是介于土建和电气两大类学科之间的一门综合性学科，其主要功能是输送、分配和运用电能，传递信息等，为人们提供舒适、安全、优质、便利的生活环境。建筑电气工程主要包括建筑供配电技术，建筑设备控制技术，电气照明技术，防雷、接地等电气安全技术，现代建筑电气自动化技术，现代建筑信息及传输技术等。

电能可转换为机械能、热能、光能、声能等能量。电作为传输载体，它的传输速度快、容量大、控制方便，因而被广泛地应用于生活的各领域。利用电路、电工学、电磁学、计算机等学科的理论和技术，在建筑物内部为人们创造理想的居住和生活环境，以充分发挥建筑物功能的系统就是所说的建筑电气系统。建筑电气系统是由各种不同的电气设备组成。

一、供配电系统

（一）电力负荷的分级及供电要求

用电设备所取用的电功率称为电力负荷。根据民用建筑对供电可靠性的要求及中断供电在政治、经济上所造成损失或影响的程度进行分级，各民用建筑电力负荷分为以下三级。

符合下列情况之一时，应为一级负荷：中断供电将造成人身伤害；中断供电将在经济上造成重大损失；中断供电将影响重要用电单位的正常工作。在一级负荷中，当中断供电将造成人员伤亡或重大设备损坏或发生中毒、爆炸和火灾等情况的负荷，以及特别重要场所的不允许中断供电的负荷，应视为一级负荷中特别重要负荷。

符合下列情况之一时，为二级负荷：中断供电将在经济上造成较大损失；中断供电将影响较重要用电单位的正常工作。二级负荷宜由两回线路供电。

不属于一级和二级负荷者为三级负荷。

根据国标要求，各级负荷的供电必须符合以下要求。

一级负荷的供电电源应符合下列要求：一级负荷应由双重电源供电，且当一电源发生故障时，另一电源不会因此同时受到损坏。对一级负荷中特别重要负荷，除需要两个电源外，还必须增设应急电源。为保证对特别重要负荷的供电，严禁将其他负荷接入应急供电系统。设备供电电源的切换时间，应满足设备允许中断供电的要求。应急电源通常用下列几种：独立于正常电源的发电机组、供电网络中独立于正常电源的专门馈电线路、蓄电池组、干电池。应急电源应根据允许中断供电的时间选择并应符合下列规定：允许中断供电时间为 15s 以上的供电，可选用快速自启动的发电机组；自动投入装置的动作时间能满足允许中断供电时间的，可选用带有自动投入装置的独立于正常电源之外的专用馈电线路；允许中断供电时间为毫秒级的供电，可选用蓄电池静止型不间断供电装置或柴油机不间断供电装置。应急电源与正常电源之间应采取防止并列运行的措施。当有特殊要求，应急电源向正常电源转换需短暂并列运行时，应采取安全运行措施。

二级负荷的供电系统应做到当发生电力变压器故障或线路常见故障时不致中断供电或中断后能迅速恢复。在负荷较小或地区供电条件困难时，二级负荷可由高压 6kV 及以上专用架空线路供电。

三级负荷对供电无特殊要求，通常采用单回路供电，但是应做到使配电系统简洁可靠，尽量减少配电级数，低压配电级数一般不宜超过四级。且应在技术经济合理的条件下，尽量减少电压偏差和电压波动。

用户设置自备电源应符合下列条件之一：需要设置自备电源作为一级负荷中的特别重要负荷的应急电源时或第二电源不能满足一级负荷的条件时；设置自备电源较从电力系统取得第二电源经济合理时；有常年稳定余热、压差、废弃物可供发电，技术可靠、经济合理时；所在地区偏僻，远离电力系统，设置自备电源经济合理时；有设置分布式电源的条件，能源利用效率高、经济合理时。

各级负荷的备用电源设置可根据用电需要确定，备用电源必须与应急电源隔离。

供配电系统的设计，除一级负荷中的特别重要负荷外，不应按一个电源系统检修或故障的同时另一电源又发生故障进行设计。

需要两回电源线路的用户，宜采用同级电压供电。但根据各级负荷的不同需要及地区供电条件，也可采用不同电压供电。同时供电的两回及以上供配电线路中，当有一回路中断供电时，其余线路应能满足全部一级负荷及二级负荷。供配电系统应简单可靠，同一电压等级的配电级数高压不宜多于两级，低压不宜多于三级。

高压配电系统宜采用放射式。根据变压器的容量、分布及地理环境等情况，也可采用树干式或环式。

根据负荷的容量和分布，配变电所应靠近负荷中心。当配电电压为35kV时，也可采用直降至低压配电电压。在用户内部邻近的变电所之间，宜设置低压联络线。

小负荷的用户，宜接入地区低压电网。

（二）建筑内电气系统的组成

建筑供配电是整个电力系统用电户的一个组成部分，主要是研究建筑物内部的电力供应、分配和使用。现代建筑物中，为满足生活和工作用电而安装的与建筑物本体结合在一起的各类电气设备主要由以下五个系统组成：

1. 变配电系统

建筑物内用电设备运行的允许电压（额定电压）低于380V，但如果输电线路电压为10kV、35kV或以上时，必须设置为建筑物供电所需的变压器室等，并装设低压配电装置。这种变电、配电的设备和装置组成变配电系统。

2. 动力设备系统

一栋高层建筑物内有很多动力设备，如水泵、锅炉、空调、送风机、排风机、电梯等，这些设备及其供电线路、控制电器、保护继电器等就组成了动力设备系统。

3. 照明系统

照明系统包括各种电光源、灯具和照明线路。根据建筑物的不同用途，其各个电光源和灯具特性有不同的要求，这就组成了整个建筑照明系统。

4. 防雷和接地装置

雷电是不可避免的自然灾害，而建筑防雷装置能将雷电引泄入地，使建筑物免遭雷击。另外，从安全考虑，建筑物内各用电设备的金属部分都必须可靠接地，因此整个建筑必须要有统一的防雷和接地安全装置（统一的接地体）。

5. 弱电系统

弱电系统主要用于传输各类信号，如电话系统、有线广播系统、消防监测系统、闭路监控系统、共用电视天线系统、计算机管理系统等。

（三）建筑物对供配电系统的要求

建筑物对供电系统的要求有以下三个方面：

1. 保证供电的可靠性

根据建筑用电负荷的等级和大小、外部电源情况、负荷与电源间的距离等，确定供电方式和电源的回路数，保证为建筑提供可靠的电源。

2.满足电源的质量要求

稳定的电源质量是用电设备正常工作的根本保证，电源电压的波动、波形的畸变、多次谐波的产生都会对建筑内用电设备的性能产生影响，对计算机及其网络系统产生干扰，导致设备使用寿命降低，使某些控制回路的控制过程中断或造成延误。所以，应该采取措施减少电压损失、防止电压偏移、抑制高次谐波，为建筑提供稳定、可靠的高质量电源。

3.减少电能的损耗

对于建筑供电，减少不必要的电能浪费是节约能源的一个重要途径。合理地安排投入运行的变压器台数，根据线缆的电流密度选用合理配电线缆截面；合理配光，采用满足节能要求的控制方法，尽量利用天然光束减少照明，根据时间、地点、天气变化及工作和生活需要灵活地调节各种照度水平；建筑内一般有数量较多的电动机，除锅炉供暖系统的热水循环泵、鼓风电动机、输送带电动机外，还有电梯曳引电动机、高压水泵电动机等，应按经济运行选择合适的电动机功率，减少轻载和空载运行时间等，这些都是节约电能的有效保证。

（四）建筑供配电系统的常用供电方式

建筑供配电应满足供电可靠、接线简单、运行安全、操作方便灵活、使用经济合理的原则，因此，根据建筑物内各用电系统的不同用电需求提供不同类型的供电方式，是保证建筑正常用电需求的有效途径。

建筑物或变配电室内常用的高、低压供电方式有放射式供电、树干式供电、环式供电及混合式供电。

1.放射式供电

放射式供电是从建筑物内的电源点（配电室）引出一电源回路直接向各用电点（用电系统或负荷点），沿线不支接其他用电负荷。图4-45所示是几种放射式供电的接线图。

放射式供电的优点是接线简单、操作维护方便，引出线发生故障时互不影响，供电可靠性高；缺点是有色金属消耗量较多，采用的开关设备也较多，因此投资较大。放射式供电多用于高压、用电设备容量大、负荷等级较高的用电系统或设备。

2.树干式供电

树干式供电是指由变配电所高压母线上或低压配电柜（屏）引出配电干线，沿干线直接引出电源回路到各变电所或负荷点的接线方式。图4-46、

图 4-47 分别是高、低压树干式供电接线图。

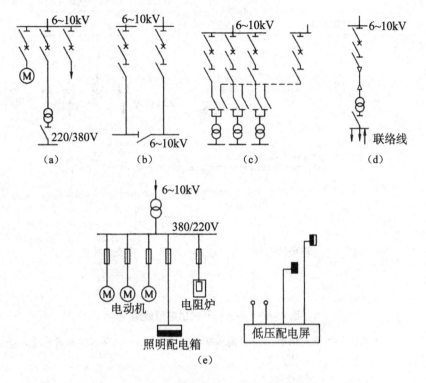

图 4-45　几种放射式供电的接线图

（a）高压单回路放射式供电　（b）高压双回路放射式供电　（c）具有公共线路的放射式供电　（d）具有低压联络线的放射式供电　（e）低压放射式供电

　　该方式与放射式供电相比，具有引出线和有色金属消耗量少、投资少的优点，但供电可靠性差，适用于负荷等级较低或供电容量较小且分布均匀的用电设备或单元的供电。一种新研制出的预分支电缆就属于树干式供电。

　　3. 环式供电

　　环式供电是树干式供电的改进，两路树干式供电连接起来就构成了环式供电，如图 4-48 所示。

　　环式供电运行灵活、供电可靠性高，有闭环和开环两种运行方式。闭环环式供电对两回路之间连接设备的开关性能要求非常高，所以其安全性常常不能得到可靠保障，因此多采用开环方式，即环式线路中有一处开关是断开的。在现代化城市配电网中这种接线应用较广。

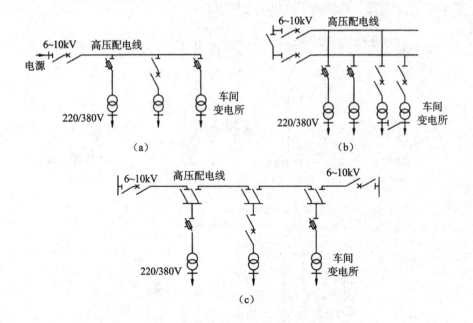

图 4-46　高压树干式供电接线图

（a）高压单树干式供电　（b）高压双树干式供电　（c）高压双电源树干式供电

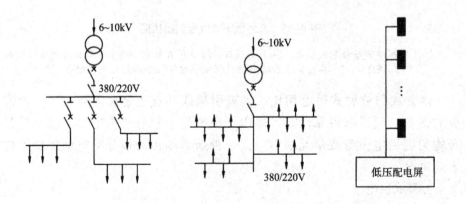

图 4-47　低压树干式供电接线图

4.混合式供电

混合式供电是将某两种或两种以上接线方式结合起来的一种方式，兼具各个供电方式的优点。因为混合式供电具有各个接线方式的特点，所以目前在新兴建筑供配电系统中的使用越来越广。图 4-49 为混合式供电。

配电系统的供配电究竟采用什么方式，应根据具体情况，对供电可靠性、经济性等进行综合比较后才能确定。一般地说，配电系统宜优先考虑采用放射式供电。低压接线常常根据实际情况有多种供电方式。

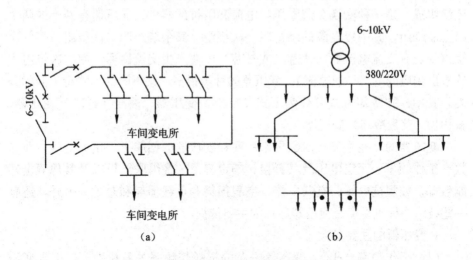

图 4-48　高、低压环式供电

（a）高压环式供电　（b）低压环式供电

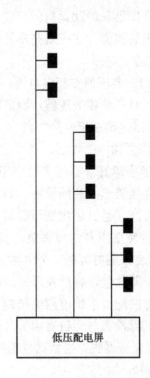

图 4-49　混合式供电

（五）变压器

供配电系统中一个重要的设备是变压器。变压器是由铁芯（或磁芯）和绕组组成，是一种变换交流电压、电流和阻抗的器件。变压器有两个或两个以上的绕组，其中接电源的绕组叫一次绕组，其余绕组叫二次绕组。当一次绕组中通有交流电流时，铁芯（或磁芯）中便产生交流磁通，使二次绕组中感应出相应的电压（或电流）。变压器的种类很多，按不同的形式有不同的分类。其中，按冷却方式可分为干式（自冷）变压器、油浸（自冷）变压器、氟化物（蒸发冷却）变压器。

变压器的一些主要技术数据都标注在变压器的铭牌上。铭牌上的主要参数有工作频率、额定电压及其分接、额定容量、绕组联结组以及其他额定性能数据，如阻抗电压、空载电流、空载损耗和负载损耗和总重。另外，还有一些技术指标也是衡量变压器好坏的主要依据。

1. 变压器的主要参数

（1）工作频率（Hz）。变压器铁芯的损耗与频率关系很大，应根据变压器的使用频率来设计和使用，这种频率称工作频率。我国的国家标准频率为50Hz。

（2）额定电压（V）。变压器长时间运行时所能承受的工作电压称为额定电压。为适应电网电压变化的需要，变压器高压侧都有分接抽头，通过调整高压绕组匝数来调节低压侧输出电压。

（3）额定容量（kV·A）。变压器在额定电压、额定电流下连续运行时能输出的容量称为额定容量。对于单相变压器，额定容量是指额定电流与额定电压的乘积；对于三相变压器是指三相容量之和。

（4）温升（℃）。指变压器通电工作后，其温度上升至稳定值时，高出周围环境温度的数值，温升越小越好。有时参数中用最高工作温度代替温升。在设备中，变压器作为安全性要求极高的设备，如果在正常工作时或局部产生的故障引起变压器温升过高，且已超出变压器材料件如骨架、线包、漆层等所能承受的温度，可能会使变压器绝缘失效，引起触电危险或着火危险。所以，温升的大小也是衡量变压器好坏的一个主要标准。

在供配电系统中，变压器数量、容量及形式的选择相当重要。变压器选择的合理与否，直接影响着供配电系统电网的结构和安全性、供电的可靠性和经济性、电能的质量、工程投资与运行费用等，但变压器的种类多、型号也多，如何选择一台合理的变压器呢？通常通过选择合理的额定电压、容量、台数来确定合适的变压器型号。

2.变压器的选择

（1）变压器电压等级的选择。变压器一、二次侧电压的选择与用电量的多少、用电设备的额定电压以及高压电力网距离的远近等因素都有关系。一般说来，变压器高压侧绕组的电压等级应尽量与当地的高压电力网的电压一致，而低压侧的电压等级应根据用电设备的额定电压而定。对于普通的民用建筑，变压器的低压侧多选用 0.4kV 的电压等级。

（2）变压器容量的选择。变压器的容量一般根据使用部门提供的该变压器所带负荷的大小及特点来讨论。对于高层用户来说，既希望变压器的容量不要选得过大，以免增加初投资；又希望变压器的运行效率高、电能损耗小，以节约运行费用。变压器容量选择，过大会导致欠载运行，造成很大的浪费；过小会使变压器处于过载或过电流运行，这样长期运行会导致变压器过热甚至烧毁。变压器容量的选择要综合考虑变压器负载性质、现有负载的大小、变压器效率，以及近远期发展规模、一次性建设投资的大小等。

（3）变压器台数的选择。主变压器台数的确定应根据地区供电条件、负荷性质、用电容量和运行方式、用电可靠性等条件综合考虑。当符合下列条件之一时，宜装设两台及两台以上变压器：

①有大量一级或二级负荷。

②季节性负荷变化较大。

③集中负荷较大。

对于装有两台及两台以上变压器的变电所，当其中任一台变压器断开时，其余变压器的容量应满足一级负荷及二级负荷的用电。当装有多台变压器时，多台变压器的运行方式应满足并联条件，即联结组别与相位关系相同；电压和变压比相同，允许偏差相同，调压范围内的每级电压相同；防止二次绕组之间因存在电动势差，产生循环电流，影响容量输出和烧坏变压器；短路阻抗相同，控制在 10% 的允许偏差范围内（容量比为 0.5～2），保证负荷分配均匀，防止短路阻抗和容量小的变压器过载，而容量大和短路阻抗大的变压器欠载。短路阻抗的大小必须满足系统短路电流的要求，否则应采取限制措施。

（4）变压器类型的确定。在高层建筑中，变压器室多设于地下层，为满足消防等的要求，配电变压器一般选用干式或环氧树脂浇注变压器。国家标准对干式变压器作了明确的定义：铁芯和线圈不浸在绝缘液体中的变压器称为干式变压器。干式变压器的绝缘介质、散热介质是空气。广义上讲可以将干式变压器分为包封式和敞开式两大类型。根据使用绝缘材料的不同，目前国内变压器市场上以铜材为导体材料的干式变压器可分为以下几种类型：

SCB 型环氧树脂浇注干式变压器、SGB 型敞开式非包封干式变压器、SCR 型缠绕式干式变压器、非晶合金干式变压器和 SF_6 气体绝缘干式变压器等。

目前，我国干式变压器的性能指标及其制造技术已达到世界先进水平，并且我国已成为世界上树脂绝缘干式变压器产销量较大的国家之一。干式变压器具有性能优越、耐冲击、机械强度好、抗短路能力强、抗开裂性能好、防潮湿、散热效果好、低噪声及节能等优点。

二、供配电系统的监控

楼宇自动化系统的正常运行需依靠正常的电力。对智能建筑的供配电系统进行监控，以维持其正常运行是保证智能建筑发挥功能的必要条件。供配电系统为供配电监控系统提供动力，供配电监控系统则为供配电系统提供保护。所以，供配电监控系统是楼宇自动化系统的基本系统之一。为保证供配电监控系统的正常运行，通常还设置后备蓄电池组。

根据消防法，高层建筑中的消防水泵、消防电梯、紧急疏散照明、防排烟设备、电动防火卷帘门等设备，必须按照一级负荷的要求设置自备应急柴油发电机组。当城市供电网停电时，能在 10 ~ 15s 迅速起动并接上应急负荷。对柴油发电机组的监控应包括电压、电流的检测，机组运行状态监视，故障报警和日用油液位监测等功能。

建筑供配电系统直接与城市供电网相连，是城市供电网的一个终端。建筑供配电系统的运行安全直接关系到城市供电网的运行安全。因此，要对建筑供配电系统进行监控，并保证建筑供配电系统的安全。但要说明的是即使没有监控系统，供配电系统也必须利用关键部位器件的自我保护功能实现对城市供电网和本系统的安全保护。安装监控系统可及时发现隐患，根据报警提示及时进行维护，或定期打印检修报告，防患于未然。在出现故障后，也可利用监控系统的历史数据快速进行诊断和维修。

根据供配电系统的供电电压，可将供配电系统分为高压变配电段和低压变配电段。以变压器为划分界线，变压器的一次侧电压（6 ~ 10kV，大型建筑有可能更高）线路为高压变配电段，二次侧电压（380/220V）线路为低压变配电段。图 4-50 和图 4-51 所示分别为高、低压变配电监控系统原理。

供配电系统的主要功能有：

（1）检测各种反映供电质量和数量的参数（如电流、电压、频率、有功功率、无功功率、功率因数等）和功率计算，为正常运行时的计量管理、事故发生时的故障原因分析提供数据支持。

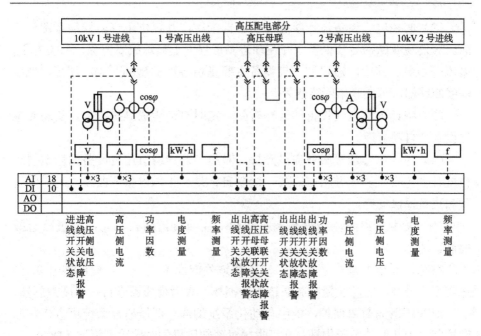

图 4-50　高压变配电监控系统原理

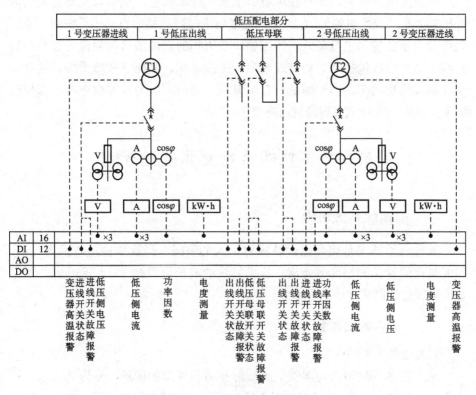

图 4-51　低压变配电监控系统原理

（2）监控电气设备运行状态和变压器温度，并提供电气监控动态图形界面。若发现故障则自动报警，并在动态图形界面上显示故障位置、相关电压、电流等参数。其中，监视的电气设备主要是指各种类型的开关，如高、低压进线断路器、母线联络断路器等。

（3）统计各种电气设备的运行时间，定时自动生成维护报告，实现对电气设备的自动管理。

（4）为物业管理等服务提供支持。对建筑物内所有用电设备的用电量进行统计和电费计算，并根据需要，绘制日、月、年用电负荷曲线，为科学管理和决策提供支持。

（5）发生火灾时，与消防系统联动，或通过消防自动化系统进行直接控制。

在高、低压变配电系统中，变压器是关键设备之一。当变压器过载时，线圈温度升高。为防止持续高温造成的损坏，大型变压器常自带温度控制器，实现对变压器的简单保护，楼宇自动化系统的高、低压监控系统可直接从温度控制器中获取开关量信号，并可省去对冷却风机的监控输出信号（DO）。

在供配电系统中，还存在风机、水泵、冷水机组、照明系统等各类型的低压动力柜（或配电箱）。在自动化程度要求较高的楼宇自动化系统中，除了利用动力柜监控用电设备外，还需要对动力柜的供电质量和数量等参数进行监测。这些参数包括动力柜进线电流、进线电压、断路器故障报警、进线有功功率、无功功率、功率因数、总电量等。另外，应高度重视在高、低压变配电系统中一次检测仪表的耐压等要求。

第四节　照明系统及其监控系统

一、照明的基本概念

人能感受到光是因为电磁波辐射到人的眼睛，经视觉神经转换为光线，即能被肉眼看见的那部分光谱。这类射线的波长范围在 $360 \sim 830 \text{nm}$，仅仅是电磁辐射光谱非常小的一部分。

（一）基本的光度量

1.光通量

光源在单位时间内向周围空间辐射并引起视觉的能量，称为光通量，用 $\varPhi$ 表示，单位为流明（lm）。由于人眼对不同波长的光灵敏度不一样，比如在白天或光线较强的地方，对波长为 555nm 的黄、绿光最灵敏，波长离 555nm 越远，灵敏度越低，所以光通量不但与光辐射的强弱有关，而且与辐射的波长有关。实验证明，当波长为 555nm 的黄、绿光的辐射功率为 1W 时，人眼感觉量为 680lm，可见 1lm 就相当于波长为 555nm 的单色辐射功率为（1/680）W 时的光通量。

2. 发光强度

桌子上方有一盏无罩的白炽灯，加上灯罩后，桌面显得亮多了。同一灯泡不加灯罩与加灯罩对比，它所发出的光通量是一样的，只不过加上灯罩后，光线经灯罩的反射，使光通量在空间的分布状况发生了变化，射向桌面的光通量比未加罩时增多了。在电气照明技术中，只知道光源所发出的总光通量是不够的，还必须了解光通量在空间各个方向上的分布情况。光源在空间某一特定方向上单位立体角内（每球面度）辐射的光通量空间刻度，称为光源在该方向上的发光强度（简称光强），用 I 表示，单位为坎德拉（cd）。

3. 照度

照度是用来表示被照面（点）上光的强弱。投射到被照面上的光通量与被照面的面积之比称为该被照面的照度，用 E 表示，单位是 lx（勒克斯），它表示 1 lm 的光通量均匀分布在 $1m^3$ 的被照面上。距 40W 白炽灯下 1m 处的照度约为 30 lx，加一搪瓷灯罩后增加到 73 lx；晴天中午室外的照度可达 $8 \cdot 10^4 \sim 12 \cdot 10^4$ lx；阴天中午室外的照度为 $8 \cdot 10^3 \sim 20 \cdot 10^3$ lx；满月在地面上的照度为 0.2 lx。

为了限定照明数量，提高照明质量，需要制定照度标准。制定照度标准需要考虑视觉功效特性、现场主观感觉和照明经济性等因素。

4. 亮度

在房间内同一位置上并排放着一个黑色和一个白色的物体，虽然它们的照度一样，但人眼看起来白色物体要亮得多，这说明被照物体表面的照度并不能直接表达人眼对它的视觉感受。这是因为人眼的视觉感受是由被照物体的发光或反光在眼睛的视网膜上形成的照度而产生的。视网膜上形成的照度越高，人眼就感到越亮。白色物体的反光要比黑色物体强得多，所以感到白色物体比黑色物体亮得多。若把被视物体看作一个发光体，视网膜上的照度是被视物体在沿视线方向上的发光强度造成的。

发光体在视线方向单位投影面上的发光强度称为该物体表面的亮度，用 $\pounds$ 表示，单位为 cd/m^2（坎德拉 / 平方米）。亮度是表明光源光亮程度的参数，亮度越大越亮，但能否看清物体不完全取决于亮度。如果发光面的亮度过大，感到刺眼，也看不清物体。照度和亮度的区别：照度单位是 lx，亮度单位是

lm，1 lx=1lm/m²。

5. 色温

当光源所发出的光的颜色与黑体在某一温度下辐射的光色相同时，黑体的温度就称为该光源的色温，单位为 K。根据实验，将一具有完全吸收与放射能力的标准黑体加热，温度逐渐升高，光度也随之改变，黑体曲线可表现为黑体由红—橙红—黄—黄白—白—蓝白的过程。"黑体"的温度越高，光谱中蓝色的成分越多，而红色的成分则越少。可见光源发光的颜色与温度有关。例如，白炽灯的光色是暖白色，其色温表示为 2700K，而荧光灯的色温是 6000K。

6. 光色

光色实际上就是色温，大致分三大类：暖色（＜3300K），中间色（3300～5000K），日光色（＞5000K），由于光线中光谱的组成有差别，因此即使光色相同，光的显色性也可能不同。

7. 显色性

原则上，人造光线因与自然光线相同，使人的肉眼能正确辨别事物的颜色。当然，这要根据照明的位置和目的而定。光源对于物体颜色呈现的程度称为显色性，通常叫作显色指数（RA）。

8. 光源效率

光源效率就是每 1W 电力所发出的光的亮度，其数值越高表示光源的效率越高，所以对于使用时间较长的场所，如办公室走廊、道路、隧道等，光源效率通常是一个重要的考虑因素。光源效率（lm/W）＝亮度（lm）/耗电量（W）。

9. 眩光

光由于时间或空间上分布不均，可能造成视觉不舒适，这种光称为眩光。眩光可以分为直射眩光和反射眩光。眩光是衡量照明质量的一个重要参数。

（二）照明的基本原则

建筑照明必须遵循安全、适用、经济、美观的基本原则。

所谓适用，是指能提供一定数量和质量的照明，保证规定的照度水平，满足人们的工作、学习和生活的需要，灯具的类型、照度的高低、光色的变化等都应与使用要求相一致。

照明的经济性包括两方面的含义：一方面是采用先进技术，充分发挥照明设施的实际效益，尽可能地以较小的费用获得较大的照明效果；另一方面是所用的照明设施符合我国当前在电力供应、设备和材料方面的生产水平。

照明装置具有装饰房间、美化环境的作用。特别对于装饰性照明，应有助于丰富空间的深度和层次，显示被照物体的轮廓，使色彩和图案影响环境气氛。但是，在考虑美化作用时应从实际出发，注意节约。对于一般的生产、生活福利设施，不能为了照明装置的美观而花费过多的投资。环境条件对照明设施影响很大，要使照明与现场环境相协调，必须正确选择照明方式、光源种类，以及灯具的功率、数量、形式和光色等。

在选择照明设备时，必须充分考虑现场环境条件。这里的环境条件主要是指空气的温度、湿度、含尘、有害气体或蒸汽、辐射热等。要严格根据现场环境选择灯具和照明控制设备，杜绝一切可能发生的不安全事故。

（三）照明的种类

照明有多种分类方式。

1. 按照明方式分类

（1）一般照明。其特点主要是光线分布比较均匀，能使空间显得宽敞明亮。主要适用于观众厅、会议厅、办公厅等场所。

（2）分区一般照明。主要是根据各区的需要设置的照明。

（3）局部照明。即局限于特定工作部位的固定或移动的照明。其特点是能为特定的工作面提供更为集中的光线，并能形成有特点的气氛和意境。客厅、书房、卧室、餐厅、展览厅和舞台等使用的壁灯、台灯、投光灯等都属于局部照明。

（4）混合照明。一般照明与局部照明共同组成的照明，称为混合照明。混合照明实质上是在一般照明的基础上，在需要另外提供光线的地方布置特殊的照明灯具。该方式在装饰与艺术照明中应用很普遍，如商店、办公楼、展览厅等大多采用这种比较理想的照明方式。

2. 按照明用途分类

（1）正常照明。即在正常工作时使用的照明。一般可单独使用，也可与事故照明、值班照明同时使用，但控制电路必须分开。

（2）事故照明。即在正常照明因故障熄灭后，供事故情况下继续工作或安全通行的照明。事故照明灯宜布置在可能引起事故的设备、材料周围以及主要通道出入口，在灯具的明显部位涂以红色，以示区别。

（3）警卫照明。即用于警卫地区周围附近的照明。是否设置警卫照明应根据被照场所的重要性和当地治安部门的要求来决定。警卫照明一般沿警卫线装设。

（4）值班照明。照明场所在无人工作时保留的一部分照明叫值班照明。

可以利用正常工作中能单独控制的一部分，或利用事故照明的一部分或全部作为值班照明。值班照明应该有独立的控制开关。

（5）障碍照明。装设在建筑物上作为障碍标志用的照明，称为障碍照明。在飞机场周围较高的建筑物上，或有船舶通行的航道两侧的建筑物上，都应该按照民航和交通部门的有关规定装设障碍照明灯具。

（四）电光源的特性

人们通常用一些参数来说明光源的工作特性。说明电光源工作特性的主要物理参数如下：

1. 额定电压和额定电流

额定电压和额定电流指光源按预定要求工作时所需要的电压和电流。在额定电压和额定电流下运行时，光源具有最高的效率。

2. 灯泡（灯管）功率

灯泡（灯管）功率是指灯泡（灯管）在工作时所消耗的电功率。通常灯泡（灯管）按一定的功率等级制造。额定功率指灯泡（灯管）在额定电流和额定电压下所消耗的功率。

3. 光通量输出

光通量输出是指灯泡在工作时所发出的光通量。光源的光通量输出与许多因素有关，特别是与工作时间有关，一般是工作时间越长，其光通量输出越低。

4. 发光效率

发光效率是灯泡所发出的光通量 Φ（lm）与消耗的功率 P(W) 之比，它是表征光源经济性的参数之一。

5. 寿命

寿命是光源从初次通电工作起到其完全丧失或部分丧失使用价值的全部工作时间。

6. 光谱能量分布

说明光源辐射的光谱成分和相对强度，一般以分布曲线形式给出。

（五）电光源的种类

建筑中常用的电光源由白炽灯、荧光灯、荧光高压汞灯、卤钨灯、高压钠灯和金属卤化物灯等组成。根据其工作原理，电光源基本上可分为热辐射光源和气体放电光源两大类。

1. 热辐射光源

热辐射光源主要是利用电流将物体加热到白炽程度而发光的光源，如普通照明白炽灯、卤钨灯等。

2.气体放电光源

利用电流通过气体或蒸汽而发射光的光源。这种光源具有发光效率高、使用寿命长等特点，使用极为广泛，如气灯、汞灯等。

（六）常用的电光源

1.白炽灯

（1）普通照明白炽灯。即一般常用的白炽灯泡。这种电光源的主要优点是显色性好、开灯即亮、可连续调光、结构简单、价格低廉，但寿命短、光效低，常用于居室、客厅、大堂、客房、商店、餐厅、走道、会议室、庭院等。

（2）卤钨灯。即填充气体内含有部分卤族元素或卤化物的充气白炽灯。这种电光源具有普通照明白炽灯的全部特点，光效和寿命比普通照明白炽灯提高一倍以上，且体积小，常用于会议室、展览展示厅、客厅、商业照明、影视舞台、仪器仪表、汽车、飞机以及其他特殊照明场合。

2.低气压放电灯

（1）荧光灯。俗称日光灯，主要特点是光效高、寿命长、光色好。荧光灯有直管型、环型、紧凑型等，是应用范围十分广泛的节能照明光源。

（2）低压钠灯。低压钠灯主要特点是发光效率特别高、寿命长、光通维持率高、透雾性强，但显色性差，常用于隧道、港口、码头、矿场等场合。

3.高强度气体放电灯

（1）荧光高压汞灯。荧光高压汞灯主要特点是寿命长、成本相对较低。常用于道路照明、室内外工业照明及商业照明等。

（2）高压钠灯。高压钠灯的主要特点是寿命长、光效高、透雾性强。常用于道路照明、泛光照明、广场照明及工业照明等。

（3）金属卤化物灯。金属卤化物灯的主要特点是寿命长、光效高、显色性好。常用于工业照明、城市亮化工程照明、商业照明、体育场馆照明以及道路照明等。

（4）陶瓷金属卤化物灯。陶瓷金属卤化物灯的主要特点是性能优于一般金属卤化物灯。常用于商场、橱窗、重点展示及商业街道等场合。

4.其他电光源

（1）高频无极灯。高频无极灯的主要特点是寿命超长（40000～80000h）、无电极、瞬间启动和再启动、无频闪、显色性好。常用于公共建筑、商店、隧道、步行街、高杆路灯、保安和安全照明及其他室外照明。

（2）发光二极管（LED）。LED 是电致发光的固体半导体光源，主要特点是高亮度点光源、可辐射各种色光和白光、0 ～ 100% 光输出（电子调光）、寿命长、耐冲击和防振动、无紫外（UV）和红外（IR）辐射、低电压下工作（安全）。常用于交通信号灯、高速道路分界照明、道路护栏照明、汽车尾灯、出口和入口指示灯、桥体或建筑物轮廓照明及装饰照明等。

（七）灯具的种类

灯具也有多种分类方式。

1. 按光通在空间上的分配分类

（1）直接型。这类灯具 90% 以上的光通量向下直接照射，效率高，但灯具上半部几乎没有光通量，方向性强导致阴影较浓。按配光曲线可分为广照型、均匀照型、配照型、深照型、特深照型。

（2）半直接型。这类灯具的大部分光通量（60% ～ 90%）射向下半球空间，少部分射向上方，射向上方的分量将减少照明环境所产生的阴影的硬度并改善其各表面的亮度比。

（3）漫射型（包括水平方向光线很少的直接—间接型）。灯具向上、向下的光通量几乎相同（各占 40% ～ 60%）。最常见的是乳白玻璃球形灯罩，其他各种形状的漫射透光封闭灯罩也有类似的配光。漫射型灯具将光线均匀地投向四面八方，因此光通利用率较低。

（4）半间接型。灯具向下的光通量占 10% ～ 40%，它的向下分量往往只用来产生与天棚相称的亮度，此分量过多或分配不适当也会产生直接或间接眩光等一些缺陷。上面敞口的半透明罩属于这一类。半间接型灯具主要作为建筑装饰照明，由于大部分光线投向天花板和上部墙面，增加了室内的间接光，光线更为柔和宜人。

（5）间接型。灯具的小部分光通量（10% 以下）向下。设计得好时，间接型灯具可使全部天棚成为一个照明光源，达到柔和无阴影的照明效果。由于间接型灯具的向下光通量很少，只要布置合理，直接眩光与反射眩光都很小。此类灯具的光通利用率比前面四种都低。

2. 按灯具的结构分类

（1）开启型。光源与外界空间直接相通，没有包合物。常用的灯具类型有配照灯、广照灯和探照灯。

（2）闭合型。具有闭合的透光罩，但灯罩内外可以自然通气。常用的灯具类型有圆球灯、双罩型灯及吸顶灯。

（3）封闭型。透光罩接合处加以一般封闭，但灯罩内外可以有限通气。

（4）密闭型。透光罩接合处严密封闭，灯罩内外空气严密隔绝。常用的灯具类型有防水灯、防尘灯、密闭荧光灯等。

（5）防爆型。透光罩及接合处加高强度支撑物，可承受要求的压力。常用的灯具类型有防爆安全灯、荧光安全防爆灯。

（6）隔爆型。在灯具内部发生爆炸时，经过一定间隙的防爆面后，不会引起灯具外部爆炸。

（7）安全型。在正常工作时不产生火花、电弧，或在危险温度的部件上采用安全措施，提高安全系数。

（8）防振型。可装在振动的设施上。

3. 按安装方式分类

（1）壁灯。装在墙壁、庭柱上，主要用于局部照明、装饰照明或不适宜在顶棚安装灯具或没有顶棚的场所。其类型主要有筒式壁灯、夜间壁灯、镜前壁灯、亭式壁灯、灯笼式壁灯、组合式壁灯、投光壁灯、吸壁式荧光灯、门厅壁灯、床头摇臂式壁灯、壁画式壁灯、安全指示式壁灯等。

（2）吸顶灯。吸顶灯是将灯具吸贴在顶棚面上，主要用于没有吊顶的房间内。吸顶灯主要有组合方形灯、晶罩组合灯、晶片组合灯、灯笼吸顶灯、格栅灯、筒形灯、直口直边形灯、斜边扁圆灯、尖扁圆形灯、圆球形灯、长方形灯、防水形灯、吸顶式点源灯、吸顶式荧光灯、吸顶式发光带、吸顶裸灯泡等。吸顶灯应用比较广泛。吸顶式的发光带适用于计算机房、变电站等；吸顶式荧光灯适用于照度要求较高的场所；封闭式带罩吸顶灯适用于照度要求不是很高的场所，它能有效地限制眩光，外形美观，但发光效率低；吸顶裸灯泡适用于普通场所，如厕所、仓库等。

（3）嵌入式灯。嵌入式灯适用于有顶棚的房间，灯具是嵌入在顶棚内安装的，这种灯具能有效地消除眩光，与顶棚结合能形成美观的装饰艺术效果。嵌入式灯主要有圆格栅灯、方格栅灯、平方灯、螺钉罩灯、嵌入式格栅荧光灯、嵌入式保护荧光灯、嵌入式环形荧光灯、方形玻璃片嵌顶灯、嵌入式点源灯等。

（4）半嵌入式灯。半嵌入式灯将灯具的一半或一部分嵌入顶棚内，另一半或一部分露在顶棚外面，它介于吸顶灯和嵌入式灯之间。这种灯在消除眩光的效果上不如嵌入式灯，但半嵌入式灯适用于顶棚深度不够的场所，在走廊等处应用较多。

（5）吊灯。吊灯是最普通的一种灯具安装方式，也是运用最广泛的一种。它主要利用吊杆、吊链、吊管、吊灯线来吊装灯具，以达到不同的效果。在商场营业厅等场所，利用吊杆式荧光灯组成一定规则的图案，不但能满足照明功能上的要求，而且能形成一定的艺术装饰效果。吊灯主要有圆球直杆灯、碗形罩吊灯、伞形吊灯、明月罩吊灯、束腰罩吊灯、灯笼吊灯、组合水晶吊灯、三环吊灯、玉兰罩吊灯、花篮罩吊灯、棱晶吊灯等。带有反光罩的吊灯，配光曲线比较好，照度集中，适宜于顶棚较高的场所及教室、办公室、设计室；吊线灯适用住宅、卧室、休息室、小仓库、普通用房等；吊管、吊链花灯，适用于有装饰性要求的房间，如宾馆、餐厅、会议厅、大展厅等。

（6）地脚灯。地脚灯主要应用于医院病房、宾馆客房、公共走廊、卧室等场所。地脚灯的主要作用是照明走道，便于人员行走。它的优点是避免刺眼的光线，特别是在夜间，不但可减少灯光对自己的影响，同时可减少灯光对他人的影响。地脚灯均暗装在墙内，一般距地面高度 $0.2 \sim 0.4\mathrm{m}$。地脚灯的光源采用白炽灯，外壳由透明或半透明玻璃或塑料制成，有的还带金属防护网罩。

（7）台灯。台灯主要放在写字台、工作台、阅览桌上，作为书写阅读之用。台灯的种类很多，目前市场上常见的主要有变光调光台灯、荧光台灯等。目前还流行一类装饰性台灯，如将其放在装饰架上或电话桌上，能起到很好的装饰效果，台灯一般在设计图上不标出，只在办公桌、工作台旁设置 $1 \sim 2$ 个电源插座即可。

（8）落地灯。落地灯多用于高级客房、宾馆、带茶几沙发的房间以及家庭的床头或书架旁。落地灯有的单独使用，有的与落地式台扇组合使用，还有的与衣架组合使用。一般在需要局部照明或装饰照明的空间安装较多。一般只留插座，不在设计图中标出。

（9）庭院灯。庭院灯的灯光或灯罩多数向上安装，灯管和灯架多数安装在庭院地坪上，特别适用于公园、街心花园、宾馆以及工矿企业、机关学校的庭院等场所。庭院灯主要有盆圆形庭院灯、玉坛罩庭院灯、花坪柱灯、四叉方罩庭院灯、琥珀庭院灯、花坛柱灯、六角形庭院灯、磨花圆形罩庭院灯等。庭院灯有的安装在草坪里，有的依公园道路、树林曲折随弯设置，有一定的艺术效果。

（10）道路／广场灯。道路／广场灯主要用于夜间的通行照明。道路灯有高杆球形路灯、高压汞灯路灯、双管荧光灯路灯、高压钠灯路灯、双腰鼓路灯、飘形高压汞灯等。广场灯有广场塔灯、碘钨反光灯、圆球柱灯、高压钠柱灯、高压钠投光灯、深照卤铝灯、搪瓷斜照卤钨灯等。道路照明一般使用高压钠灯、高压荧光灯等，目的是给车辆、行人提供必要的视觉条件，预防交通事故。广场灯用于车站前广场、机场前广场、港口、码头、公共汽车站广场、立交桥、停车场、集合广场、室外体育场等，广场灯应根据广场的形状、面积使用特点来选择。

（11）移动式灯。移动式灯具常用于室内、外移动性的工作场所以及室外电视、电影的摄影等场所。移动式灯具主要有深照型特挂灯、文照型有防护网的防水防尘灯、平面灯、移动式投光灯等。移动式灯具都有金属防护网罩或塑料防护罩。

（12）应急照明灯。应急照明灯适用于宾馆、饭店、医院、影剧院、商场、银行、邮电局、地下室、会议室、计算机房、动力站房、人防工事、隧道等公共场所，也可在紧急疏散、安全防灾等重要场所作应急照明用。自动应急照明灯的线路比较先进，性能稳定、安全可靠。当交流电接通时，电源正常供电，应急灯中的蓄电池被缓慢充电，当交流电源因故停电时，应急灯中的自动切换系统将蓄电池电源自动接通，供光源照明，有的灯具同时放音，发出带有警示性的疏散喊话，为人员安全撤离提示方向。自动应急灯的种类有照明型、放音警示型、字符图样标志型等。按其安装方式可分为吊灯、壁灯、挂灯、吸顶灯、筒灯、投光灯、转弯警示灯等多种样式。

4. 按光源类型分类

（1）使用自镇流灯泡的灯具。自镇流灯泡是包含灯头和与之结合的光源及光源启动和稳定工作必需的附加元件的器件，它不被破坏是不能拆卸的。常见的自镇流灯泡有节能灯等。

（2）使用钨丝灯的灯具。如普通的台灯、商场货架上用的聚光灯等。

（3）使用管形荧光灯的灯具。如常见的荧光护目灯等。

（4）使用气体放电灯的灯具。如使用高压钠灯、HID灯的灯具等。

（5）使用其他光源的灯具。如使用LED发光元件等的灯具。

5. 按防触电保护分类

灯具按防触电保护等级一般分为0类、Ⅰ类、Ⅱ类、Ⅲ类灯具。

（1）0类灯具。依靠基本绝缘作为防触电保护的灯具。万一基本绝缘失效，防触电保护就只好依赖环境了。一般使用在安全程度高且灯具安装维护方便的场合，如空气干燥、尘埃少、木地板等条件下的吊灯、吸顶灯。额定电压超过250V的灯具不应划分为0类，在恶劣条件下使用的灯具不应划分为0类，轨道安装的灯具不应划分为0类。

（2）Ⅰ类灯具。灯具的防触电保护不仅依靠基本绝缘，而且包括附加的安全措施，即把易触及的导电部件连接到固定线路中的保护接地导体上，使可触及的导电部件在基本绝缘失效时不致带电。一般用于金属外壳灯具，如投光灯、路灯、庭院灯等，以提高安全程度。

（3）Ⅱ类灯具。防触电保护不仅依靠基本绝缘，而且具有附加安全措施，如双重绝缘或加强绝缘，但没有保护接地的措施或依赖安装条件，其绝缘性好、安全程度高，适用于环境差、人经常触摸的灯具，如台灯、手提灯等。

（4）Ⅲ类灯具。所使用电源为安全特低电压（Safety Extra-Low Voltage，SELV），并且灯具内部电压不会高于 SELV。这类灯具的安全程度最高，用于恶劣环境或照明安全要求高的场所，如机床工作灯，儿童用灯。

从电气安全角度看，0 类灯具的安全程度最低，Ⅰ、Ⅱ类较高，Ⅲ类最高。有些国家已不允许生产 0 类灯具，我国目前尚无此规定。在照明设计时，应综合考虑使用场所的环境操作对象、使用频率、安装和使用位置等因素，选用合适类别的灯具。恶劣场所应使用Ⅲ类灯具，一般情况下可采用Ⅰ类或Ⅱ类灯具。

（八）灯具的选择

灯具类型的选择与使用环境、配光特性有关。在选用灯具时，一般要考虑以下 6 个因素：

（1）光源选用的灯具必须与光源的种类和功率完全相适应。

（2）环境条件灯具要满足环境条件的要求，以保证安全耐用和有较高的照明效率。例如，在正常环境中，宜选用开启式灯具；在潮湿房间内，宜选用具有防水灯头的灯具；在有腐蚀性气体和蒸汽的场所，宜选用耐腐蚀的密闭式灯具等。

（3）光分布要按照对光分布的要求来选择灯具，以达到合理利用光通量和减少电能消耗的目的。

（4）限制眩光由于眩光作用与灯具的光强、亮度有关，当悬挂高度一定时，则可根据限制眩光的要求来选用合适的灯具形式。

（5）经济性主要考虑照明装置的基建投资和年运行维修费用。

（6）艺术效果因为灯具还具有装饰空间和美化环境的作用，所以应注意在可能条件下的美观，强调照明的艺术效果。

（九）灯具的布置

灯具的布置包括选择合理规范的灯具悬挂高度和合理的灯具布置方式。灯具的悬挂高度和灯具的合理布置是互为依赖、不可分割的。

1. 灯具的悬挂高度

照明灯具的悬挂高度以不发生眩光作用为限。照明灯具悬挂过高，不能保证工作面有一定照度，需要加大电源功率，这样不经济，也不便于维修；灯具悬挂过低则不安全。因此，必须为灯具选择合理规范的悬挂高度。

2.灯具的布置方式

灯具的布置要确定灯具在房间内的空间位置。灯具的布置对照明质量有重要的影响。光的投射方向、工作面的照度、照明的均匀性、反射眩光和直射眩光、视野内其他表面的亮度分布及工作面上的阴影等，都与照明灯具的布置有直接关系。灯具的布置合理与否还影响到照明装置的安装功率和照明设施的耗费，并且影响照明装置的维修和安全。因此，只有合理的灯具布置才能获得良好的照明质量和使照明装置便于维护检修。

灯具的布置方式有均匀布置和选择性布置两种。

（1）均匀布置。均匀布置是指灯具之间的距离及行间距离均保持一定。灯具均匀布置时，一般采用正方形、矩形、菱形等形式。布置是否合理，主要取决于灯具的间距 L 和计算高度 h（灯具至工作面的距离）的比值是否恰当。L/h 值小，照明的均匀度好，但投资大；L/h 值过大，则不能保证得到规定的均匀度。故 L 实际上可由最有利的 L/h 值来决定。

（2）选择性布置。选择性布置是按照最有利的光通量方向及消除工作表面上的阴影等条件来确定每一个灯的位置的，是为满足局部要求的布置方式，适宜有特殊照明要求的场所。

合理布置灯具可以有效地消除主要视线范围内的反射眩光。例如，仪表玻璃面的有害反光会妨碍观察，根据光的定向反射原理，使在观察位置上视线与仪表水平线夹角较多地偏离光线的入射角，便可避免这种反射眩光。

采用直射型或半直射型灯具时，布灯应注意避免由人员或物体形成的阴影。面积不大的房间照明，有时也装设 2～4 盏灯具，目的是避免产生明显的阴影。

高大房间可采用顶灯和壁灯相结合的布灯方案。这样既可以节约电能又可提高垂直照度。一般房间还是采用顶灯照明好。若单纯用壁灯照明，会使房间内气氛昏暗，影响照明效果。

（十）照度的计算

室内照明的照度计算一般利用系数法和单位容量法。利用系数法计算简单，它考虑了墙壁、顶棚、地面之间光通量的多次反射影响。通过计算落到被照面上的光通量来确定整个场地的平均水平照度，而对于某一点的照度就无法计算。

1.利用系数法

（1）平均照度的计算。平均照度的计算公式为：

$$E_{av} = \frac{\Phi n \mu \eta}{A K_1}$$

如果是根据照度标准和其他条件计算光源数量，则公式为：

$$n = \frac{E_{av} A K_1}{\Phi \eta \mu}$$

式中：n ——所需光源的数量；

E_{av} ——工作面上的照度，lx；

Φ ——每个光源的光通量，lm；

A ——房间的面积，m^2；

K_1 ——照度补偿系数；

η ——灯具效率，查照明手册或灯具样本可得；

μ ——利用系数，查照明手册或灯具样本可得。

（2）最低照度的计算。最低照度的计算公式为：

$$E = E_{av} K_{min}$$

式中：E ——工作面上的最低照度，lx；

E_{av} ——工作面上的平均照度，lx；

K_{min} ——最低照度补偿系数。

将 $E_{av} = \dfrac{\Phi n \mu \eta}{A K_1}$ 代入 $E = E_{av} K_{min}$ 得：

$$E = \frac{\Phi n \mu \eta K_{min}}{A K_1}$$

利用系数法是照度计算中的一种常用方法，尤其是进行照度计算和验算特别方便。

2. 单位容量法

单位容量法是从利用系数法演变而来的，是在各种光通量利用系数和光的损失等因素相对固定的条件下得出平均照度的简化计算方法。根据房间的被照面积和推荐的单位面积安装功率来计算房间所需的总电光源功率。选定电光源后，就可算出房间的光源数量。

单位容量法的计算公式为：

$$\sum P = \omega S$$

$$N = \frac{\sum P}{P}$$

式中：$\sum P$ ——总安装功率，不包括镇流器的功率损耗，W；

S——房间面积，一般指建筑面积，m^2；

ω——在某最低照度值时单位面积的安装容量，W/m^2；

P——套灯具的安装容量，不包括镇流器的功率损耗，$W/$套；

N——在规定的照度下所需的灯具数，套。

若房间内的照度标准为推荐的平均照度时，则应由下式来确定 $\sum P$。

$$\sum P = \frac{\omega S}{K_{\min}}$$

二、照明系统的监控

照明线路控制也叫照明回路控制，主要是对照明回路实现目标控制。

有效的控制方式是实现舒适照明的重要手段，也是节能的有效措施。目前常用的控制方式有跷板开关控制方式、断路器控制方式、定时控制方式、光电感应开关控制方式、智能控制器控制方式等。

1. 跷板开关控制方式

这种控制方式即以跷板开关控制一套或几套灯具，是最常用的一种控制方式，在一个房间不同的出入口均需设置开关。这种控制方式接线简单、投资经济，是家庭、办公室等最常用的一种控制方式。

2. 断路器控制方式

这种控制方式即以断路器控制一组灯具，控制简单、投资小、线路简单。但由于控制的灯具较多，会造成大量灯具同时开关，在节能方面效果很差，很难满足特定环境下的照明要求。

3. 定时控制方式

这种控制方式即定时控制灯具，是利用 BAS 的接口，通过控制中心来实现的，图 4-52 所示为一天的定时控制图。定时控制方式太机械，遇到天气变化或临时更改作息时间，就比较难以适应，一定要改变设定值才能实现，这样就显得很麻烦。现在的微计算机定时开关采用微计算机控制，智能化程度高、走时精确、操作简单、工作可靠、安装方便，适用于各种电器的自动开关，广泛用于路灯、LED 灯、霓虹灯、广告灯等的照明。

4. 光电感应开关控制方式

这种控制方式即以光电感应开关设定的照度来控制灯具。光电感应开关通过测定工作面的照度并与设定值比较，来控制照明开关，这样可以最大限度地利用自然光，从而达到节能的目的，也可提供一个较不受季节与外部气候影响的相对稳定的视觉环境。一般来讲，越靠近窗自然光照度越高，从而人工照明提供的照度越低，但合成照度应维持在设计照度值。光电感应开关的控制器内部设有回差控制及输出记忆延时电路，能保证在阴雨天及有短暂光线干扰的环境下正常工作；控制器面板上设有测光调整旋钮，以满足用户在不同场合的需要。现在的光电开关大多采用模块化设计，体积小、造型美观、工作可靠、安装方便、自身功耗低、控制功率大，并具有防雨设计，是现在一种用途广泛的自动光控节能开关，多用于路灯、广告灯箱、节日彩灯等需要光线控制的场所。

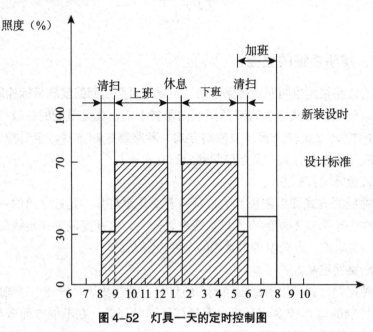

图 4-52 灯具一天的定时控制图

5. 智能控制器控制方式

利用照明智能化控制可以根据环境变化、客观要求、用户预定需求等条件而自动采集照明系统中的各种信息，并对所采集的信息进行相应的逻辑分析、推理、判断，然后对分析结果按要求的形式存储、显示、传输，进行相应的工作状态信息反馈控制，以达到预期的控制效果。

智能化照明控制系统具有以下特点：

（1）系统集成性。智能化照明控制系统是集计算机技术、计算机网络通信技术、自动控制技术、微电子技术、数据库技术和系统集成技术于一体的现代控制系统。

（2）智能化。智能化照明控制系统是具有信息采集、传输、逻辑分析、智能分析推理及反馈控制等智能特征的控制系统。

（3）网络化。传统的照明控制系统大多是独立的、本地的、局部的系统，不需要利用专门的网络进行连接，而智能照明控制系统可以是大范围的控制系统，需要包括硬件技术和软件技术在内的计算机网络通信技术支持，以进行必要的控制信息交换和通信。

（4）使用方便。由于智能化照明控制系统中的各种控制信息可以以图形化的形式显示，所以控制方便，显示直观，并可以利用编程的方法灵活改变照明效果。

智能化照明控制在体育馆、城市路灯、高速公路、市政照明工程、楼宇、公共场所、大型广告灯牌等大型建筑和公共场所被广泛采用。

照明系统用电量在建筑中仅次于空调系统，故其监控系统也是建筑设备自动化系统的重要组成部分。随着人类生活水平的提高，照明系统除了满足照度的要求外，还应满足人们对灯光变幻效果（色彩、亮度、照射角度等）及与其他系统（如声响系统）协调的要求。所以，照明监控系统在节能的基础上，还要在生活和工作环境中营造富有层次的、变幻的灯光氛围。

这就要求现代照明监控系统须综合利用计算机技术、通信技术和控制技术，形成"照明智能化系统"。

照明智能化系统从人工控制、单机控制过渡到了整体性控制，从普通开关过渡到了智能化信息开关。此照明监控系统既可根据环境照度变化自动调整灯光，达到节能的目的，还可预置场景变化，进行自动操作。

建筑照明系统的监控是通过照明配电箱的各种辅助触点进行的，如图 4–53 所示。

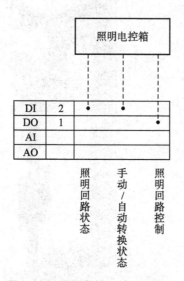

图 4–53 照明监控系统工作原理

由图 4–53 可以看出，照明监控系统的主要功能为：

（1）监测照明回路状态及手动 / 自动转换开关状态。

（2）根据不同场所要求，可按照预先设定的时间自动控制照明回路开关。

当需要对上述功能进行扩展时，可增加各种输入设备如声控开关、人体感应器等，随时控制灯光的开启，实现更好的节能效果和安全保障。

第五节　电梯系统及其监控系统

一、电梯系统简介

电梯是智能建筑中不可缺少的设施。电梯为智能建筑服务时，不但自身要有良好的性能和自动化程度，而且要与整个 BAS 协调运行，接受中央计算机的监视、管理及控制。电梯的结构如图 4-54 所示。

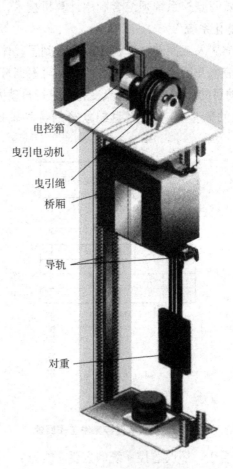

电控箱

曳引电动机

曳引绳

桥厢

导轨

对重

图 4-54　电梯结构图

电梯可分为直升电梯和手扶电梯两类。直升电梯按其用途又可分为客梯、货梯、客货梯、消防梯等。

电梯的控制方式可分为层间控制、简易自动控制、集选控制、有/无司机控制以及群控等。对于大厦电梯，通常选用群控方式。

电梯的自动化程度体现在两个方面：一是其拖动系统的组成形式，二是其操纵的自动化程度。

常见的电梯拖动系统有以下三种：

1. 双速拖动方式

以交流双速电动机作为动力装置，通过控制系统按时间原则控制电动机的高/低速绕组连接，使电梯在运行的各阶段速度作相应的变化。但是在这种拖动方式下，电梯的运行速度是有级变化的，舒适感较差，不适于在高层建筑中使用。

2. 调压调速拖动方式

由单速电动机驱动，用晶闸管控制送往电动机上的电源电压。由于受晶闸管控制，电动机的速度可按要求的规律连续变化，因此乘坐舒适感好，同时拖动系统的结构简单。但由于晶闸管调压的结果，主电路三相电压波形严重畸变，不仅影响供电质量，还容易造成电动机严重发热，故不适用于高速电梯。

3. 调压调频拖动方式

这种方式又称 VVVF 方式。利用微机控制技术和脉冲调制技术，通过改变曳引电动机电源的频率及电压使电梯的速度按需变化。由于采用了先进的调速技术和控制装置，因而 VVVF 电梯具有高效、节能、舒适感好、控制系统体积小、动态品质及抗干扰性能优越等一系列优点。这种电梯拖动系统是现代化高层建筑中电梯拖动的理想形式。

电梯操纵自动化是指电梯对来自轿厢、厅站、井道、机房等的外部控制信号进行自动分析、判断及处理的能力，是其使用性能的重要标志。常见的操纵形式有按钮控制、信号控制和集选控制等。一般高层建筑中的乘客电梯多为操纵自动化程度较高的集选控制电梯。"集选"的含义是将各楼层厅外的上、下召唤及轿厢指令、井道信息等外部信号综合在一起进行集中处理，从而使电梯自动地选择运行方向和目的层站，并自动地完成起动、运行、减速、平层、开/关门及显示、保护等一系列功能。

例如，集选控制的 VVVF 电梯由于自动化程度要求高，一般都采用计算机为核心的控制系统。该系统电气控制柜的弱电部分通常为起运动和操纵控制作用的微型计算机系统或可编程序控制器（PLC），强电部分则主要包括整

197

流、逆变半导体及接触器等执行电器。柜内的计算机系统带有通信接口，可以与分布在电梯各处的智能化装置（如各层呼梯装置和轿厢操纵盘等）进行数据通信，组成分布式电梯控制系统，也可以与上位监控管理计算机联网，构成电梯监控网络。

二、电梯系统的监控

（一）监测内容

（1）运行方式监测。包括自动、司机、检修、消防等方式检测。

（2）运行状态监测。包括起动/停止状态、运行方向、所处楼层位置、安全、门锁、急停、开门、关门、关门到位、超载等，通过自动检测并将各状态信息通过 DDC 进入监控系统主机，动态显示各台电梯的实时状态。

（3）故障检测。包括电动机、电磁制动器等各装置出现故障后能自动报警，并显示故障电梯的地点、发生故障时间、故障状态等。

（4）紧急状况检测。包括火灾、地震状况检测等，一经发现，立即报警。

（二）多台电梯群控管理

电梯是现代大楼内主要的垂直交通工具。

大楼有大量的人流、物流的垂直输送，故要求电梯智能化。在大型智能建筑中，常安装多部电梯，若电梯都各自独立运行，则不能提高运行效率。为减少浪费，须根据电梯台数和高峰客流量大小，对电梯的运行进行综合调配和管理，即电梯群控技术。

群控方式电梯是将多台电梯编为一组来控制，可以随着乘客量的多少自动变换运行方式。乘客量少时，自动少开电梯；乘客量多时，则多开电梯。这种电梯的运行方式完全不用司机来操作。所有的探测器通过 DDC 总线连到控制网络，计算机根据各楼层的用户召唤情况、电梯载荷及由井道探测器所提供的各机位置信息进行分析后，响应用户的呼唤；在出现故障时，根据红外探测器探测到是否有人，并进行相应的处理。

群控方式通过对多台电梯的优化控制，使电梯系统具有较高的运行效率，并及时向乘客通报等待时间，可满足乘客生理和心理要求，实现高效率的垂直输送。一般智能电梯均是多微机群控，并与维修、消防、公安、电信等部门联网，做到节能、确保安全、环境优美，实现无人化管理。

发生火灾或地震时，普通电梯应直驶首层放客，切断电梯电源；消防电梯由应急电源供电，在首层待命。接到防盗信号时，电梯应能根据保安要求自动行驶至规定楼层，并对轿厢门实行监控。

（三）电梯监控系统的构成

专用电梯监控系统是以计算机为核心的智能化监控系统，如图 4–55 所示。电梯监控系统由电梯监控计算机系统、显示器、打印机、远程操作台、通信网络、DDC 等组成。主控计算机通过标准 RS–232 通信接口方式采集各种数据（也采用硬件连接方式采集），显示器采用大屏幕高分辨率彩色显示器，用于显示监视的各种状态、数据等画面，并作为实现操作控制的人机界面。电梯的运行状态可由管理人员在监控系统上进行强行干预，以便根据需要随时起动或停止任何一台电梯。当发生火灾等紧急情况时，消防监控系统及时向电梯监控系统发出报警和控制信息，电梯监控系统主机再向相应的电梯 DDC 装置发出相应的控制信号，使其进入预定的工作状态。

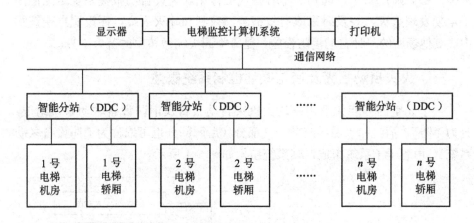

图 4–55　电梯监控系统

监控人员可在屏幕上通过画面观察到整个电梯的运行状态和全部动、静态信息。

第五章 火灾自动报警及消防联动控制系统

第一节 火灾自动报警及消防联动控制系统的工作原理

火灾自动报警及消防联动系统，对火灾的先期预报、火灾的及时扑灭、保障人身和财产安全，起到了不可替代的作用。火灾自动报警系统是人们为了早期发现火灾，并及时采取有效措施，控制和扑灭火灾，而设置在建筑物中或其他场所的一种自动消防设施，是人类同火灾做斗争的有力工具。

一、火灾自动报警及消防联动控制系统概述

一个完整的智能化消防系统由火灾自动报警及消防设备联动系统组成，分为"防""消"和"诱导疏散"三部分（后两部分也可以称为消防设备联动系统），由若干子系统组成，其系统结构如图5-1所示。

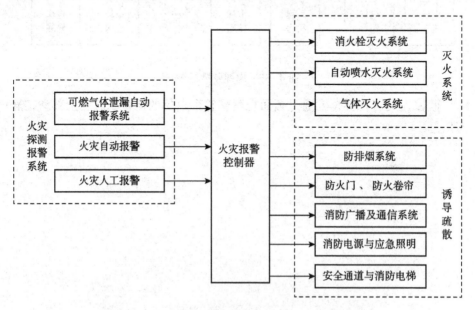

图 5-1 火灾自动报警及消防联动控制系统的结构图

二、火灾自动报警系统

（一）火灾自动报警系统的工作原理

火灾自动报警系统一般由火灾探测器、区域报警器和集中报警器组成。火灾探测器通过对火灾发出的物理、化学现象——气（燃烧气体）、烟（烟雾粒子）、热（温度）、光（火焰）的探测，将探测到的火情信号转化成火警信号传递给火灾报警控制器。区域报警器将接收到火警信号后经分析处理发出声光报警信号，警示消防控制中心的值班人员，并在屏幕上显示出火灾的房间号。集中报警是将接收到的信号以声光形式表现出来，其屏幕上也显示出着火的楼层和房间号，利用本机专用电话还可迅速发出指示并向消防队报警。此外，也可以控制有关的灭火系统或将火灾信号传输给消防控制室。火灾自动报警系统的工作原理如图 5–2 所示。

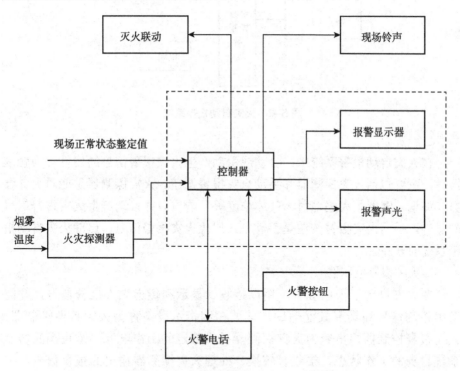

图 5-2　火灾自动报警系统的工作原理图

安装在保护区的探测器不断地向所监视的现场发出巡检信号，监视现场的烟雾浓度、温度等，并不断反馈给报警控制器，控制器将接到的信号与内存的正常整定值比较、判断确定火灾。当发生火灾时，发出声光报警，显示火灾区域或楼层房号的地址编码，并打印报警时间、地址等。同时向火灾现场发出警铃报警，在火灾发生楼层的上下相邻层或火灾区域的相邻区域也发出报警信号，以显示火灾区域。各应急疏散指示灯亮，指明疏散方向、火警电话。

（二）火灾自动报警系统组成

火灾探测报警系统由火灾报警控制器、触发器件和火灾警报装置等组成，它能及时、准确地探测被保护对象的初起火灾，并做出报警响应，从而使建筑物中的人员有足够的时间在火灾尚未发展蔓延到危害生命安全的程度时疏散至安全地带，是保障人员生命安全的最基本的建筑消防系统。火灾自动报警系统如图 5–3 所示。

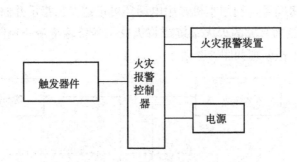

图 5–3　火灾自动报警系统

1. 触发器件

在火灾自动报警系统中，自动或手动产生火灾报警信号的器件称为触发器件，主要包括火灾探测器和手动火灾报警按钮。火灾探测器是能对火灾参数（如烟、温度、火焰辐射、气体浓度等）响应，并自动产生火灾报警信号的器件。手动火灾报警按钮是手动方式产生火灾报警信号、启动火灾自动报警系统的器件。

2. 火灾报警控制器

在火灾自动报警系统中，用以接收、显示和传递火灾报警信号，并能发出控制信号和具有其他辅助功能的控制指示设备称为火灾报警控制器。火灾报警控制器担负着为火灾探测器提供稳定的工作电源，监视探测器及系统自身的工作状态，接收、转换、处理火灾探测器输出的报警信号，进行声光报警，指示报警的具体部位及时间，同时执行相应辅助控制等诸多任务。

3. 火灾报警装置

在火灾自动报警系统中，用以发出区别于环境声、光的火灾警报信号的装置称为火灾报警装置。火灾自动报警系统以声、光和音响等方式向报警区域发出火灾警报信号，以警示人们迅速采取安全疏散及灭火救灾措施。

4.电源

火灾自动报警系统属于消防用电设备，其主电源应当采用消防电源，备用电源可采用蓄电池。系统电源除为火灾报警控制器供电外，还为与系统相关的消防控制设备等供电。

（三）火灾自动报警系统的基本形式

火灾自动报警系统的组成形式有很多种。火灾自动报警系统分为区域报警系统、集中报警系统和控制中心报警系统。此外，火灾自动报警系统中常用的有智能型、综合型等形式，这些系统不管是区域报警系统还是集中报警系统，都是对整个火灾自动报警系统进行全面的监视。

1.区域报警系统

区域报警系统由区域火灾报警控制器和火灾探测器等组成，或由火灾的控制器和火灾探测器等组成，功能简单的火灾自动报警系统称为区域报警系统，适用于较小范围的保护。区域报警系统的基本形式如图5-4所示。

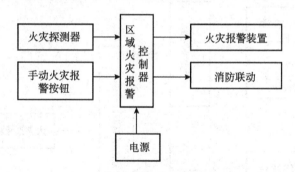

图5-4　区域报警系统的基本形式

区域火灾报警控制器的主要特点是控制器直接连接火灾探测器，处理各种报警信号，是组成自动报警系统最常用的设备之一。区域报警控制器是负责对一个报警区域进行火灾监测的自动工作装置。一个报警区域包括很多个探测区域（或称探测部位）。一个探测区域可有一个或几个探测器进行火灾监测，同一个探测区域的若干个探测器是互相并联的，共同占用一个部位编号，同一个探测区域允许并联的探测器数量视产品型号不同而有所不同，少则五六个，多则二三十个。区域报警控制器平时巡回检测该报警区内各个部位探测器的工作状态，发现火灾信号或故障信号，及时发出声光警报信号。如果是火灾信号，在声光报警的同时，有些区域报警控制器还有联动继电器触点动作，启动某些消防设备的功能。这些消防设备有排烟机、防火门、防火卷帘等。如果是故障信号，则只是声光报警，不联动消防设备。

区域报警控制器接收到来自探测器的报警信号后，在本机发出声光报警的同时，还将报警信号传送给位于消防控制室内的集中报警控制器。自检按钮用于检查各路报警线路故障（短路或开路）发出模拟火灾信号检查探测器功能及线路情况是否完好。当有故障时便发出故障报警信号（只进行声、光报警，而记忆单元和联动单元不动作）。

2.集中报警系统

集中报警控制系统是由电子线路组成的集中自动监控报警装置，各个区域报警巡回检测带的信号均集中到这一总的监控报警装置。集中报警控制系统具有部位指示、区域显示、巡检、自检、火灾报警音响、计时、故障报警、记录打印等一系列功能，在发出报警信号的同时可自动采取系统的消防功能控制动作，达到消防的目的和手段，适用于较大范围内多个区域的保护。集中报警系统的基本形式如图5-5所示。

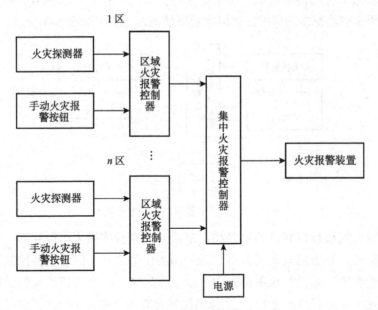

图 5-5　集中报警系统的基本形式

3.控制中心报警系统

由消防控制室的消防控制设备、集中火灾报警控制器、区域火灾报警控制器和火灾自动报警探测器等组成，或由消防控制室的消防控制设备、火灾报警控制器、区域显示器和火灾自动报警探测器等组成。功能复杂的火灾自动报警系统，容量较大，消防设施控制功能较全，适用于大型建筑的保护。控制中心报警系统的基本形式如图5-6所示。

（1）系统中应至少设置一台集中报警控制器和必要的消防控制设备。

（2）设在消防控制室以外的集中报警控制器，均应将火灾警报信号和消防联动控制信号传送至消防控制室。

（3）区域报警控制器和集中报警控制器的设置应符合上述控制中心报警系统的有关要求。

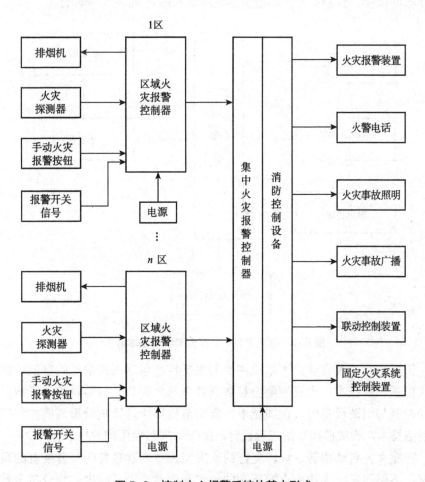

图5-6 控制中心报警系统的基本形式

4.智能火灾自动报警系统

火灾自动报警系统智能化是使探测系统能模仿人的思维，主动采集环境温度、湿度、灰尘、光波等数据模拟量，并充分采用模糊逻辑和人工神经网络技术等进行计算处理，对各项环境数据进行对比判断，从而准确地预报和探测火灾，避免误报和漏报现象。发生火灾时，能依据探测到的各种信息对火场的范围、火势的大小、烟雾的浓度以及火的蔓延方向等给出详细的描述，甚至可配合电子地图进行形象显示、对出动力量和扑救方法等给出合理化建议,以实现各方面快速准确反应联动,最大限度地降低人员伤亡和财产损失,而且火灾中探测到的各种数据可作为准确判定起火原因、调查火灾事故责任的科学依据。此外,规模庞大的建筑使用全智能型火灾自动报警系统,即探测器和控制器均为智能型,分别承担不同的职能,可提高系统巡检速度、稳定性和可靠性。智能火灾自动报警系统的基本形式如图5-7所示。

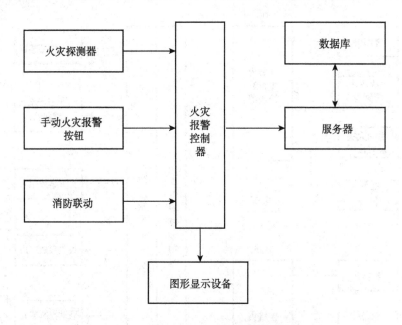

图 5-7　智能火灾自动报警系统的基本形式

　　智能建筑火灾自动报警系统涉及的主要技术包括火灾信息的有效检测与火灾模式识别技术,火灾探测信息数据处理与火灾自动报警技术,消防设备联动控制与消防设备电气配线技术,自动消防系统计算机管理与监控数据网络通信技术,火灾监控系统工程设计、施工管理和使用维护技术。

　　智能火灾自动报警系统以先进的火灾监控技术和独特的报警装置的高分辨率,不但能报出大楼内火警所在的位置和区域,而且能进一步分辨出是所连接的哪一个装置在报警以及装置的类型、本大楼消防系统的具体处理方式等;系统可以使大楼的灯光、照明、配电、音响与广播、电梯等装置,通过中央监控装置或系统实现联动控制,实现通信、办公和保安系统的自动化。

　　一般来说,智能火灾自动报警系统应具备以下几个方面的性能要求:

　　(1)具有模拟量或智能化火灾探测方法和总线制系统结构。

　　(2)现场火灾探测器或传感器能采集动态数据并有效传输。

（3）报警控制器具有火灾识别模型，火灾报警可靠及时，误报率低。

（4）系统具有报警阈值自动修正、灵敏度高等判优功能。

（5）系统工作稳定，消防设备联动控制功能丰富，逻辑编程便利。

（6）系统具有数据共享、电源与设备监控、网络服务和消防设备管理功能。

（7）系统具有良好的人机界面和应用软件，具有综合管理和服务能力。

三、消防灭火系统

消防灭火系统包括各种介质，如液体、气体、干粉的喷洒装置，是直接用于扑灭火灾的。

（一）自动喷水灭火系统

自动喷水灭火系统指由洒水喷头、报警阀组、水流报警装置（水流指示器或压力开关）等组件，以及管道、供水设施组成的自动灭火系统。按规定技术要求组合后的系统，应能在初期火灾阶段自动启动喷水、灭火或控制火势的发展蔓延。自动喷水灭火系统是目前国际上应用范围最广、用量最大、灭火成功率最高、造价最为低廉的固定灭火设施，并被公认是最为有效的建筑火灾自救设施。自动喷水灭火系统的结构如图 5-8 所示。

1. 自动喷水灭火系统的主要设备

（1）喷头。喷头是自动喷水灭火的关键部件，起着探测火灾、喷水灭火的重要作用。由喷头架、溅水盘和喷水口堵水支撑等组成。自动喷水灭火系统按喷头的开闭形式分为闭式自动喷水灭火系统和开式自动喷水灭火系统。前者有湿式、干式和预作用自动喷水灭火系统之分，后者有雨淋式喷水灭火系统、水幕消防系统和水喷雾灭火系统之分。

（2）报警阀。报警阀具有控制供水、启动系统及发出报警的作用。不同类型的自动喷水灭火系统必须配备不同功能和结构的专用报警阀。

（3）水力警铃。水力警铃主要用于湿式喷水灭火系统，宜装在报警阀附近。当报警阀打开消防水源后，具有一定压力的水流冲击叶轮打铃报警。

（4）压力开关。压力开关垂直安装于延迟器和水力警铃之间的管道上，在水力警铃报警的同时，依靠警铃内水压升高自动接通电触点，完成电动警铃报警，向消防控制室传递电信号或者启动消防泵。

（5）延迟器。延迟器用来防止由于水压波动等原因造成的报警阀开启而导致误报。

（6）水流指示器。水流指示器当某个喷头开启喷水或者管网发生水泄漏时，管道内的水流产生流动，引起指示器动作，进而接通延时电路，发出区域水流电信号，送至消防室。

（7）火灾报警控制器。火灾报警控制器用来接收火灾信号并启动火灾报警装置，能通过火警发送装置启动火灾报警信号，或通过自动消防灭火控制装置启动自动灭火设备和消防联动控制设备，也能自动地监视系统的正确运行和对特定故障给出声、光报警。

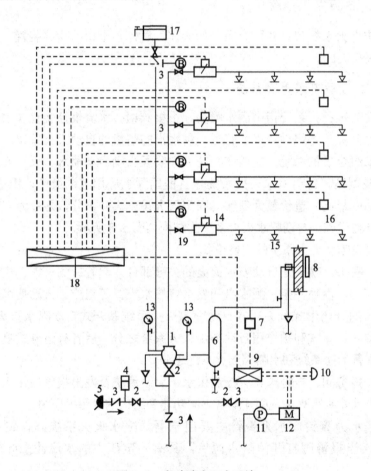

图 5-8　自动喷水灭火系统

1—湿式报警阀　2—闸阀　3—止回阀　4—安全阀　5—消防水泵接合器
6—延迟器　7—压力开关（压力继电器）　8—水力警铃　9—自控箱
10—按钮　11—水泵　12—电机　13—压力表　14—水流指示器
15—喷头　16—感烟探测器　17—高水箱　18—火灾报警控制器　19—报警按钮

2.湿式喷水灭火系统动作程序

当发生火灾时，温度上升，喷头上装有热敏液体的玻璃球达到动作温度时，由于液体的膨胀而使玻璃球炸裂，喷头开始喷水灭火。喷头喷水导致管网的压力下降，报警阀后压力下降使阀板开启，接通管网和水源以供水灭火。报警阀动作后，水力警铃经过延时器的延时（大约 30s）后发出声报警信号。管网中的水流指示器感应到水流动时，经过 20 ~ 30s 的延时，发出电信号到控制室。当管网压力下降到一定值时，管网中压力开关也发出电信号到控制室，启动水泵供水。湿式喷水灭火系统动作程序如图 5–9 所示。

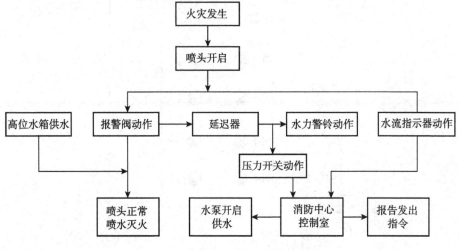

图 5–9　湿式喷水灭火系统动作程序

（二）消火栓灭火系统

按国家有关设计规范的要求，大多数建筑物必须设置消火栓灭火系统，作为最基本的灭火设备。消火栓灭火系统分为室内消火栓系统和室外消火栓系统。室内消火栓系统由消防水带、消防水枪、消火栓按钮、消防软管卷盘等设备组成。室外消火栓系统与城镇自来水管网相连，既可用于消防车取水，又可连接水带、水枪，直接出水灭火。室内消火栓灭火系统如图 5–10 所示。

1. 消火栓灭火系统的主要设备

（1）消火栓。消火栓是具有内扣式接口的球形阀式水龙头。一端与消防立管相连，另一端与水龙带相连，有单出口和双出口之分。建筑中一般采用单出口消火栓。

（2）水龙带。常用的有帆布、麻布、衬胶三种，衬胶水龙带压力损失小，但是折叠性能较差。水龙带一端与消火栓相连，另一端与水枪相连。

（3）水枪。水枪常用铜、塑料、铝合金等不易锈蚀的材料制造，按照有无开关分为直流式和开关式两种。室内一般采用直流式水枪。

（4）消防卷盘。消防卷盘是设在建筑高度超过 100m 的超高层建筑的重要辅助灭火设备。消防卷盘是供非专业消防人员使用的简易消防设备，可及时控制初期火灾。

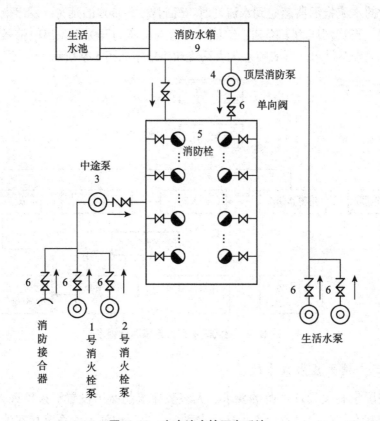

图 5–10　室内消火栓灭火系统

（5）消防栓箱。消防栓箱用来放置消防栓、水龙带、水枪，一般嵌入墙体安装，也可以明装或半暗装。一般设在建筑物内经常有人通过、明显、便于使用之处。表面一般设有玻璃门，并贴有"消防栓"标志，平时封锁，使用时击碎玻璃，按消防水泵启动电钮启动水泵，取水枪开栓灭火。

2.室内消火栓灭火系统动作程序

发生火灾时，消防控制电路接收系统发出消防水泵启动的主令控制信号，消防水泵启动，向室内消防管网提供压力水；压力传感器监视管网水压，并将水压信号送至消防控制电路，形成反馈控制（图 5–11）。

3.消火栓泵的电气控制

消火栓泵的电气控制有以下几种方式：

（1）消火栓按钮控制消防水泵启停。火灾时，工作人员用小锤击碎消火栓按钮上的玻璃罩，按钮盒中按钮自动弹出，接通消防水泵启动线路（各消火栓按钮在电路上串联）。这时报警控制器发出火灾报警信号，同时控制事先编制好的程序发出相应的指令，自动启动消防泵。启动消防泵后通过启动泵回授线确认消防泵已启动，并点亮消火栓按钮的回授灯，以便通知现场人员用水灭火。消火栓按钮发出启动信号后，在消防控制室应有声光报警。

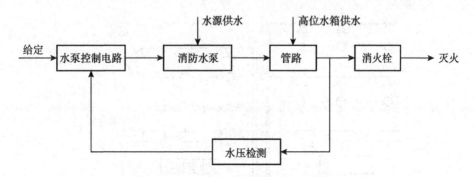

图 5-11　室内消火栓灭火系统动作程序

（2）消防控制室发出主令控制信号控制消防水泵启停。设置在火灾现场的探测器将探测的火灾信号送至消防控制室的火灾报警控制器，然后由火灾报警控制器发出联动控制信号，启停消防水泵。

（3）在消防控制室通过手动控制线人工启动消防水泵。

（4）消防水泵的就地控制。即在消防水泵房水泵控制箱上就地控制，是远距离控制的辅助手段。

（三）气体灭火系统

1.气体灭火系统的组成

气体灭火控制装置一般由气体灭火控制器（或控制单元）、感温探测器、感烟探测器、紧急启停按钮、声光报警器、放气指示灯等组成。有些保护场所（保护区可能存在可燃气体或爆炸性气体的场所）要求选用防爆型感烟、感温探测器。气体灭火系统设有自动、手动和机械应急操作三种启动方式，当局部系统用于经常有人的现场时可不设自动控制。手动操作装置（一般为紧急启动、停止按钮），设在防护区外便于操作的地方，能在一处完成系统启动的全部操作，局部应用灭火系统的手动操作装置应设在保护对象附近。气体灭火系统如图 5-12 所示。

2.气体灭火系统动作程序

当某分区发生火灾，感烟感温探测器均报警，则控制器上的报警灯亮，由电铃发出警报音响，并向火灾现场发出声光报警。灭火指令延迟 20 ～ 30 s

发出，以保证值班人员有时间确认火灾是否发生。值班人员确认火灾后，执行电路自动启动气瓶的电磁瓶头阀，释放充压氮气，将卤代烷钢瓶阀门打开，释放卤代烷气体灭火。压力开关将反馈信号至控制柜，显示卤代烷放气信号，气体喷洒指示灯亮，并发出声光报警（图5-13）。

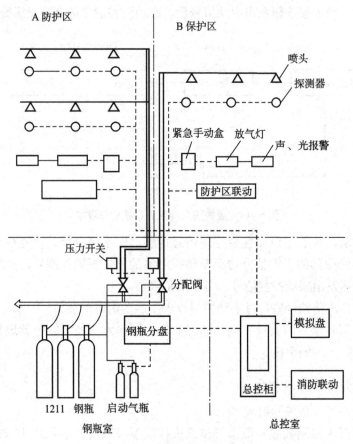

图5-12　气体灭火系统

四、消防诱导疏散系统

火灾发生过程中，有效的诱导疏散系统能极大地保护人们的生命安全。因此，火灾诱导疏散设施的设置是必需的。

（一）消防通信系统

消防通信系统是指利用有线、无线、计算机以及简易通信方法，以传送符号、信号、文字、图像、声音等形式表述消防信息的一种专用通信方式。火灾发生后，为了便于组织人员和组织救援活动，必须建立独立的通信系统用于消防监控中心与火灾报警器设置点及消防设备机房等处的紧急通话。

火灾事故紧急电话通常采用集中式对讲电话，主机设在消防监控中心，在大楼的各楼层的关键部位及机房等重地均设有与消防监控中心紧急通话的插孔，巡视人员所带的话机可随时插入插孔进行紧急通话。

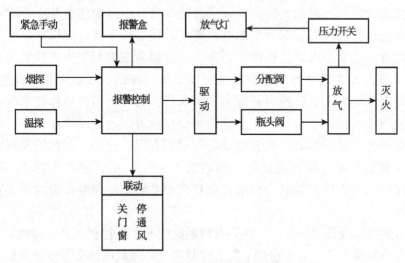

图5-13　气体灭火系统动作程序

（二）消防广播系统

消防广播系统是一种专用的消防报警系统，其作用为：在发生火灾时，通过广播向火灾楼层或整体大厦发出指示，进行通报报警，以引导人们迅速撤离火灾楼层或火灾区域的方向和方法。消防广播系统与大厦的音响及紧急广播系统合用扬声器，但要求在火灾事故发生时立即投入使用，且设在扬声器处的开关或音量控制按钮不再起作用。火灾事故广播既可以选层播，也可以对整栋大厦广播；既可以用麦克风临时指挥，又可以播放预制的录音带。

消防控制设备应按疏散顺序接通火灾报警装置和火灾事故广播。当确认火灾后，警报装置的控制程序如下：二层及二层以上楼层发生火灾，宜先接通着火层及其相邻的上下层；首层发生火灾，宜先接通本层、二层及地下层；地下层发生火灾，宜先接通地下各层及首层。

（三）防排烟控制系统

1.防火门、防火卷帘

防火门及防火卷帘都是防火分隔物，有隔火、阻火、防止火势蔓延的作用。在消防工程应用中，防火门及防火卷帘的动作通常都是与火灾监控系统联锁的，其电气控制逻辑较为特殊，是建筑中应该认真对待的被控对象。防火门的控制可用手动控制或电动控制（即现场感烟、感温火灾探测器控制，或由消防控制中心控制）。当采用电动控制时，需要在防火门上配有相应的闭门器及释放开关。

防火卷帘一般设在大楼防火分区通道口处，一旦消防监控中心确认火灾，通过消防控制器控制卷帘的电机转动，使卷帘下落。在防火卷帘的内外两侧都设有紧急升降按钮的控制盒，该控制盒主要用于火灾发生后让部分还未撤离火灾现场的人员通过人工按紧急升按钮，使防火卷帘升起来，让未撤离现场的人员迅速离开现场；当人员全部安全撤离后再按紧急降按钮，使防火卷帘的卷帘落下。上述这些动作也可以通过消防监控中心对防火卷帘的升降进行控制，在卷帘设备的中间有限位开关，其作用是当卷帘下落到离地面某一限定高度时，如离地面 1.5m，电机便停止转动，经过一段时间的延迟后，控制卷帘电机重新启动并转动，使卷帘继续下落直至到底。

消防控制设备对防火门、防火卷帘系统应有下列控制、显示功能：关闭有关部位的防火门、防火卷帘；发出控制信号，强制电梯全部停于首层；接通火灾事故照明灯和疏散指示灯；切断有关部位的非消防电源；接收上述反馈信号。

2. 排烟口、排烟风机

火灾发生时产生的烟雾以一氧化碳为主，这种气体具有强烈的窒息作用，对人员的生命构成极大的威胁。因此，火灾发生后应该立即启动防排烟设备，把烟雾以最快的速度排出，尽量防止烟雾扩散。

防烟设备的作用是防止烟气侵入疏散通道，而排烟设备的作用是消除烟气大量积累并防止烟气扩散到疏散通道。因此，防烟、排烟设备及其系统是综合性自动消防系统的必要组成部分。在排烟系统中，风机的控制应按防排烟系统的组成进行设计，其控制系统通常可由消防控制室、排烟口及就地控制等装置组成。

就地控制是将转换开关打到手动位置，通过按钮启动或停止排烟风机，用以检修。排烟风机可由消防联动模块控制或就地控制。联动模块控制时，通过联锁触点启动排烟风机。当排烟风道内温度超过 280℃ 时，防火阀自动关闭，通过联锁接点，使排烟风机自动停止。排烟送风系统的控制原理如图 5-14 所示。

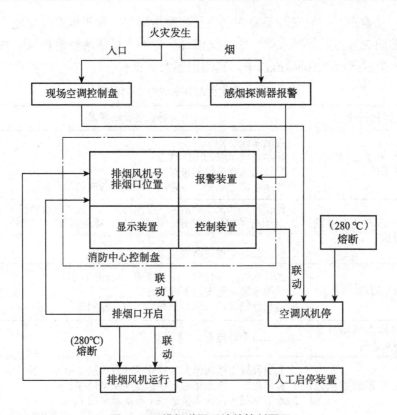

图 5-14　排烟送风系统的控制原理

当发生火灾时，消防联动系统各部分的工作情况如表 5-1 所示。

（四）消防应急照明系统

当火灾发生时，电线可能被烧断。有时火灾就是由电线短路等原因引起的，为了防止火灾的蔓延扩大，必须人为地切断部分电源。在这种情况下，为了保证人员能安全顺利疏散，在消防联动控制系统中，除了在前面已经介绍的几种联动功能，还需要设置应急照明和疏散指示标志灯。

1.应急照明的使用类型

（1）消防应急工作照明。消防应急工作照明一般设置在配电房、消防水泵房、消防电梯机房、消防控制室、排烟机房、自备发电机房、电话总机房等火灾发生时仍需正常工作的场所。其应急工作时间要求不低于 90min，并满足正常工作照明度要求。

（2）疏散照明。疏散照明一般设置于公共走道及楼梯间。火灾发生时，疏散照明不应受现场开关控制。疏散照明的应急工作时间不应低于 30min。

（3）疏散指示和安全出口指示。疏散指示能够为人员疏散提供明确的引导方向及途径，一般安装于公共走道及疏散楼梯中，位于地面或墙壁。在地面安装的疏散指示，要求间距小，使匍匐前进的人员能清楚地辨认。在墙上安装的疏散指示离地面1m以下，其间距不大于20m。

表5-1　火灾发生时各系统的工作情况

消防设备	火灾确认后联动要求
室内消火栓系统、水喷淋系统	1. 控制系统启停； 2. 显示消防水泵的工作状态； 3. 显示消火栓按钮的位置； 4. 显示水流指示器、报警阀、安全信号阀的工作状态
防排烟设施、空调通风设施	1. 停止有关部位空调送风，关闭防火阀并接收其反馈信号； 2. 启动有关部位的防烟、排烟风机、排烟阀等，并接收其反馈信号； 3. 控制挡烟垂壁等防烟设施
防火卷帘门	1. 感烟报警，卷帘门下降至楼面1.8m处； 2. 感温报警，卷帘门下降到底； 3. 防火分隔时，探测器报警后卷帘下降到底
消防应急照明及紧急疏散标志灯	有关部位全部点亮
火灾警报装置应急广播	1. 二层及以上楼层起火，应先接通着火层及相邻上下层； 2. 首层起火，应先接通本层、二层及全部底下层； 3. 地下室起火，应先接通地下各层及首层； 4. 含多个防火分区的单层建筑，应先接通着火的防火分区
电梯	迫降至底层
非消防电源箱	有关部位全部切断

安全出口指示安装在安全出口上方，指导受困人员找到出口。安全出口指示的应急工作时间不应低于30min。

2.应急照明的控制方式

（1）采用带蓄电池的应急照明。其优点是安装、检查、维修方便，缺点是大型工程灯具数量多时，分散检修维护比较烦琐、工作量大，而且不能进行集中监控，不能满足现代建筑智能化的要求。

（2）采用双回路供电切换作备用电源，即发生火灾时切断非消防电源，另一回路供电给应急照明灯和疏散指示标识。

（3）采用双回路切换供电的同时，再在应急灯内装蓄电池，形成三路线制。

（4）采用集中蓄电池电源，发生火灾断电后，由蓄电池供给应急照明灯和疏散指示标识。集中电源方式一般是采用集中控制。

第二节　火灾自动报警系统施工

一、火灾自动报警及联动控制系统设计要点

（一）确定报警与探测区域

报警区域应根据防火分区或楼层划分。一个报警区域宜由一个或同层相邻几个防火分区组成，但不得跨越楼层。

探测区域应按独立房（套）间划分。一个探测区域的面积不宜超过 500m²，红外光束线型感烟探测器的探测区域长度不宜超过 100m；缆式感温火灾探测器的探测区域长度不宜超过 200m。另外，楼梯间、电梯前室、走道、管道井、建筑物夹层等场所应分别单独划分探测区域。

（二）火灾探测器的选择

火灾探测器根据感应原理分为感烟、感温及光电探测器等，还可根据探测范围分为点式和线性探测器，点式探测器适用于饭店、旅馆、教学楼、办公楼的厅堂、卧室、办公室等，保护面积过大且房间高度很高的场所（如体育场馆、会堂、音乐厅等）宜用线性探测器。

GB 50116—2013《火灾自动报警系统设计规范》中要求火灾探测器的选择应符合下列规定：

（1）对火灾初期有阴燃阶段，产生大量的烟和少量的热，很少或没有火焰辐射的场所，应选择感烟火灾探测器。

（2）对火灾发展迅速，可产生大量热、烟和火焰辐射的场所，可选择感温火灾探测器、感烟火灾探测器、火焰探测器或其组合。

（3）对火灾发展迅速，有强烈的火焰辐射和少量烟、热的场所，应选择火焰探测器。

（4）对火灾初期有阴燃阶段，且需要早期探测的场所，宜增设一氧化碳火灾探测器。

（5）对使用、生产可燃气体或可燃蒸汽的场所，应选择可燃气体探测器。

（6）应根据保护场所可能发生火灾的部位和燃烧材料的分析，以及火灾探测器的类型、灵敏度和响应时间等选择相应的火灾探测器，对火灾形成特征不可预料的场所，可根据模拟试验的结果选择火灾探测器。

（7）同一探测区域内设置多个火灾探测器时，可选择具有复合判断火灾功能的火灾探测器和火灾报警控制器。

在按房间高度选用探测器时，应注意这仅仅是按房间高度对探测器选用的大致划分，具体选用时需结合火灾的危险度和探测器本身的灵敏度来进行。如判断不准，需做模拟试验后确定。

（三）火灾探测器的布置

1.探测器数量的确定

一个探测区域内所需设置的探测器数量不应小于下列公式的计算值：

$$N \geqslant \frac{S}{KA}$$

式中：N——探测器数量，只，N 应取整数；

S——该探测区域面积，m^2；

K——修正系数，容纳人数超过 10000 人的公共场所宜取 0.7 ~ 0.8；容纳人数为 2000 ~ 10000 人的公共场所宜取 0.8 ~ 0.9，容纳人数为 500 ~ 2000 人的公共场所宜取 0.9 ~ 1.0，其他场所可取 1.0；

A——探测器的保护面积，m^2。

2.探测器布置的基本原则

（1）探测区域的每个房间应至少设置一只火灾探测器。

（2）当梁突出顶棚的高度小于 200mm 时，可不计梁对探测器保护面积的影响；当梁突出顶棚的高度超过 600mm 时，被梁隔断的每个梁间区域至少应设置一只探测器。

（3）在宽度小于 3m 的内走道顶棚上设置点型探测器时，宜居中布置。感温火灾探测器的安装间距不应超过 10m；感烟火灾探测器的安装间距不应超过 15m；探测器至端墙的距离，不应大于探测器安装间距的 1/2。

（4）点型探测器至墙壁、梁边的水平距离不应小于 0.5m。

（5）点型探测器周围 0.5m 内不应有遮挡物。房间被书架、设备或隔断等分隔，其顶部至顶棚或梁的距离小于房间净高的 5% 时，每个被隔开的部分应至少安装一只点型探测器。

（6）点型探测器至空调送风口边的水平距离不应小于 1.5m，并宜接近回风口安装。探测器至多孔送风顶棚孔口的水平距离不应小于 0.5m。

（7）锯齿形屋顶和坡度大于 15° 的人字形屋顶，应在每个屋脊处设置一排点型探测器，探测器下表面至屋顶最高处的距离，应符合表 5-2 的规定。

表 5-2 点型感烟火灾探测器下表面至顶棚或屋顶的距离

探测器的安装高度（m）	点型感烟火灾探测器下表面至顶棚或屋顶的距离（mm）					
	顶棚或屋顶坡度（°）					
	$\theta \leq 15°$		$15° < \theta \leq 30°$		$\theta > 30°$	
	最小	最大	最小	最大	最小	最大
$h \leq 6$	30	200	200	300	300	500
$6 < h \leq 8$	70	250	250	400	400	600
$8 < h \leq 10$	100	300	300	500	500	700
$10 < h \leq 12$	150	350	350	600	600	800

（8）点型探测器宜水平安装。当倾斜安装时，倾斜角不应大于45°。大于45°时，应加木台安装。

（9）在电梯井、升降机井设置点型探测器时，其位置宜在井道上方的机房顶棚上。

二、火灾自动报警及联动控制系统施工

（一）施工工艺流程

火灾自动报警系统施工工艺流程：施工准备→施工技术交底→电管敷设→线槽桥架安装→线缆敷设→探测器、报警按钮、模块等安装→机房报警设备控制设备等安装→系统调试→联动调试→组织验收→档案整理。

（二）设备安装技术要求

火灾自动报警系统设备安装包括集控室盘台柜及设备、各种探测器、手动报警按钮、声光报警器、监视及控制模块、区域控制箱等设备的安装。火灾自动报警系统的安装要求如下：

1. 控制器的安装

在墙上安装时，其底边距地（楼）面高度宜为 1.3～1.5m，其靠近门轴的侧面距墙不应小于 0.5m，正面操作距离不应小于 1.2m；落地安装时，其底边应高出地（楼）面 0.1～0.2m。引入控制器的电缆或导线应符合下列要求：

（1）配线应整齐，不宜交叉，并应固定牢靠。

（2）电缆芯线和所配导线的端部均应标明编号，并与图纸一致，字迹应清晰且不易褪色。

（3）端子板的每个接线端，接线不得超过 2 根。

（4）电缆芯和导线长度应留有不小于 200 mm 的余量。

（5）导线应绑扎成束，导线穿管、线槽后，应将管口、槽口封堵。

2. 点型感烟、感温火灾探测器的安装

（1）探测器至墙壁、梁边的水平距离不应小于0.5m，探测器周围水平距离0.5m内不应有遮挡物。

（2）探测器至空调送风口最近边的水平距离不应小于1.5m，至多孔送风顶棚孔口的水平距离不应小于0.5m。

（3）在宽度小于3m的内走道顶棚上安装探测器时，宜居中安装。点型感温火灾探测器的安装间距不应超过10m，点型感烟火灾探测器的安装间距不应超过15m。探测器至端墙的距离不应大于安装间距的一半。

（4）探测器宜水平安装，当确需倾斜安装时，倾斜角不应大于45°。

3. 线型红外光束感烟火灾探测器的安装

（1）当探测区域的高度小于20m时，光束轴线至顶棚的垂直距离宜为0.3～1.0m；当探测区域的高度大于20m时，光束轴线距探测区域的地（楼）面高度不宜超过20m。

（2）发射器和接收器之间的探测区域长度不宜超过100m。

（3）相邻两组探测器的水平距离不应大于14m；探测器至侧墙的水平距离不应大于7m，且不应小于0.5m。

（4）发射器和接收器之间的光路上应无遮挡物或干扰源。

4. 可燃气体探测器的安装

（1）安装位置应根据探测气体密度确定。若其密度小于空气密度，探测器应位于可能出现泄漏点的上方或探测气体的最高可能聚集点上方；若其密度大于或等于空气密度，探测器应位于可能出现泄漏点的下方。

（2）在探测器周围应适当留出更换和标定的空间。

（3）在有防爆要求的场所应按防爆要求施工。

（4）线型可燃气体探测器在安装时，使发射器和接收器的窗口避免日光直射，且发射器与接收器之间不应有遮挡物，两组探测器之间的距离不应大于14m。

5. 手动火灾报警按钮安装

（1）手动火灾报警按钮应安装在明显和便于操作的部位。当安装在墙上时，其底边距地（楼）面高度宜为1.3～1.5m。

（2）手动火灾报警按钮的连接导线应留有不小于150mm的余量，且在其端部应有明显标志。

6. 模块安装

（1）同一报警区域内的模块宜集中安装在金属箱内。模块（或金属箱）

应独立支撑或固定，安装牢固，并应采取防潮、防腐蚀等措施。

（2）模块的连接导线应留有不小于150mm的余量，其端部应有明显标志。

（3）隐蔽安装时在安装处应有明显的部位显示和检修孔。

7. 火灾应急广播扬声器和火灾警报装置安装

（1）火灾应急广播扬声器和火灾警报装置安装应牢固可靠，表面不应有破损。

（2）火灾光警报装置应安装在安全出口附近明显处，距地面1.8m以上。光警报器与消防应急疏散指示标志不宜在同一面墙上，安装在同一面墙上时，间距应大于1m。

（3）扬声器和火灾声警报装置宜在报警区域内均匀安装。

8. 消防专用电话安装

（1）消防电话、电话插孔、带电话插孔的手动报警按钮宜安装在明显、便于操作的位置；当在墙面上安装时，其底边距地（楼）面高度宜为1.3～1.5m。

（2）消防电话和电话插孔应有明显的永久性标志。

（三）设备安装接线

通常来讲，火灾自动报警设备的种类、型号、厂家不同，其安装接线也有很大的不同，安装前一定要详细看厂家提供的产品说明及接线图。下面举例介绍火灾自动报警设备的安装接线。

1. 探测器安装

探测器的底部及定位底座如图5-15和图5-16所示。定位底座上有4个带数字标识的接线端子；"1"接编址接口模块输出端的正极；"2"作为输出连接下一只探测器的电源正极（即"1"号端子）；"3"与下一只探测器的电源负极（即"3"号端子）连到一起，并接在编址接口模块输出端的负极上；"4"不接线，用来辅助固定探测器。探测器与定位底座上有定位凸棱，使探测器具有唯一的安装位置。定位底座A、B处有两个凸棱，探测器底部侧面C处有一个凸棱。装配时，将探测器C对准定位底座A处，顺时针旋转至B处即可安装好探测器。

（1）一个回路多个智能传感器串联。一个回路多个智能传感器串联系统的构成如图5-17所示。

此种结构中，每个智能传感器都需设置一个地址，同时在同一报警回路，不允许具有相同的地址，否则系统可能无法正常运作。

（2）一个回路中多个常规探测器串联。探测器与火灾报警控制器串联连接时，若输出回路终端应接终端器。其系统构成如图5-18所示。

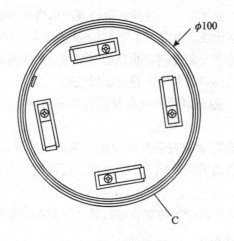

图 5-15　探测器底部

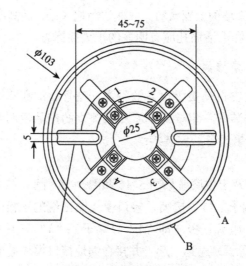

图 5-16　探测器定位底座

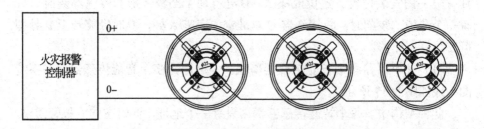

图 5-17　一个回路多个智能传感器串联系统的构成

　　编址接口模块输出回路最多可连接 15 只非编码现场设备。编址接口模块具有输出回路断路检测功能，当输出回路短路时，编址接口模块可将此故障信号传给火灾报警控制器；当摘除输出回路中任意一个现场设备后，编址接口模块将报故障，若接终端器则不影响其他现场设备正常工作。

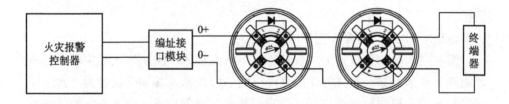

图5-18 一个回路中多个常规探测器系统的构成

2. 单输入/单输出模块

单输入/单输出模块主要用于各种一次动作并有动作信号输出的被动型设备，如排烟阀、送风阀、防火阀等接到控制总线上。LD-8301底座端子如图5-19所示。

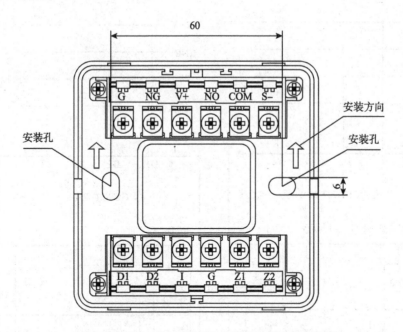

图5-19 LD-8301单输入/单输出模块的底座端子

LD-8301单输入/单输出模块端子说明如下：

Z1、Z2：接控制器两总线，无极性。

D1、D2：DC 24V电源，无极性。

G、NG、V+、NO：DC 24V有源输出辅助端子，将G和NG短接、V+和NO短接，用于向输出触点提供+24V信号，以便实现有源DC 24V输出；

无论模块启动与否，V+、G 间一直有 DC 24V 输出。

I、G：与被控制设备无源常开触点连接，用于实现设备动作回答确认。

COM、S–：有源输出端子；启动后输出 DC 24V，COM 为正极、S– 为负极。

COM、NO：无源常开输出端子。

模块输入端如果设置为"常开检线"状态输入，模块输入线末端（远离模块端）必须并联一个 4.7kΩ 的终端电阻；模块输入端如果设置为"常闭检线"状态输入模块输入线末端（远离模块端）必须串联一个 4.7kΩ 的终端电阻。模块为有源输出时，G 和 NG、V+、NO 应该短接，COM、S– 有源输出端应并联一个 4.7kΩ 的终端电阻，并串联一个 IN4007 二极管。

（1）模块通过有源输出直接驱动一台排烟口或防火阀等（电动脱扣式）设备的接线如图 5–20 和图 5–21 所示。

（2）模块无源输出触点控制设备的接线如图 5–22 和图 5–23 所示。

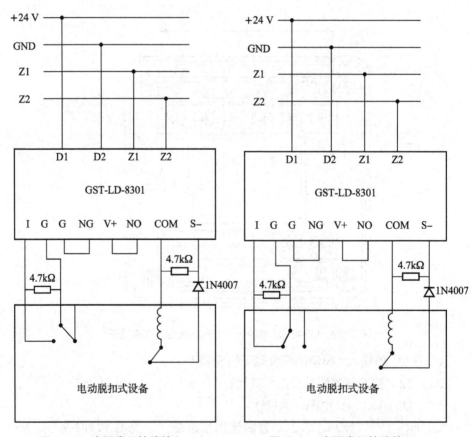

图 5–20　有源常开检线输入　　　图 5–21　有源常闭检线输入

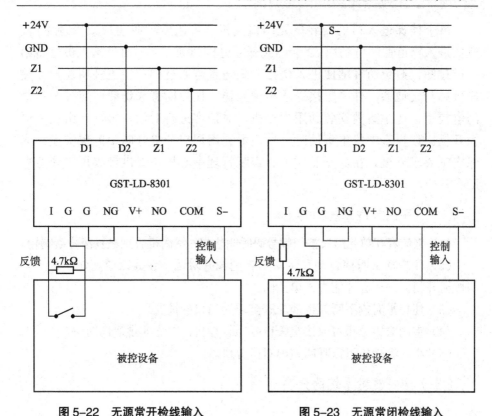

图 5-22　无源常开检线输入　　　　图 5-23　无源常闭检线输入

第三节　安全防范系统

一、可视对讲系统

（一）可视对讲系统的结构

可视对讲与门禁控制系统可以对住宅小区、住户单元入口进行有效控制，防止闲杂人员进入住宅小区，有效地降低了不安全因素的发生，给居民带来安全保障，成为近年来我国应用最广的智能住宅小区安全防范子系统。

安装可视对讲系统后，住宅小区住户可以在家中用对讲 / 可视对讲分机及设在单元楼门口的对讲 / 可视对讲门口主机与来访者建立音像通信联络系统，与来访者通话，并通过声音或分机屏幕上的影像来辨别来访者。当来访者被确认后，住户可利用分机上的门锁控制键，打开单元楼门口主机上的电控门锁，允许来访者进入。

每个楼梯道入口处安装单元门口主机，可用于呼叫住户或管理中心，业主进入梯道铁门可利用 IC 卡感应开启电控门锁，同时对外来人员进行第一道过滤，避免访客随便进入楼栋；来访者可通过梯道主机呼叫住户，住户可以与之通话，并决定接受或拒绝来访；住户同意来访后，遥控开启楼门电控锁。业主室内安装的用户分机，对访客进行对话、辨认，由业主遥控开锁。住户家中发生事件时，住户可利用用户分机呼叫小区保安室，向保安室寻求支援。在保安监控中心安装管理中心机，专供接收用户紧急求助和呼叫。

（二）可视对讲系统的功能

（1）来访者在单元门口按门牌号码呼叫住户，室内机收到触发信号后响铃。

（2）住户摘下听筒自动显示来访者图像并对话，在通话期间住户按下开门按钮开门，来访者才能进入单元门。

（3）住户平时摘下听筒也能观察到单元门口的情况。

（4）室内对讲分机可以按报警键呼叫管理机，与之实现双向对讲。

（5）小区管理机可以呼叫室内对讲分机。

（三）楼宇对讲系统的分类

1. 按基本性质分

楼宇对讲系统按基本性质可分为可视对讲系统和非可视对讲系统。

2. 按传输方式分

楼宇对讲系统按传输方式可分为总线制对讲系统、网络对讲系统、无线对讲系统等。

3. 按系统规模分

楼宇对讲系统按系统规模可分为单户型、单元型和联网型。

单户型楼宇对讲系统一般应用在别墅中，其结构是：每户一个室外机可连带一个或多个室内机。单元楼楼宇对讲系统的结构是：单元楼有一个门口控制主机，门口主机可以直接和本单元内的室内机进行通信。联网型楼宇对讲系统的结构是：每个单元门口主机都通过联网器和本小区的管理中心机连接。

4. 按使用场所分

楼宇对讲系统按使用场所分可分为 IP 数字网络对讲系统、IP 数字网络楼宇可视对讲系统、监狱对讲系统、医院对讲系统（医护对讲系统）、电梯对讲系统、学校对讲系统、银行对讲系统（银行窗口对讲机）等。

（四）楼宇对讲系统典型设备

1. 室外主机

室外主机按类型分有数字式、数码式和直按式三种。室外主机一般安装在单元楼门口的防盗门上或附近的墙上，可视室外主机包括面板、底盒、操作部分、音频部分、视频部分、控制部分。

2. 室内机

室内机分为彩色触摸屏室内机、多功能室内机和普通室内机。

彩色触摸屏室内机采用电容式触摸按键，不需要传统按键的机械触点。其功能有：可与门口机、住户、手机、PC端和管理中心实现呼叫、可视对讲以及开锁功能；对门前、梯口和小区门口进行监控；查询通过门口机的呼叫记录以及留影、留言记录；可接收由管理处提供的文字信息、图片或视频等图文信息服务；呼叫当前设备，一定时间内无人接听或因故障无法接通时自动转接另外的设备。

多功能室内机带有数字键盘和显示屏，显示屏有黑白色或彩色。不同厂家产品不一样，有电话方式的，有免提的。可接收单元主机的呼叫，接收单元主机传来的影音。在联网系统中，可按键呼叫管理中心，也可接收管理中心的呼叫。

普通室内机一般只带有数字键盘。可接收单元主机的呼叫，可听见来访者的声音，为来访者开锁。在联网系统中，可按键呼叫管理中心，也可接收管理中心的呼叫。

3. 小区门口机

小区门口机设置于小区出入口大门，用于访客的呼叫采取二次确认模式，即通过小区门口机呼叫住户或管理员，一次确认后进入小区。再由住户确认后开启单元电控门，可对小区的访客进行严格有效的出入控制，进一步保障小区的住户安全。

4. 管理中心机

管理中心机是安装在小区管理中心的通话对讲设备，并可控制各单元防盗门电控锁的开启。小区安保管理中心是系统的神经中枢，管理人员通过设置在小区安保管理中心的管理中心机管理各子系统的终端，各子系统的终端只有在小区安保管理中心的统一协调管理控制下，才能正常有效地工作。管理中心机主要功能是接收住户呼叫、与住户对讲、报警提示、开单元门、呼叫住户、监视单元门口、记录系统各种运行。

5. 层间分配器和联网器

层间分配器起线路保护、视频分配和信号隔离的作用，即使某住户的分机发生故障也不会影响其他用户和系统的正常使用。其信号为 1 路输入、2～3 路输出，即每个层间分配器供 2～8 户使用，提供电压为 DC18V，为室内机供电，视频信号输出为 1V-75Ω。

联网器用于实现可视对讲系统的联网，完成各系统主机之间的连接并将信息传送到管理中心机及管理软件系统。

二、入侵报警系统

（一）入侵报警系统相关概念

1.入侵报警系统功能

入侵报警系统是利用探测器对建筑物内外重要地点和区域进行布防。入侵报警系统可以及时探测非法入侵，并且在探测到有非法入侵时，及时向有关人员报警。门磁开关、玻璃破碎报警器等探测器可有效地探测外来的入侵，红外探测器可感知人员在楼内的活动等。一旦发生非法入侵，可以及时记录入侵的时间、地点，同时通过报警设备发出报警信号。入侵报警系统的基本功能如下：

（1）探测。入侵报警系统应对下列可能的入侵行为进行准确、实时的探测并产生报警状态：

①打开门、窗、空调百叶窗等。

②用暴力通过门、窗、天花板、墙及其他建筑结构。

③在建筑物内部移动。

④接触或接近保险柜或重要物品。

（2）指示。入侵报警系统应能对下列状态的事件来源和发生时间给出指示：

①正常状态。

②学习状态。

③入侵行为产生的报警状态。

④防拆报警状态。

⑤故障状态。

⑥主电源掉电、备用电源欠压。

⑦协调警戒（布防）/解除警戒（撤防）状态。

⑧传输信息失败。

（3）控制。入侵报警系统应能对下列功能进行编程设置：

①瞬时防区和延时防区。

②全部或部分探测回路设备警戒（布防）与解除警戒（撤防）。

③向远程中心传输信息或取消指令。

④向辅助装置发送激励信号。

（4）记录和查询。入侵报警系统应能进行下列事件的记录和查询：

①作业人员的姓名、开关机时间等。

②警情处理。

③维修。

（5）传输。报警信号的传输可采用有线／无线传输方式；报警传输系统应具有自检、巡检功能；入侵报警系统应有与远程中心进行有线／无线通信的接口，并能对通信线路故障进行监控。

2.入侵报警系统常用术语

入侵报警系统常用术语如下：

防拆报警：因触发防拆探测装置而导致的报警。

防拆装置：用来探测拆卸或打开报警系统的部件、组件或其部分的装置。

设防：使系统的部分或全部防区处于警戒状态的操作。

撤防：使系统的部分或全部防区处于解除警戒状态的操作。

防区：利用探测器（包括紧急报警装置）对防护对象实施防护，并在控制设备上能明确显示报警部位的区域。

周界：需要进行实体防护／电子防护的某区域的边界。

防护区：允许公众出入的、防护目标所在的区域或部位。

报警复核：利用声音／图像信息对现场报警的真实性进行核实的手段。

探测器：对入侵或企图入侵行为进行探测并做出响应并产生报警状态的装置。

报警控制设备：在入侵报警系统中，实施设防、撤防、测试、判断、传送报警信息，并对探测器的信号进行处理以断定是否应该产生报警状态以及完成某些显示、控制、记录和通信功能的装置。

（二）入侵报警系统的结构

1.入侵报警系统的结构

入侵报警系统通常由前端设备（包括探测器和紧急报警装置）、报警控制器、报警监控中心（处理／控制／管理设备和显示／记录设备）三大单元构成。

（1）前端设备。前端探测部分由各种探测器组成，是入侵报警系统的触觉部分，相当于人的眼睛、鼻子、耳朵、皮肤等，能感知现场的温度、湿度、气味、能量等各种物理量的变化，并将其按照一定的规律转换成适于传输的电信号。

（2）报警控制器。操作控制部分主要是报警控制器，是用于连接报警探测器、判断报警情况、管理报警事件的专用设备。报警主机具有对防区设置与管理、对探测信号进行分析、对设防区域进行撤防／布防操作、产生报警事件等能力，是整个安全系统的核心。

（3）报警监控中心。通常一个区域报警控制器、探测器加上声光报警设备就可以构成一个简单的报警系统。

对于整个智能楼宇来说，还必须设置安保控制中心，起到对整个报警系统的管理和系统集成的作用。监控中心负责接收、处理各子系统发来的报警信息、状态信息等，并将处理后的报警信息、监控指令分别发往报警接收中心和相关子系统。

2. 系统组建模式

根据信号传输方式的不同，入侵报警系统组建模式宜分为以下模式：

（1）分线制。分线制系统组建模式是探测器、紧急报警装置通过多芯电缆与报警控制主机之间采用一对一专线相连。防区较少且报警控制设备与各探测器之间的距离不大于 100m 的场所，宜选用分线制模式。

（2）总线制。总线制系统组建模式是探测器、紧急报警装置通过其相应的编址模块与报警控制主机之间采用报警总线（专线）相连。防区数量较多且报警控制设备与所有探测器之间的连线总长度不大于 1500m 的场所，宜选用总线制模式。

（3）无线制。无线制系统组建模式是探测器、紧急报警装置通过其相应的无线设备与报警控制主机通信，其中一个防区内放置的紧急报警装置不得大于 4 个。布线困难的场所宜选用无线制模式。

（4）公共网络。公共网络系统组建模式是探测器、紧急报警装置通过现场报警控制设备／网络传输接入设备与报警控制主机之间采用公共网络相连。公共网络可以是有线网络，也可以是有线—无线—有线网络。防区数量很多，且现场与监控中心距离大于 1500m，或现场要求具有设防、撤防等分控功能的场所宜选用公共网络模式。

（三）入侵报警系统常用探测器

入侵探测器可以将感知到的各种形式的物理量（如光强、声响、压力、频率、温度、振动等）的变化转化为符合报警控制器处理要求的电信号（如电压、电流）的变化，进而通过报警控制器启动报警装置。

1. 入侵探测器的种类

（1）按工作方式划分。入侵探测器可分为主动式和被动式。主动式探测器在担任警戒期间要向所防范的现场不断发出某种形式的能量，如红外线、超声波、微波等能量。被动式探测器在担任警戒期间本身不需要向所防范的现场发出任何形式的能量，而是直接探测被探测目标自身发出的某种形式的能量，如振动光纤、泄漏电缆、电子围栏、激光对射等能量。

（2）按探测器的警戒范围划分。入侵探测器可分为点控制型、线控制型、面控制型和空间控制型。点控制型探测器的警戒范围是一个点，线控制型探测器的警戒范围是一条线，面控制型探测器的警戒范围是一个面，空间控制型探测器的警戒范围是一个空间。

（3）按探测器输出的开关信号不同划分。入侵探测器可分为常开型、常闭型、常开/常闭型探测器。常开型探测器通常情况下是断开状态，即线圈未通电的情况下是断开的；常闭型探测器通常情况下是关合状态，即线圈未通电的情况下是闭合的；常开/常闭型探测器具有常开和常闭两种输出方式。

（4）按探测器与报警探测器各防区的连接方式不同划分。

①四线制。四线制是指探测器上有四个接线端（两根电源线＋两根信号线）一般常规需要供电的探测器，如红外探测器、双鉴探测器、玻璃破碎探测器等均采用的是四线制。

②两线制。两线制是指探测器上有两个接线端，可分为 3 种情况：

一是探测器本身不需供电（两根信号线），如紧急按钮、磁控开关、振动开关。

二是探测器需要供电（电源和信号共用），如火灾探测器。

三是两总线制，需采用总线制探测器（都具有编码功能）。所有防区都共用两芯线，每个防区的报警开关信号线和供电输入线是共用的（特别适用于防区数目多）。另外，增加总线扩充器就可以接入四线制探测器。

③无线制。无线制是由探测器和发射机两部分组合在一起的，它需要由无线发射机将无线报警探测器输出的电信号调制（调幅或调频）到规定范围的载波上，发射到空间，而后由无线接收机接收、解调后送往报警主机。

2. 常用探测器

（1）开关探测器。开关探测器是一种可以把防范现场传感器的位置或工作状态的变化，转换为控制电路导通或断开的变化，并以此来触发报警电路。开关探测器有开路报警和短路报警两种方式，如磁控开关及各种机电开关探测器。

①微动开关。微动开关是靠外部作用力使其内部触点接通或断开，发出

报警信号。微动开关具有结构简单、安装方便、价格便宜、防震性能好、触点可承受较大的电流等优点，但是其抗腐蚀性、动作灵敏度不如磁开关。

②磁开关。磁开关由带金属触点的两个簧片封装在惰性气体的玻璃管（也称干簧管）和一块永久磁铁组成，是利用外部磁力使作为开关元件的干簧管内部触点断开或闭合。使用时通常把磁铁安装在被防范物体（如门、窗等）的活动部位（门扇、窗扇），干簧管安装在固定部位，一般装在固定的门框或窗框上，永久磁铁装在活动的门窗上，一般的磁开关不宜在钢、铁物体上直接安装。还要注意磁开关的吸合距离，定期检查干簧管的触点和永久磁铁的磁性。

（2）振动探测器。振动探测器是以探测入侵者走动或破坏时产生的振动信号来触发报警的探测器。常用的振动探测器有位移式传感器（机械式）、速度传感器（电动式）、加速度传感器（压电晶体式）等。振动探测器基本上属于面控制型探测器。

玻璃破碎探测器是在玻璃破碎时产生报警，防止非法入侵。按照工作原理的不同大致分为两大类：一类是声控型的单技术玻璃破碎探测器，它实际上是一种具有选频作用（带宽 10 ~ 15kHz）和特殊用途（可将玻璃破碎时产生的高频信号驱除）的声控报警探测器；另一类是双技术玻璃破碎探测器，其中包括声控—振动型和次声波—玻璃破碎高频声响型。玻璃破碎探测器是空间型、被动式探测器。

（3）声控探测器。声控探测器是用于检测防范范围区域内的说话、走动、打碎玻璃、凿墙发出的声响，并报警的装置。声控探测器分为：探测说话、走动等声音，如超声波探测器；探测物体被破坏的声音，如玻璃破碎探测器。

超声波探测器是利用人耳听不到的超声波（20000Hz 以上）来作为探测源的报警探测器，它是用来探测移动物体的空间探测器。按照其结构和安装方法不同分为两种类型，一种是将两个超声波换能器安装在同一个壳体内，即收、发合置型；另一种是将两个换能器分别放置在不同的位置，即收、发分置型，称为声场型探测器。收、发分置的超声波探测器警戒范围大，可控制几百立方米空间，多组使用可以警戒更大的空间。

（4）红外探测器。红外探测器是将射入的红外辐射信号转变成电信号输出的器件，是目前常用的探测器，依据工作原理的不同可分为主动式和被动式两种类型。

①主动式红外探测器。主动式红外探测器是由收、发两个装置组成。红外发射装置向红外接收装置发射一束红外光束，此光束如被遮挡，接收装置就发出报警信号。

主动式红外探测器可根据防范要求、防范区的大小和形状的不同，分别构成警戒线、警戒网、多层警戒等不同的防范布局方式。根据红外发射机及红外接收机设置的位置不同，主动式红外探测器又可分为对向型安装方式和反射型安装方式。

对向型安装方式可采用多组红外发射机与红外接收机对向放置的方式，这样可以用多道红外光束形成红外警戒网（或称光墙）。

根据警戒区域的形状不同，只要将多组红外发射机和红外接收机合理配置，就可构成不同形状的红外线周界封锁线。当需要警戒的直线距离较长时，也可采用几组收、发设备接力的形式。

采用反射型安装一方面可缩短红外发射机与接收机之间的直线距离，便于就近安装、管理；另一方面也可通过反射镜的多次反射，将红外光束的警戒线扩展成红外警戒面或警戒网。

②被动式红外探测器。被动式红外探测器不向空间辐射任何形式的能量，而是靠探测人体发射的红外线来进行工作的。探测器收集外界的红外辐射进而聚集到红外传感器上。红外传感器通常采用热释电元件，这种元件在接收了红外辐射温度发出变化时就会向外释放电荷，监测后进行报警。

自然界中的任何物体都可以看作是一个红外辐射源，人体辐射的红外峰值波长约在 10gm 处。被动式红外探测器是以探测人体辐射为目标的，所以辐射敏感元件对波长为 10gm 左右的红外辐射必须非常敏感。

（5）双鉴探测器。双鉴探测器的产生是由于单一类型的探测器误报率较高，多次误报将会引起人们的思想麻痹，产生对防范设备的不信任感。为了解决误报率高的问题，人们提出互补探测技术方法，即把两种不同探测原理的探头组合起来，进行混合报警，如超声波和被动红外探测器组成的双鉴探测器、微波和被动红外探测器组合的双鉴探测器等。

三、视频监控系统

（一）视频监控系统的组成与功能

1.视频监控系统的组成

视频监控系统一般由摄像、传输、显示与记录和控制四部分组成，如图 5-24 所示。

（1）摄像部分。摄像部分是电视监控系统的前端部分，是整个系统的"眼睛"。摄像部分布置在被监视场所的某一位置上，使其视场角能覆盖整个被监视的各个部位。由于摄像部分是系统的最前端，并且被监视场所的情况是由它变成图像信号传送到控制中心的监视器上，所以从整个系统来讲，摄像部分是系统的原始信号源。

在摄像机安装电动的（可遥控的）可焦距（变倍）镜头，使摄像机所能观察的距离更远，更清楚；把摄像机安装在电动云台上，通过控制台的控制，可以使云台带动摄像进行水平和垂直方向的转动，使摄像机能覆盖更大的角度、面积。

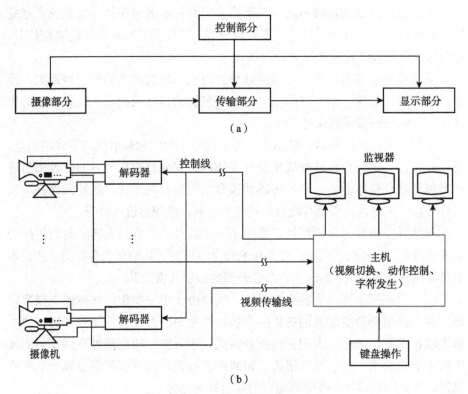

图 5-24　视频监控系统

（a）视频监控系统各部分功能的关系　　（b）视频监控系统基本组成

（2）传输部分。在视频监控系统中，主要有两种信号：一是电视信号，二是控制信号。电视信号是从前端的摄像机流向控制中心；控制信号则是从控制中心流向前端的摄像机、云台等受控对象。流向前端的控制信号，一般是通过设置在前端的解码器解码后再去控制摄像机和云台等受控对象的。传输部分包含的设备有线缆、调制与解调设备、线路驱动设备等。

（3）显示与记录部分。显示与记录部分是把从现场传送来的电信号转换成图像在监视设备上显示并记录。

显示部分一般由几台或多台监视器（或带视频输入的普通电视机）组成。

其功能是将传送过来的图像——显示出来。特别是由多台摄像机组成的闭路视频监控系统中，一般都不是一台监视器对应一台摄像机进行显示，而是几台摄像机的图像信号用一台监视器轮流切换显示，因为被监视场所不可能同时发生意外情况，所以平时只要间隔一定的时间（如几秒、十几秒或几十秒）显示一下即可。当某个被监视的场所发生情况时，可以通过切换器将这一路信号切换到某一台监视器上一直显示，并通过控制台对其遥控跟踪记录。

（4）控制部分。控制部分一般安放在控制中心机房，通过有关的设备对系统的摄像、传输、显示与记录部分的设备进行控制，以及图像信号的处理。其中对系统的摄像、传输部分进行的是远距离的遥控。控制设备主要包括视频矩阵切换主机、视频分配器、视频放大器、视频切换器、多画面分割器、时滞录像机、控制键盘及控制台等。

2. 视频监控系统结构类型

针对不同用户的特点和功能要求，可以选择不同结构类型的视频监控系统。典型的视频监控结构类型如下：

（1）单头单尾方式。单头单尾方式是最简单的组成方式。头指摄像机，尾指监视器。这种由一台摄像机和一台监视器组成的方式，用在一处连续监视一个固定目标的场合。

（2）单头多尾方式。单头多尾方式是一台摄像机向许多监视点输送图像信号，由各个点上的监视器同时观看图像。这种方式用在多处监视同一个固定目标的场合。

（3）多头单尾方式。多头单尾方式适用于需要在一处集中监视多个目标的场合。如果不要求录像，多台摄像机可通过一台切换器由一台监视器全部进行监视；如果要求连续录像，多台摄像机的图像信号通过一台图像处理器进行处理后，由一台录像机同时录制多台摄像机的图像信号，一台监视器监视。

（4）多头多尾方式。多头多尾方式适用于多处监视多个目标的场合，并可对一些特殊摄像机进行云台和变倍镜头的控制，每台监视器都可以选切需要的图像。

（5）综合方式。上述四种方式各有优缺点。第一、第二种方式太简单，在实际系统中很少应用。第三种方式虽然经济性较好，但在控制和显示方面显得很不方便，并且不能设立分控点。第四种方式虽控制和显示都较理想，但为了能连续录制每台摄像机的图像信号，必须按摄像机的数量相应添加若干台录像机，由于系统的矩阵控制器成本比较高，再加上录像机的造价，会使整个系统的预算较高。比较四种方式的优缺点，一般系统均采用方式三、四相结合的综合方式，即保留矩阵控制器在控制和显示方面的优点，再利用多路画面处理器在高效率、低成本录像方面的长处，二者有机地合而为一，让系统具有良好的性价比。

3.视频监控系统的功能

视频安全防范监控系统是在需要防范的区域和地点安装摄像机，把所监视的图像传送到监控中心，监控中心进行实时监控和记录。视频安全防范监控系统的主要功能有以下六个方面：

（1）对视频信号进行排序、定点切换、编程。

（2）查看和记录图像，应用字符区分并做时间（年、月、日、时、分）的显示。

（3）接收安全防范系统中各子系统信号，根据需要实现控制联动或系统集成。

（4）视频安全防范监控系统与安全防范报警系统联动时，应能自动切换、显示、记录报警部位的图像信号及报警时间。

（5）输出各种遥控信号，如对云台、摄像机镜头、防护罩等的控制信号。

（6）系统内外的通信联系。

视频监控系统中的设备很多，技术指标又不完全相同，如何把它们集成起来发挥最大的作用，就需要综合考虑。控制联动是把各子系统充分协调，形成统一的安全防范体系，要求控制可靠，不出现漏报和误报。

（二）视频监控系统常用设备

1.摄像机

摄像部分主要由摄像机、镜头、防护罩、安装支架和云台等组成。摄像部分负责摄取现场景物并将其转换为电信号，经视频电缆将电信号传送到控制中心，通过解调、放大后将电信号转换成图像信号，传送到监视器上显示出来。

摄像机分类主要有以下5种：

（1）智能球机。能够360°选装镜头，能够变焦，选装控制板和控制线后可以远程遥控旋转和变焦，适用于较大的监控场所，如大厅、营业场所、广场等的监控，价格较贵。

（2）海螺半球。体积较小，一般比较美观，和枪机相比，受控对象没有恐惧感，一般相对价格较低，适合办公室、电梯、走廊等相对较小的范围的监控和大部分室内监控场所。

（3）普通枪机。按照是否防水分为室外和室内两种，品种比较多，是主要的前端信息采集设备，适合场所比较多，规格型号也比较多。根据需要可以安装各类大小镜头。

（4）云台＋枪机。可以 360° 旋转，如果加控制线可以远程控制，但不能变焦，主要用于监控场所较大，又不想使用智能球机的情况。一般云台如果不遥控，使用寿命有限，要经常更换。

（5）网络摄像机。网络摄像机是传统摄像机与网络视频技术相结合的新一代产品。摄像机传送来的视频信号数字化后由高效压缩芯片压缩，通过网络总线传送到 Web 服务器。网络用户可以直接用浏览器观看 Web 服务器上的摄像机图像，授权用户还可以控制摄像机云台镜头的动作或对系统配置进行操作。

摄像机附件主要包括以下 3 种：

（1）镜头。镜头与摄像机联合使用，对系统的性能影响较大。目前闭路视频监视系统中，常用的镜头种类有：手动/自动光圈定焦镜头和自动光圈变焦镜头。自动变焦镜头常用视频驱动和直流驱动两种驱动方式。

（2）云台。如果一个监视点上所要监视的环境范围较大，则在摄像部分中设置云台。云台是承载摄像机进行水平和垂直两个方向转动的装置。云台内装有两个电动机。两个电动机中，一个负责水平方向的转动，转动角度一般为 350°；另一个负责垂直方向的转动，转动角度有 ±45°、±35°、±75° 等。云台大致分为室内用云台及室外用云台。室内用云台承重小，没有防雨装置。室外用云台承重大，有防雨装置。有些高档的室外云台除有防雨装置外，还有防冻加温装置。

（3）防护罩。防护罩是使摄像机在有灰尘、雨水、高低温等情况下正常使用的防护装置。防护罩是为了保证摄像机和镜头有良好工作环境的辅助性装置，它将二者包含于其中。支架是固定云台及摄像机防护罩的安装部件。一般方式为在支架上安装云台，再将带或不带防护罩的摄像机固定在云台上。

2. 监视器和录像机

（1）监视器。监视器是监控系统的显示部分，有了监视器我们才能观看前端送过来的图像。最小系统中可以仅有单台监视器，最大系统中则可能是由数十台监视器组成的电视墙。监视器也有分辨率，同摄像机一样用线数表示。黑白监视器的中心分辨率通常可以达 800 线以上，彩色监视器的分辨率一般为 300 线以上。实际使用时一般要求监视器线数要与摄像机匹配。另外，有些监视器还有音频输入、S-Video 输入、RGB 分量输入等，除音频输入监控系统要用到外，其余功能大部分用于图像处理工作。

监视器分类：按尺寸分有：15/17/19/20/22/26/32/37/40/42/46/52/57/65/70/82

寸监视器等；按色彩分有彩色、黑白监视器；按用途分有安防监视器、监控监视器、电视台监视器、工业监视器、电脑监视器等。

（2）录像机。目前多采用数字硬盘作为录像机，将模拟的音视频信号转变为数字信号存储在硬盘上，并提供录制、播放和管理的设备。数字硬盘录像机相对于传统的模拟视频录像机，采用硬盘录像，故常常被称为硬盘录像机，也被称为 DVR。DVR 是一套进行图像存储处理的计算机系统，具有对图像 / 语音进行长时间录像、录音、远程监视和控制的功能。

3. 控制设备

（1）画面分割器。画面分割器可实现在一台监视器上同时连续地显示多个监控点的图像画面。目前常用的有 4、9 和 16 画面分割器。通过分割器，可用一台录像机同时录制多路视频信号，回放时还能选择任意一幅画面在监视器上全屏放映。

（2）矩阵切换主机。矩阵切换主机用于视频切换，多路视频信号进入视频切换器后，通过切换器的切换输出，达到用少量的监视器去监视多个监控点的目的。如把 m 台摄像机摄取的图像送到多台监视器上轮换分配显示。矩阵切换主机还要处理多路控制命令，与操作键盘、多媒体计算机控制平台等设备通过通信连接组成视频监控中心。

小规模视频矩阵切换主机常见的有 32×16（32 路视频输入、16 路视频输出）、16×8（16 路视频输入、8 路视频输出）等。大规模视频矩阵切换主机的有 128×32、1024×64 等。

（3）解码器。解码器，也称为接收器 / 驱动器（Receiver/Driver）或遥控设备（Telemetry）。解码器的作用是对专用数据电缆接收的来自控制主机的控制码进行解码，放大输出，驱动云台的旋转，以及变焦镜头的变焦与聚焦的动作。通常，解码器可以控制云台的上、下、左、右旋转，调节镜头的变焦、聚焦、光圈以及对防护罩雨刷器、摄像机电源、灯光等设备的控制，还可以提供若干个辅助功能开关，以满足不同用户的实际需要。高档次的解码器还带有预置位和巡游功能。

解码器一般安装在配有云台及电动镜头的摄像机附近。解码器一端通过多芯控制电缆直接与云台及电动镜头连接，另一端通过通信线缆（通常为两芯护套线或两芯屏蔽线）与监控室内的系统主机相联。

通常情况下，解码器对云台的驱动电压为 AC 24V，对镜头的驱动电压为 ±DC 7～12 V。在选择解码器时，除应考虑解码器与其所配套的云台、镜头的技术参数是否匹配外，还要考虑解码器要求的工作环境。

解码器有以下分类：

①按照云台供电电压分为交流解码器和直流解码器。交流解码器为交流云台提供交流 230V 或 24V 电压驱动云台转动。直流云台为直流云台提供直流 12V 或 24V 电源。如果云台是变速控制的，还要要求直流解码器为云台提供 0～33V 或 36V 直流电压信号，来控制直流云台的变速转动。

②按照通信方式分为单向通信解码器和双向通信解码器。单向通信解码器只接收来自控制器的通信信号，并将其翻译为对应动作的电压/电流信号驱动前端设备。双向通信的解码器除了具有单向通信解码器的性能外，还向控制器发送通信信号，因此可以实时将解码器的工作状态传送给控制器进行分析。另外，可以将报警探测器等前端设备信号直接输入解码器中，由双向通信来传送现场的报警探测信号，减少线缆的使用。

③按照通信信号的传输方式可分为同轴传输和双绞线传输。一般的解码器都支持双绞线传输的通信信号，而有些解码器还同时支持同轴电缆传输方式，也就是将通信信号经过调制与视频信号以不同的频率共同传输在同一条视频电缆上。

④操作键盘。操作键盘是监控人员控制闭路视频监控设备的平台，通过它可以切换视频、遥控摄像机的云台转动或镜头变焦等，它还具有对监控设备进行参数设置和编程等功能。

四、出入口控制系统

（一）出入口控制系统概述

1. 出入口控制系统

出入口控制系统集自动识别技术和安全管理措施为一体，涉及电子、机械、生物识别、光学、计算机、通信等技术，主要解决出入口安全防范管理的问题，实现对人、物出入的控制和管理功能。因为采用门禁控制方式提供安全保障，故又称为门禁控制系统。

在建筑物内的主要管理区、出入口、门厅、电梯门厅、中心机房、贵重物品库、车辆进出口等通道口，安装门磁开关、电控门锁，以及读卡器、生物识别系统等控制装置，由中心控制室监控，出入口控制采用计算机多重任务的处理，既可控制人员（或车辆）的出入，又可控制人员在楼内或相关区域的行动，起到了保安、门锁和围墙的作用。虽然应用的领域不同，但各种类型出入口控制系统都具有相同的控制模型。由于人们对出入口的出入目标类型、重要程度以及控制方式、方法等应用需求千差万别，对产品功能、结构、性能、价格有不同要求，使得出入口控制系统产品具有多样性的特点。

2.出入口控制系统的功能

（1）对通道进出权限的管理。

进出通道的权限：就是对每个通道设置哪些人可以进出，哪些人不能进出。

进出通道的方式：就是对可以进出该通道的人进行进出方式的授权，进出方式通常有密码、读卡（生物识别）、读卡（生物识别）+密码三种方式。

进出通道的时段：就是设置该进出通道的人在什么时间范围内可以进出。

（2）实时监控功能。系统管理人员可以通过微机实时查看每个门区人员的进出情况（同时有照片显示）、每个门区的状态（包括门的开关、各种非正常状态报警等），也可以在紧急状态打开或关闭所有的门区。

（3）出入记录查询功能。系统可储存所有的进出记录、状态记录，可按不同的查询条件查询，配备相应考勤软件可实现考勤、门禁一卡通。

（4）异常报警功能。在异常情况下可以实现微机报警或报警器报警，如非法侵入、门超时未关等。根据系统的不同门禁系统还可以实现以下特殊功能：

①反潜回功能：就是持卡人必须依照预先设定好的路线进出，否则下一通道刷卡无效。本功能是防止持卡人尾随别人进入。

②防尾随功能：就是持卡人必须关上刚进入的门才能打开下一个门。本功能与反潜回实现的功能一样，只是方式不同。

③消防报警监控联动功能：在出现火警时门禁系统可以自动打开所有电子锁让里面的人随时逃生。与监控联动通常是指监控系统自动在有人刷卡时（有效/无效）录下当时的情况，也将门禁系统出现警报时的情况录下来。

④网络设置管理监控功能：大多数门禁系统只能用一台微机管理，而技术先进的系统则可以在网络上任何一个授权的位置对整个系统进行设置监控查询管理，也可以通过Internet网上进行异地设置管理监控查询。

⑤逻辑开门功能：简单地说，就是同一个门需要几个人同时刷卡（或其他方式）才能打开电控门锁。

（二）出入口控制系统的工作原理

1.出入口控制系统的工作过程

出入口控制系统主要由识读部分、传输部分、管理/控制部分和执行部分以及相应的系统软件组成。

出入口控制系统的工作过程：识读部分识读钥匙时，将钥匙上的信息传送给控制/管理部分，根据接收的信息、当前时间和已登记存储的信息，控制/

管理部分将判断正在识别钥匙的有效性，并控制执行部分开启大门。控制/管理部分所记录的钥匙信息、登记时间、是否注册、是否有效等信息以及门的状态信息，都显示在计算机上。

2. 出入口识读部分的工作原理

出入口目标识读部分将提取出入目标身份等信息转换为一定的数据格式传递给出入口管理子系统；管理子系统再与所载有的资料对比，确认统一性，核实目标的身份，以便进行各种控制处理。

（1）出入口目标识读分类。对人员目标，分为生物特征识别系统、人员编码识别系统两类。对物品目标，分为物品特征识别系统、物品编码识别系统两类。

生物特征识别系统是采用生物测定（统计）学方法通过拾取目标人员的某种身体或行为特征提取信息。常见的生物特征识别系统主要有指纹识别、掌形识别、手指静脉识别、眼底纹路识、虹膜识别、面部识别、语音特征识别、签字识别等。

人员编码识别系统是通过编码识别装置，直接提取目标人员的个人编码信息。常见的人员编码识别系统有普通编码键盘、乱序编码键盘、条码卡识别、磁条卡识别、接触式 IC 卡识别、非接触式 IC 卡（感应卡）识别等。

物品特征识别系统是通过辨识目标物品的物理、化学等特性，形成特征信息，如金属物品识别、磁性物质识别、爆炸物质识别、放射性物质识别、特殊化学物质识别等。物品编码识别系统通过编码识别目标物品，提取附着在目标物品上的编码载体所含的编码信息，包括一件物品一码及一类物品一码两种方式。常见的有应用于超市防盗的电子 EAS 防盗标签、RFID 识别标签等。

（2）出入口识读部分的技术特点。识读部分是出入口控制系统的前端设备，负责实现对出入目标的个性化探测任务，在编码识别设备中，以卡片式读取设备最为广泛，如条码卡、磁条卡、维根卡（Wiegand Card）、接触式 IC 卡。无源感应生物特征识别不依附于其他介质，直接实现对出入目标的个性化探测，如指纹识别。指纹识别设备易于小型化，使用方便，识别速度较快，但操作时需人体接触识读设备，需人体配合程度较高。

3. 出入口管理/控制部分的功能及技术特点

（1）出入口管理/控制部分的功能。出入管理子系统是出入口控制系统的管理与控制中心，其功能如下：

①是出入口控制系统人机界面。

②接收从出入口识别装置发来的目标身份等信息。

③指挥、驱动出入口控制执行机构的动作。

④出入目标的授权管理（对目标的出入行为能力进行设定），如出入目标的识别级别、出入目标某时可出入某个出入口、出入目标可出入的次数等。

⑤出入目标的出入行为鉴别及核准，把从识别子系统传来的信息与预先存储、设定的信息进行比较、判断，对符合出入授权的出入行为予以放行。

⑥出入事件、操作事件、报警事件等的记录、存储及报表的生成，事件通常采用"4W"的格式，即 When（什么时间）、Who（谁）、Where（什么地方）、What（干什么）。

⑦系统操作员的授权管理，设定操作员级别管理，使不同级别的操作员对系统有不同的操作能力，还有操作员登录核准管理等。

⑧出入口控制方式的设定及系统维护，单/多识别方式选择，输出控制信号设定等。

⑨出入口的非法侵入、系统故障的报警处理。

⑩扩展的管理功能及与其他控制及管理系统的连接，如考勤、巡更等功能与入侵报警、视频监控、消防等系统的联动。

（2）出入口管理/控制部分的技术特点。出入口管理/控制部分硬件的种类：中心管理计算机、8/16/32 位单片机、非易失存储器、看门狗、保护电路。接口类型有 RS–485、维根口、以太网接口、继电器干接点。出入口管理/控制部分的软件具有人性化、集成化的特点。

4. 出入口控制执行部分的工作原理及技术特点

（1）出入口控制执行部分的工作原理。出入口控制执行机构接受从出入口管理子系统发来的控制命令，在出入口做出相应的动作，实现出入口控制系统的拒绝与放行操作。执行机构分为闭锁设备、阻挡设备及出入准许指示装置设备三种表现形式。例如，电控锁、挡车锁、报警指示装置等被控设备，以及电动门等控制对象。

磁力锁：主要用于双扇单向开木门、金属门，只有断电开门的产品。

阳极锁：主要用于双向开玻璃门、木门、金属门，以断电开门的产品为主。

阴极锁：主要用于单扇单向开木门、金属门，有断电开门及断电锁门等产品。

（2）出入口控制执行部分的技术特点。出入口控制执行部分主要分为闭锁部件、阻挡部件、出入准许指示部件等。闭锁部件主要指各种电控、电动锁具；阻挡部件主要指各种电动门、升降式地挡（阻止车辆通行的装置）等设备；出入准许指示部件主要指通行/禁止指示灯等。

在停车场已广泛使用的电动栏杆机，其阻挡能力有限，且有诸多防砸车等对机动车的保护设计，不能起到阻止犯罪分子驾车闯杆的作用，也属于出入准许指示部件。

（三）出入口控制系统的结构

出入口控制系统的结构包含了三个层次的设备。

最高层是中央管理计算机，装有出入口管理软件，实现对整个出入口控制系统的控制和管理，同时与其他的系统进行联网控制。

中间层是出入口控制器，分散控制各个出入口，识别进出人员的身份信息，控制出入，并将现场的各种出入信息及时传到中央控制计算机。

最低层是末端设备，包括识别装置（读卡器、指纹机、掌纹机、视网膜识别机、面部识别机等）和检测及执行装置（门磁开关、电子门锁、报警器、出门按钮）。

最低层的输出信号传送到控制器，并把发来的信号和原来存储的信号相比较并做出判断，然后发出处理信息。每个控制器管理着若干个门，可以自成一个独立的门禁系统，多个控制器通过网络与计算机联系起来，构成全楼宇的门禁系统。计算机通过管理软件对系统中的所有信息加以处理。

（四）出入口控制系统常用设备

1. 最高层常用设备

最高层是管理中心，通常采用安装有监控软件的计算机。

2. 中间层常用设备

（1）门禁控制器。门禁控制器是门禁管理系统的核心部分，它负责整个系统的输入/输出信息的处理和储存、控制等。门禁控制器验证门禁读卡器输入信息的可靠性，并根据出入规则判断其有效性，如有效则对执行部件发出动作信号。

按控制门数分类，门禁控制器可分为单门、双门、四门等不同类型：

①单门控制器：只控制一个门区，不能区分是进还是出。

②单门双向控制器：控制一个门区，可以区分是开门还是关门。

③双门单向控制器：可以控制两个门区，不能区分是进还是出。

④双门双向控制器：可以控制两个门区，可以区分是开门还是关门。

⑤四门单向控制器：顾名思义，就是一个控制器可以控制四个门区。

⑥四门双向控制器：比四门单向控制器多出一个功能，可以区分是进门还是出门。

⑦多功能控制器：可以根据具体要求在单门双向和双门单向这两个功能

间转换，比较灵活。

（2）电锁。门禁控制器控制门开、闭的主要执行机构是各类电锁，包括电插锁、磁力锁、电锁口和电控锁等，电锁是门禁管理系统中锁门的执行部件。

①电插锁。电插锁属常开型，断电开门符合消防要求，是门禁管理系统中主要采用的锁体，主要用于双向开玻璃门、木门、金属门，以断电开门的产品为主，属于"阳极锁"的一种。

②磁力锁。磁力锁与电插锁类似，属常开型。一般情况下断电开门，适用于通道性质的玻璃门或铁门、单元门、办公区通道门等，完全符合通道门体消防规范，即一旦发生火灾，门锁断电打开，避免发生人员无法及时离开的情况。磁力锁是一种依靠电磁铁和铁块之间产生吸力来闭合门的电锁，电磁线圈产生磁场，推斥或吸引传动杆完成离合过程，从而控制锁的开合。如果断电，电控锁将改变自身状态。如果是在通电情况下锁门的，只要断电就可以开锁；如果是在断电情况下锁门的，只要通电就可以开锁。所以门禁系统控制电磁锁实际上是控制电磁锁的电源。

③电锁口。电锁口属于阴极锁的一种，适用于办公室木门、家用防盗铁门，特别适用于带有阳极机械锁且不希望拆除的门体，当然电锁口也可以选配相匹配的阳极机械锁，一般安装在门的侧面，必须配合机械锁使用。其优点是价格便宜，有停电开和停电关两种。其缺点是冲击电流比较大，对系统稳定性影响大；由于是安装在门的侧面，布线很不方便，同时锁体要挖空埋入，安装较吃力；使用该类型电锁的门禁管理系统用户不刷卡，也可通过球型机械锁开门，降低了电子门禁管理系统的安全性和可查询性，且能承受的破坏力有限，可借助外力强行开启。

④电控锁。电控锁适用于家用防盗铁门，单元通道铁门、档案库铁门，可选配机械钥匙，电控锁的内部结构主要由电磁装置组成，用户只要按下室内机上的开锁键就能使电磁线圈通电，从而使电磁装置带动连杆动作，打开控制大门，大多属于常闭型。电控锁的缺点是冲击电流较大，对系统稳定性冲击大；开门时噪声较大；安装不方便，经常需要专业的焊接设备点焊到铁门上。针对电控锁噪声大的缺点，现市面上已有新型的"静音电控锁"，它不再是利用电磁铁原理，而是驱动一个小马达来伸缩锁头，以减少噪声。

3. 最低层常用设备

（1）读卡器。读卡器用于读取卡片中的数据和其他相关信息。

（2）卡片。卡片相当于钥匙的角色，同时也是进/出人员的证明。

（3）出门按钮。"出门按钮"或"开门按钮"主要应用于单向刷卡门禁管理系统。出门按钮的原理与门铃按钮的原理相同，按下按钮时，内部两个触点导通，松手时按钮弹回，触点断开。出门按钮一般有常开、常闭两种。如今，大多数出门按钮都有常开点，又有常闭点，以便于在门禁系统中灵活应用。有的门禁管理系统直接采用门铃按钮来做出门按钮，此时门铃按钮通常会印有一个"铃铛"的图案。

第六章 智能小区和智能家居

由于各种住宅小区的类型、居住对象、建设标准都有所不同，根据功能要求，技术含量，经济合理等综合因素，建设部在"全国住宅小区智能化系统示范工程建设要点与技术导则"中将小区智能化系统分为一星级（普及型）、二星级（提高型）、三星级（超前型）三种类型。在各种类型中，示范工程对于智能化系统的功能要求均分为三个部分，即安全防范子系统、信息管理子系统和信息网络子系统，但各等级系统的复杂程度有所不同。

当前，智能住宅小区实际上由住户、小区公共设施和物业管理三部分组成，它对三个子系统有着各自具体的功能要求。

智能小区是由智能建筑衍生出来的，其系统与结构同前述智能建筑的相关内容类似。下面，结合智能小区的特点对其主要系统进行介绍。

第一节 智能小区中的安全防范系统

在智能化住宅小区中，通常设置的安保系统有：周界防范报警、闭路电视监控、巡更、访客对讲、门禁、住户防盗报警系统和自动消防报警系统。

一、周界防范报警系统

智能住宅小区一般在小区的围墙、栅栏顶上装有周界防范报警系统。当有人非法翻越周界时，探测系统便将警情传送到管理中心，中心的电子地图上便显示出发生非法越界的区域，提示保安人员及时处理警情，并联动打开事故现场的探照灯或闭路监控系统，发出警告。管理中心可掌握事件的全过程，随时采取措施，有效控制事态的发展。

二、闭路电视监控系统

闭路电视监控系统是在小区主要通道、重要的公共建筑、周界和主要出入口设置摄像机，在管理中心，根据摄像机的台数、监视目标的重要程度设置一定数量的监视器、画面分割器、云台控制器、长延时录像机等组成监视控制屏。摄像机将监视范围内的图像信号传送到管理中心，对整个小区进行实时监视和记录。同时，闭路监控系统还可与周界防范报警系统联动。当小区周界发生非法翻越时，管理中心监视屏上会自动弹出警情发生区域的画面并录像。

三、巡更系统

巡更系统是在小区内设置若干个巡逻点，保安人员携带巡逻记录机按规定的线路和时间巡逻，每到一点，立即发出到位信号，传送到管理中心。管理中心因此可以了解巡逻人员的到位情况，并及时将巡逻路上的安全情况通报给巡更人员。

四、访客对讲系统

访客对讲系统是在小区及各单元入口处安装防盗门和对讲装置，以实现访客与住户的对讲 / 可视对讲。住户可以遥控开启防盗门，有效地防止非法进入住宅区者。

五、门禁系统

门禁系统就是出入口管理系统，对住宅及住宅小区内外的正常的出入通道进行管理。既可控制人员出入，也可控制人员在相关区域的行动。

六、住户防盗报警系统

住户防盗报警系统是为了保证住户在住宅内的人身及财产安全，通过在住宅门窗及室内其他部位安装各种探测器进行监控。当监测到警情时，信号通过住宅内的报警主机传输至物业管理中心的报警监控计算机。监控计算机将准确显示警情发生的住户名称、地址和所受的灾害种类或入侵方式等信息，提示保安人员迅速确认警情，及时赶赴现场，以确保住户人身安全和财产安全；住户也可以通过固定式紧急呼救报警系统或便携式报警装置，在住宅内发生抢劫案件和病人突发疾病时，向物业管理中心呼救报警，中心可根据情况迅速处理。

七、自动消防报警系统

消防安全报警系统是在火灾发生初期，通过探测器根据现场探测到的情况（如烟气、可燃气体、有毒有害气体等），发信号给区域报警器（一般规模的住宅小区可设多个）及消防控制室（若系统没有设区域报警器时，将直接发信号给系统主机），或人员发现有火情时，用手动报警或消防专用电话给系统主机报警，控制中心通过报警信号来迅速处理。

第二节 智能小区中的信息管理系统

信息管理系统就是小区管理中心通过信息传输，控制、监视小区内公共设施的启 / 停及运行情况，计量住户的耗能费用，进行全面的物业管理，为住户服务。常用的系统有多表抄收与管理系统、公共设施管理系统、物业管理系统。

一、多表抄收与管理系统

该系统是住户水、电、气等用量的抄收、计量系统。因为我国北方地区还有供热系统，有些地区的供水系统中还有中水系统，故称为多表抄收。传统人工抄表方式给住户带来了很多不便与纠纷，也给物业管理部门的工作增加了工作量和难度。这不仅可能带来新的人为操作误差，更重要的问题在于入室抄表给居民带来新的不安全因素。

自动抄表系统主要是应用计算机技术、通信技术、自动控制技术对住户的用水量、用电量、用气量等进行计量、计费。目前常用的有以下两种模式。

（一）IC 卡表具系统

IC 卡是近几年国内推广使用的一种产品，具有计量和费用结算方便的特点。但从使用情况来看，在精度、价格以及防外力干扰上都存在一定的问题，导致不少地方重新启用传统机械计量表具。

（二）自动远程抄表系统

自动远程抄表系统有四层结构。

数据转换层：负责将电表、水表、燃气表的计量数据转换成电信号，供采集器收集。

数据采集层：负责收集，发送由三表传送来的信号。

数据管理层：负责系统参数设置、数据统计（用户资料管理）。

数据交换层：小区用户数据管理与有关行业管理部门（如电力公司、自来水公司、燃气公司以及银行的计算机中心）进行用户三表的数据交换和费用收取。

自动抄表系统应用了计算机、通信和现代自动控制技术，对住户的用水量、用电量、用气量等进行计量、计费。目前常用的有以下四种模式。

1. 电力载波远传系统

用电力载波方式来传送三表采集数据，可以连接城市和乡村，应用范围包括380V低压配电网的小区、10kV中高压配电网的城市和乡镇，也可对电力网络、供水管路、供气管路做智能综合管理。

电力载波抄表系统的主要特征是数据采集器将数据以载波信号的方式通过电力线传送。因为，每个房间都有低压电源线路，连接方便，不需要另设线路。但由于电力线的线路阻抗和频率特性几乎时刻都在变化，所以要求电网的功率因数必须保持在0.8以上，以保证传输信息的可靠性。另外，采用此系统也应考虑电力总线是否与其他（CATV、无线射频、互联网络等）总线方式的兼容。

在电力载波三表远传系统中传感器是加装在电表、水表和燃气表内的脉冲电路单元，信号采样是采用无触点的光电技术。采集管理机通过传感器对管辖下的电表、水表和燃气表的数据予以存储、调用，同时接收来自主控机的各种操作命令和回送各用户表的数据。电力载波采集管理机的精度与电表、水表和燃气表的精度一致。采集管理机内设置有断电保护器，数据在断电后长期保存。电力载波主控机负责对管辖下的电力载波采集器送来的数据进行实时记录，并将数据予以存储，等候管理中心的调用，同时将管理中心的各种操作命令传递给电力载波采集器。

电力载波采集器与电表、水表和燃气表内传感器之间采用普通导线直接连接，电表、水表和燃气表通过安装在其内传感器的脉冲信号方式传输给电力载波采集器，电力载波采集器接收到脉冲信号转换成相应的计量单元后进行计数和处理，并将结果存储。电力载波采集器和电力载波主控机之间的通信采用低压电力载波传输方式。电力载波采集器平时处于接收状态，当接收到电力载波主控机的操作命令时，则按照指令内容进行操作，并将电力载波采集器内有关数据以载波信号形式通过低压电力线传送给电力载波主控机。

管理中心的计算机和电力载波主控机的通信通过市话网进行，管理中心的计算机可随时调用电力载波主控机的所有数据，同时管理中心的计算机通过电力载波主控机将参数配置传送给电力载波采集器。管理中心的计算机具有实时、自动，集中抄取数据功能，实现集中统一管理用户信息，并将电、水和燃气的有关数据分别传送给电力、自来水和燃气公司的计算机系统。管理中心计算机计算用户应缴纳的电费、水费和燃气费后，在规定时间内将费用资料传送给银行的计算机系统，供用户在银行交费时使用。

2. 总线控制网络自动抄表系统

此类系统的工作方式是采用光电技术对电表、水表和燃气的转盘信息进行采样，采集器计数并将数据记录在其内存中，所记录的数据供抄表主机读取。抄表主机读取数据的过程是根据实际管辖的用户表数，依次对所有用户表发出抄表指令，采集器在正确无误地接收指令后，立即将该采集器内存中记录的用户表数据向抄表主机发送出去，采集器和管理中心计算机的数据传送采用独立的双绞线。

管理中心的计算机可设置抄表主机内所有环境参数，控制抄表主机的数据采集，读取抄表主机内的数据，进行必要的数据统计管理。管理中心的计算机不仅会将有关的电、水和燃气的数据传送给电力、自来水和燃气公司的计算机系统，而且管理中心的计算机同时会准确快速地计算出用户应缴纳的电费、水费和燃气费，并将这些资料传送给银行计算机系统，供用户在银行交费时使用。

3. 公共电话网自动抄表系统

采集器所采集的数据通过电话线发送到管理中心。该种方式较之无线信道或电力线载波进行通信干扰小，因而更为可靠，不但节省初期投资，而且安装使用简便。

4. 有线电视网自动抄表系统

管理中心的计算机通过有线电视网络读取住户家中的三表，实现远程自动抄表。此时的有线电视网络是双向网。

二、公共设施管理系统

作为住宅小区，给排水、变配电、公共照明、电梯控制等都是必不可少的内容。对智能小区来讲，通常需要控制、监测的有以下几个系统：给排水系统、小区空调供热系统、电梯运行监视系统、小区供电系统、小区公共照明系统、绿地喷淋系统等。

从中央站到现场控制器之间必须具备直接通信网络，现场控制器是智能分站的要求。

三、物业管理系统

物业管理的本质在于提供房地产售租后期的服务，是房屋作为耐用消费品进入长期消费过程中的一种管理。一般来说，这类物业管理，既包括以生活资料服务与管理为主业的专项管理内容，也包括与专项内容相关联的配套服务内容以及与所在社区相结合的管理内容。智能小区物业管理的工作任务如下。

1. 房产管理子系统

房产档案：主要功能是储存、输出所有需要长期管理的公寓房屋的各种详细信息。

业主档案：主要功能是储存、输出每套公寓的住户（包括租用户）的详细信息，进行住户的入住和迁出操作。

产权档案：主要功能是储存、输出每套公寓的产权信息，进行产权分配的操作。

2. 财务管理子系统

实现小区账务的电子化，并与指定银行协作，实现业主费用的直接划转。

3. 收费管理子系统（物业管理 / 租金 / 服务等收费）

物业管理的很大一部分是物业收费。在物业管理计算机化的基础上，应该是物业收费的规范化。业主可通过 IC 卡交纳各种物业费用，包括租金、月收费、年收费、合同收费、三表收费等。此外，还包括日常各种服务收费，如有线电视、VOD、Internet、停车、洗衣、清洁等。

收费标准（各种费用、租金、物业管理费等）：主要功能是对收取的各类费用确定价格因素以及进行计算工作。

收费计算：主要功能是确定最后应向用户收取的费用和设定费用追补项目，为费用收取做准备。

费用结算：主要功能是进行实际的费用收取工作，输出每套住户的各类费用及收、欠情况。

4. 图形图像管理子系统

其主要功能是储存物业小区的建筑规划图、建筑效果图、建筑平面图、楼排的建筑平面图、建筑示意图、住户的单元平面图、基础平面图、单元效果图、房间效果图。

5. 办公自动化子系统

在小区网络的基础上提供一个足够开放的平台，实现充分的数据共享、内部通信和无纸办公。办公自动化主要包括文档管理、收发文管理、各类报表的收集整理、接待管理（如来宾来客，投诉、管理、报修等）事务处理等。

6. 查询子系统

查询系统采用分级密码查询的方式，不同的密码可以查询的范围不同，查询的输出采用网络、触摸屏等多种方式。为领导了解小区管理状况和决策提供依据。为一般工作人员提供工作任务查询和相关文档查询，为业主和宾客提供小区综合服务信息查询。

7. Internet 和 Intranet 服务子系统

小区租用专线，自身成为一个 ISP 服务站。小区对外成为一个 Internet 网站，可发布小区的概况、物业管理公司、小区地形、楼盘情况等相关信息，提供电子信箱服务；对内形成 Intranet，实现业主的费用查询、报修、投诉，各种综合服务信息（如天气预报、电视节目、新闻、启示、广告）的发布，网上购物等。

8. 维修养护管理子系统

房产维修：主要功能是储存、输出物业维修养护的详细情况。

设施设备维修：主要功能是储存、输出对物业中的各种公共设施、各种楼宇设备进行维修养护的详细情况。

统计及账务：主要功能是储存、输出所有维修养护工作的综合情况以及按照产权人来统计其应交的各种费用。

9. 公用模块及系统维护

在以上子系统中包括以下三个公用模块：查询统计、系统维护和帮助。公用模块及系统维护为用户更好地使用本系统提供了方便和安全保证。

第三节　一卡通系统

一卡通系统，顾名思义，即"一卡多用、一卡通用"的系统，并且智能卡形状小巧轻薄，携带使用方便。在智能小区建设管理过程中，为了确保住户的安全和方便，在物业管理方面也采用了一卡通系统。此时的一卡通是指，在小区内的持卡人使用一张非接触式 IC 卡，便可完成进门、购物、娱乐、医疗、健身及停车等活动。物业管理公司人员利用 IC 卡可进行考勤、电子巡更等操作。目前，小区一卡通系统主要应用在以下几个方面：门禁管理系统、停车场管理系统、门禁考勤系统、消费系统，巡更管理系统等。

一、技术特点

一卡通系统的技术特点是"一卡、一网、一库"，就是一个局（广）域网内采用一个中心数据管理来达到一卡通用的目的，系统在中心集中对卡、人员及设备进行管理和配置，这样做的好处就是给系统的管理、维护、用户的使用（卡的处理）带来极大的方便，完善的系统平台十分有利于系统的稳定和功能的扩展（只需增加相应的硬件设备即可）。如果在不同的子系统中分别发行同一张卡来达到一卡多用，或者将不同类型的卡在同一子系统利用不同的设备读卡，就不是一个真正的一卡通系统。

系统应配备丰富的终端设备，使其能够根据不同的用户需求灵活配置（或扩充）不同的系统，产品内部应支撑不同的网络平台，具备统一的通信协议，要求生产厂家开发和使用自身的核心技术体系。因此，一卡通不适宜采用不同厂家的产品对系统进行组合，因为这样很难做到由一个中心数据库来管理，从而给系统带来不稳定性。

二、IC卡

IC卡是将一个集成电路芯片镶嵌于塑料基片中，封装成卡片的形式，其外形如同信用卡，具有写入数据和存储数据的能力，IC卡存储数据中的内容根据需要可以有条件地供外部读取，或进行内部的信息处理和判断。

根据卡中所镶嵌的集成电路的不同可分为以下三类。

1. 存储器

卡中的集成电路为 EEPROM（电可擦可编程只读存储器，又写为E2PROM）。

2. 逻辑加密卡

卡中的集成电路为具有加密逻辑的 E2PROM。

3. CPU 卡

卡中的集成电路包括中央处理器 CPU、E2PROM、随机存储器 RAM 及固化在只读存储器 ROM 中的片内操作系统（Chip Operating System，COS）。

目前广泛使用的非接触 IC 卡（射频卡，REID），其集成电路不向外引出触点，因此它除了包含前三种 IC 卡的电路外，还带有射频收发电路及其相关电路。卡内有内置芯片，由多个读写扇区组成，可加密存储、读写，如今已发展到 CPU 卡阶段，具有运算和动态加密功能。手机 SIM/UIM 卡近年与射频技术融合在一起，形成了手机一卡通。

"智能小区一卡通系统"的建设采取银行卡金融功能与非接触式电子钱包，电子化物业管理相整合的方式，由银行和物业管理公司联合发行银行卡，住户可以在各地的银行网点或自动终端实现存取款、消费、转账等金融支付，可以代替住户在社区内的所有个人证件（如出入、缴费、停车证等），应用于需要身份识别的各种 MIS；可通过设在非接触式 IC 芯片内的电子钱包实现餐饮、社区内购物、上机上网、医疗等社区内消费。

三、一卡通系统管理中心

（一）中心配置

一卡通中心通常由一卡通平台、接口和应用子系统构成。

（1）平台：中心服务器，前置机（综合前置机、银行转账前置机、查询前置机）。

（2）持卡人业务系统、会计业务系统。

（3）接口：银行接口和电信接口。

（4）应用子系统：具体相关管理的子系统，分为商务消费类、身份识别类和混合类，如商务、考勤、门禁、图书等系统。

中心主要配置由服务器和中央管理计算机、打印机、发卡机、非接触式读写器组成，通过网络与各子系统联网，组成住宅区一卡通管理系统。

（二）基本功能

1. IC卡管理

主要目的是发行、充值、查询、挂失、修改一卡通信息，包括持卡人的住所、姓名、卡号、身份证号码、性别、权限等。

（1）新卡发行：建立小区住户资料库，生成信息（住户、姓名、卡号、权限等），发卡后该住户即可投入使用。

（2）挂失处理：根据住户挂失申请，使IC卡由合法卡变成黑名单卡，向各使用终端传送。同时，可向申请挂失的住户发放新的IC卡。

（3）查询/修改功能：根据住户查询要求，调出住户资料，查询相关信息，并可通过打印机将所查询的资料打印出来。住户提供有效的证件及资料后，操作员可对住户的资料进行修改，重新入库。查询可通过电话、上网或在园区内的各种终端上等方式进行。

2. 数据计算

住户小区消费统计（当月消费次数、金额的计算等）、物业管理类费用统计等。

3. 设备管理

其功能是设置读卡器和控制器等硬件设备的参数和权限等。

4. 软件设置

可对软件系统自身的参数和状态进行修改、设置和维护，包括口令设置、修改软件参数、系统备份和修改等。

5. 报表功能

生成各种形式的统计报表，如发卡报表、充值报表、监控报表、考勤报表、消费报表、个人明细报表等，辅助决策和查询。

第四节　智能家居的网络技术

　　智能家居源于家庭自动化，是指利用微处理电子技术来集成或控制家中的电子电器产品或系统，如照明灯、微波炉、电脑设备、安保设备、暖气及空调系统，视讯和音响系统等。家庭自动化系统是指，一个以中央微处理器 CPU 单元的家庭控制器（家庭指令中心）为核心，通过接收来自相关电子电器产品或系统的信息，根据设定的程序向受控的电子电器产品或系统发送适当的指令信息。家庭控制器（家庭指令中心）必须通过各种接口来控制家庭中的电器产品，这些接口可以是键盘，也可以是触摸式屏幕按钮、电视屏幕、计算机、电话机、手动遥控器等，住户通过接口向家庭控制器（家庭指令中心）发送信号，或者处理来自家庭控制器（家庭指令中心）的信号。

　　家庭自动化是智能家居的一个重要系统。在智能家居刚出现时，家庭自动化基本等同于智能家居。但是，随着网络技术的普遍应用，网络家电／信息家电的成熟，家庭自动化产品的许多功能将融入这些新产品中去，从而使单纯的家庭自动化产品越来越少，其核心地位也将被家庭网络所代替。

一、家庭自动化总线协议

　　在家庭生活自动化中，除了对家庭电器设备做操作控制外，更突出的问题是家庭中各类家用电器设备间的通信以及家庭和外界的通信和人与各类设备的通信问题，所以说，智能家居的关键技术其实就是网关技术和总线技术。

　　现场总线控制系统通过系统总线来实现家居灯光，电器及报警系统的联网以及信号传输，采用分散型现场控制技术，控制网络内各功能模块只需要就近接入总线即可，布线比较方便。现场总线类产品通常都支持任意拓扑结构的布线方式，即支持星形与环状结构走线方式。灯光回路、插座回路等强电的布线与传统的布线方式完全一致。不需要增加额外布线就可实现"一灯多控"等功能，是一种全分布式智能控制网络技术，其产品模块具有双向通信能力，以及互操作性和互换性，其控制部件都可以编程。

二、家庭网络技术

　　智能住宅是将家庭中各种与信息相关的通信设备、家用电器和家庭保安装置，通过家庭总线技术连接到一个家庭智能化系统上进行集中的或异地的监视、控制和家庭事务性管理，并保持这些家庭设施与住宅环境的和谐与协调。

家庭网络可分为三类：一是家庭内的计算机互联并接入 Internet 的高速网络，二是控制家庭内各种电气设备的低速网络，三是传输有线电视信号的网络。

传统网络是由骨干网和接入网组成的，家庭用户只是作为单一的网络终端对待。在新的家庭网络出现后，网络结构演变为三级结构，而且家庭网络连接各式各样的电器设备，其接口和控制远比其他数据网络复杂。因此，达成统一标准的家庭网络非常复杂。从前述可知，家庭网络有无线和有线两种方式。

从技术角度而言，上述三种网络有可能通过集成构成一个整体的网络。集成的结构是以光纤入户为结构的高速互联网或双向有线电视网（即所谓"三网合一"）为核心的，包括信息家电、家居自动化控制、家庭安防在内的智能家居系统。

家庭网络的前端是连接 Internet 的网关——家庭控制器，通过家庭控制器，可用电话或计算机在远方对家电进行控制，可传送各种图像、文字、电视信号等到家中或远方。物业管理部门也可通过家庭控制器实现对家庭的远程自动抄表等管理工作。家庭控制器既是一个家庭自动化控制系统的核心，又是一个网络服务器或节点，为家居自动化控制提供 Internet 的界面。

第五节　家庭控制器

家庭控制器是指通过家庭总线技术将家庭中各种与信息相关的通信设备、家用电器及家庭保安装置连接到一个家庭智能化系统上，进行集中的或异地的监视、控制和家庭事务性管理，并保持这些家庭设施与住宅环境的和谐与协调的装置。

家庭控制器是实现家庭智能化的核心装置，具有重要的地位。由于其应用面广，使用量大，受到众多生产厂家的青睐，并被冠以各种各样的名称（如家庭配线箱、家庭控制器、家庭智能控制器、住宅智能化终端、家庭控制中心、家庭智能化系统、智能化家庭终端等）。家庭控制器不仅可通过家庭总线提供各种服务功能，还是家庭与智能小区管理中心联系的纽带，以及与外部世界相连接的窗口。

一、家庭控制器的结构与功能

（一）家庭控制器的结构

家庭控制器是由中央处理器和通信模块及部分外围器件组成的。

通过家庭（家居）总线技术，将家庭中各种与信息设备相关的通信设备、家用电器及家庭保安装置，连接到一个家庭（家居）智能化系统上，进行集中或异地的监视、控制和家庭事务性管理，并保持这些家庭设施与住宅环境的和谐、安全。由于家庭控制器没有统一的标准，各厂家使用的协议不尽相同，因此家庭控制器的结构和功能也不尽相同，按其特征、组成和功能大致可分为三种：

1. 低端产品——家庭多媒体配线箱

家庭多媒体配线箱是用于统一管理住宅内电话、计算机、电视机、卫星接收机、有线电视系统、家庭安保系统、家庭影视娱乐设备、信息家电等的弱电管理箱，目的是为住户提供一个方便连接和统一管理的装置，其智能化程度有限。低端产品通常由一系列模块组成：

（1）电话交换端子模块：提供几条进线接多台话机的小总机功能。

（2）电脑数据交换端子模块：提供 100MB/s，8 口 Hub 的家庭局域网功能。

（3）有线电视交换端子模块：提供 1 条进线分支为 4 的标准功率分配器。

（4）音视频连接端子模块：提供 4 组音视频（AV）插座自由组合连接的功能。

（5）安防监控端子模块：最基本的有对讲模块，带红外、门磁、燃气泄漏、火灾报警和紧急呼叫按钮等功能的安防监控模块。

（6）电源模块：由电子变压器（开关电源）或小型变压器和稳压集成电路组成，提供标准低压直流电源。

2. 中端产品——家庭控制器

家庭控制器的特点是自带 CPU。家庭控制器有不同层次的智能等级，也有不同的技术线路和方案。家庭控制器通常由以下五个部分组成：

（1）家庭控制器主机：由中央处理器、通信模块组成。

（2）家庭通信网络单元：由电话模块、计算机互联网模块、CATV 模块组成。

（3）家庭设备自动化单元：由照明模块、空调监控模块、电器设备监控模块等组成。

（4）家庭安全防范单元：由火灾报警模块、燃气泄漏报警模块、防盗报警模块和安全对讲及紧急求救模块等模块组成。

（5）三表远传功能模块：电表、水表、燃气表数据采集和远传模块。

3. 高端产品——智能家居管理终端

随着技术的进步，现代家庭中，弱电线缆会越来越多，如电话线、有线电视线、宽带网络线、音响线、防盗报警信号线等。这就提出了"家居布线系统"及"宽带网入户"和"光纤入户"等。家庭控制器也就作为网络的一个节点，成了智能家居管理终端。

"智能家居管理终端"有时也称为"e家庭网关"，是一台拥有Internet接入能力的节点机器，能够将家庭内的所有设备，包括报警探头、三表、各种家电纳入互联网中。统一管理家庭内的电话、计算机、电视机、影碟机、安全设备、防盗设备、自动抄表设备和未来其他的信息家电，完成报警、抄表、遥控、信息、管理等各项功能，从而大大提高家庭智能化的程度，智能家居管理终端将成为家庭控制器未来发展的主流。

智能家居管理终端由主机和信息终端组成，其上端连接到由服务器、管理与维护终端、防火墙、交换机等设备组成的小区网站。在家庭内则与家居布线系统、有线电视线、影音线和网络信息端口、有线电视端口、影音端口等灵活配置而成。

（二）家庭控制器的功能

家庭控制器目前尚无国内标准，可依据家居电讯布线标准EIA/TIA570A设计和制造。570A标准定义了住宅语音系统、视频和数据布线，以及控制系统、娱乐系统和多媒体通信系统布线的基本准则。

1.主机

家庭控制器的主机应通过总线与各类型的模块连接，通过电话线路、互联网、CATV线路与外部相连接。家庭控制器主机根据其内部的软件程序向各种类型的模块发出各种指令。

2.网络通信

家庭控制器可通过电话线路、互联网、CATV线路实现双向语音和数据信号的传输，进行信息交互、综合信息查询、网上教育、医疗保健、电子邮件、电子购物、VOD点播和多媒体通信等。同时应留有无线接入点接口，实现数百米范围内的无线通信。

3.设备监控

家庭控制器的主要功能之一是实现家庭设备的自动化。家庭设备的自动化主要包括：

（1）对家用电器进行监视和控制：按照预先所设定程序的要求对电烤箱、微波炉、开水器、家庭影院、窗帘等家用电器设备进行监视和控制。

（2）电表、水表和燃气表的数据采集、计量和传输：根据小区物业管理的要求在家庭控制器设置数据采集程序，可在某一特定的时间通过传感器对电表、水表和燃气表用量进行自动数据采集、计量，并将采集结果远传给小区物业管理系统。

（3）空调系统的监视、调节和控制：按照预先设定的程序，根据时间、温度、湿度等参数对空调系统进行监视、调节和控制。

（4）照明设备的监视、调节和控制：按照预先设定的时间程序分别对各个房间照明设备的开、关进行控制，并可自动调节各个房间的照度。

（5）窗帘的开启/关闭控制、电器器具的开/断电控制，并可通过电话或Internet对家中的情况进行远程监控。

4. 安全防范

家庭安全防范主要包括多警种（火警、匪警、燃气泄漏报警、紧急呼叫等）、多防区、多路报警、安全对讲、紧急呼叫等。家庭控制器内按等级预先设置若干个报警电话号码（如家人单位电话号码、手机电话号码、寻呼机电话号码和小区物业管理安全保卫部门电话号码等）。在有报警发生时，按等级的次序依次不停地拨通上述电话进行报警（并可报出家中是哪个系统报警）；同时，各种报警信号通过控制网络传至小区物业管理中心，并可与其他功能模块实现可编程式联动。

5. 安全对讲

住宅的主人通过安全对讲设备与来访者进行双向通话或可视通话，确认是否允许来访者进入，住宅的主人利用安全对讲设备，可以对大楼入口门或单元门的门锁进行开启和关闭控制。

6. 防盗报警

防盗报警的保护区域分成两个部分，即住宅周界防护和住宅内区域防护。住宅周界防护是指在住宅的门、窗上安装门磁开关；住宅内区域防护是指在主要通道、重要的房间内安装红外探测器。当家中有人时，住宅周界防护的防盗报警设备（门磁开关）设防，住宅内区域防护的防盗报警设备（红外探测器）撤防。当家人出门后，住宅周界防护和住宅内区域的防盗报警设备均设防。当发生非法侵入时，家庭控制器发出声光报警信号，通知家人及小区物业管理部门。通过程序也可设定报警点的等级和报警器的灵敏度。

7. 紧急呼救

当遇到意外情况时（如疾病或非法侵入）时，按动报警按钮向小区物业管理部门进行紧急呼救报警。紧急呼救信号在网络传输中具有最高的优先级别，由于是人在紧急情况下的求助信号，其发生误报的可能性很小。

8. 防火灾发生

通过设置在厨房的感温探测器和设置在客厅、卧室等的感烟探测器，监视各个房间内有无火灾的发生。如有火灾发生，感温、感烟探测器可根据不同的使用环境自动调节探测的灵敏度。

9. 防止燃气泄漏

通过设置在厨房的燃气探测器，监视燃气管道、灶具有无燃气泄漏。

二、家庭控制器产品状况

家庭中心控制器是智能化住宅的核心，各地都有生产。当前，国内家庭控制器品种、功能不一，系列繁多。根据功能划分，一些厂家把家庭控制器产品分为三个系列：

（1）主要用于远程抄表、开关量数据采集等功能。

（2）主要用于自动抄表、家庭安防、家电控制等功能。

（3）主要用于自动抄表、家庭安防、家电控制、信息查询、远程家电控制、报警管理等功能。

第六节　信息家电

随着 Internet 的日益普及，家用电器也开始被赋予信息功能。信息家电是计算机、通信和消费类产品相结合的产物。信息家电是在传统家用电器上通过 Internet 技术、微型计算机技术，实现自动化、网络化。信息家电使用者可通过手机或 PC 机上的 Web 浏览器对家中的电器进行远程控制。如设定室内的工作学习环境，通过网络进行居家工作和远程教育；通过网络寻医问诊；冰箱、存储室的自动超市订货，食品的自动加工等。另外，家电制造商也可通过 Internet 对售出的产品进行监控。

一、信息家电的特点

信息家电可通过家庭局域网连接到一起，通过家庭控制器连接到Internet，既继承了计算机的上网特征，又比计算机易于操作，用户可以与信息家电进行交互式操作。在生产厂商的联网支持下，信息家电还可根据工作环境的不同自动做出响应，不需要人为干预，并具有自学习、自诊断和自动报告功能。

例如，家用电视机，通过信息化改造，可成为家庭信息显示器（Home Information Display，HID）。如 TCL 生产的 HID，既可作为高清晰大屏幕显示器，接收高清晰数字信号，又带有 VGA 电脑接口，可直接一线上网或外置 Modem 连接上网，并作为数码相机及可视电话等的高清晰信息显示器。通过 TCL 亿家网站，可将用户偏爱的电视节目随心所欲地编排成菜单，自动更新节目表，预设定时转台和自动开机播放。

二、信息家电技术

信息家电由嵌入式处理器、相关的支持硬件（如显示卡、存储介质、IC卡或信用卡等读取设备）、嵌入式操作系统以及应用层的软件包组成。

（一）网络接口

目前，信息家电之间的网络使用的通信介质主要有：电话线、网络电缆、电源线、无线和红外线。电话线主要用于解决没有网络连接的家庭上网的问题，但上网速度较慢；网络电缆指的是网络速度较快的计算机局域网的专线连接，主要是双绞线、光缆；电源线主要指的是家里的电力电源线，采用电源线的好处是，不需要在家里重新布线，可利用现有的电源插座；无线通信则为用户使用提供了灵活性和可移动性；红外线通信同样具有灵活性和可移动性，但受到带宽和障碍物的限制。

信息家电的网络接口通常使用的有 USB、RS–485、C–BUS、蓝牙等。

（二）技术平台

市场上流行的信息家电的平台的标准或协议有 HAVi（Home Audio/Video Interoperability）、Jini、OSGi、UPnP 等。

（三）操作系统

信息家电的发展动力和关键在于嵌入式技术的应用。嵌入式技术是将MCU 嵌入在有关的设备中而没有自己独立的外壳，并在其中固化特有的嵌入式操作系统，由该操作系统通过运行针对系统编写的应用程序来对装有该操作系统的设备进行管理和控制，以使该设备具有相当的智能。

信息家电把计算机的某些功能分解出来，设计成应用性更强、更家电化的产品 MCU。MCU 对硬件的所有控制均可通过软件来实现。这种嵌入硬件中的软件被称为嵌入式软件，而信息家电是通过嵌入式软件来运行的。一般来说，为了系统的更新和功能的扩展，软件往往运行在系统平台上，这种平台就是嵌入式操作系统。

信息家电的操作系统有许多种。一般是专为嵌入式微处理器开发的。常用的有 Windows CE、Palm OS、Real-Time Linux 等。

第七节　家居智能管理

一、管理内容

家居智能管理是指对业主家中的温度、湿度、电器、照明、安全防范、对外通信等进行集中的智能化控制，使整个住宅的运行处于最佳状态。

家居智能化管理主要表现在以下几个方面：水、电、气三表管理，住宅安防管理，访客对讲系统，IC 卡和家电管理等。

住宅安防管理涉及以下几项内容：电子窗栅、门禁报警、紧急呼救、误报解除和其他附带选项。

（一）电子窗栅

电子窗栅是指对住户的窗户和阳台进出门内侧安装的"幕帘式红外探头"，这种探头紧贴门窗，它能发出薄薄的一层电子束取代铁窗栅封锁住户的门窗。一旦有破门破窗而入的情况发生，破坏或穿越了该电子束，设在住户的报警器就会报警，并且通过家庭安防控制模块向小区保安中心报警。

（二）门禁报警

在住户设定为报警状态时，门的任何开启都会引发报警器蜂鸣，并向小区保安中心报警。

（三）紧急呼救

当住户家中发生紧急情况（如火灾、被盗、突发重病等）时，可通过"紧急呼救"按钮向小区保安中心报警，以得到保安中心的救助。

（四）误报解除

误报解除是指解除由于住户不小心接触自家的安防报警系统而引起的误报。在误报状态下，用自家的智能钥匙插入误报自解除装置即可解除报警状态，而外人则无法解除。

（五）其他附带选项

一般包括感烟探测器、燃气泄漏探测器、双鉴探测器、智能识别门磁开关、家用防盗录像装置等。可根据用户的需求增加这些选项。

二、水、电、气三表管理

当前使用的三表远程计量系统分四个部分，即前端数据采集装置、数据采集处理装置、传输线路、中心控制平台。

（一）前端数据采集装置

前端数据采集装置指的是具有脉冲或电信号输出的水表、电表、气表等计量装置。从传感器上分类可分为干簧管型和霍尔元件型。

1. 干簧管型

干簧管型传感器是在普通转盘计数的水表或天然气表中加装干簧管和磁铁，干簧管固定在计数转盘附近，永久性磁铁安装在计数盘（如 $0.01m^3$）位上。转盘每转 1 圈，永久性磁铁经过干簧管 1 次，即在信号端产生 1 个计量脉冲，对应 $0.01m^3$。

2. 霍尔元件型

在普通转盘计数的水表或燃气表中加装霍尔元件和磁铁，这样便构成基于磁电转换技术的传感器。霍尔元件固定安装在计数转盘附近，永久性磁铁安装在计数盘（如 $0.01m^3$）位上，转盘每转 1 圈，永久性磁铁经过霍尔元件 1 次，即在信号端产生 1 个计量脉冲，对应 $0.01m^3$。

上述两种前端数据采集器，均以永久性磁铁经过传感器时，由于磁场的作用产生吸力，使干簧管或霍尔元件闭合发生脉冲，或发生磁电转换发出脉冲。因此，远程计量系统的准确性完全取决于脉冲数量的准确性。在实际工程中，远程电表、远程气表的脉冲准确度较高；远程水表的脉冲质量则较低，其原因主要是水流冲击会引发的大量脉冲（增脉冲）。

（二）数据采集处理装置

数据采集器处理装置通常有两种，即单片机和 Lon Works 采集器。

（三）传输线路

三表远程计量智能系统的传输线路可分为：

（1）总线传输。如采用 RS–485 总线，需独立布线。

（2）电力载波传输。由于我国电网质量较低，易受干扰，以电力载波作为三表远程计量系统的传输线路尚不普遍。

（四）中心控制平台

住宅小区三表远程计量系统的中心控制平台就是通常所指的物业管理中心计算机。物业中心计算机接受各家庭智能终端采集的计量数据，由能耗管理软件处理，输出计量结果，实现读表、计费、指引交费的"一条龙"服务。作为物业中心的计算机，通常采用 Windows 操作界面。

三、其他系统

（一）访客对讲系统

业主可通过它与访客对讲，辨别来访者，开启单元门。

（二）家电管理

家电管理是指对业主家中的空调、电视、冰箱、炊事器具等主要电器设备进行控制。业主在外时，可通过音频电话机或手机拨打专用电话号码，家庭指令中心自动接听电话，并给业主提供语音信息，在语音提示下进行相应的操作，遥控启动（或关闭）家中的空调等电器设备。业主在家时，可通过遥控器设备得到各项参数。

（三）照明管理

智能化住宅的照明控制应是可编程的，可按业主的意愿进行开启和亮度调节。照明管理就是不仅要控制照明光源的发光时间、亮度，还要配合不同的环境做出丰富多彩的灯光照明场景组合，也能保证系统运行的经济性。

四、手机遥控

手机已经成为现代社会每个人的必需品，随着网络技术的不断提升和融合，人们对手机功能的要求也越来越高。手机已不单单是打电话、发短信的简单交流工具，人们需要手机这把能够实现众多生活功能的便携式万能"钥匙"。一个简单的手机可以代替各式各样的控制器，使人们的生活变得更为简捷方便。目前手机遥控技术已逐步成熟。

（一）遥控系统

遥控系统主要由遥控发射器、遥控接收器和微处理器三大部分组成。其中，微处理器是遥控系统的主体，用于处理和控制发射器所需发射的信号，微处理器和集成电路构成遥控发射器，也就是通常所说的遥控器（本书指手机），遥控接收器则安装在各种电器设备中。

（二）手机遥控工作原理

手机遥控包括一个小体积的触摸控制单元、一个信号发射单元、一个信号接收单元和一个工作单元，所述的触摸控制单元包括触摸开关和触摸感应电路，所述的信号发射单元是手机，所述的工作单元包括数据处理电路和被控用电电路，所述的触碰开关与触碰感应电路连接，触碰感应电路的输出与手机连接，手机的输出与信号接收单元连接，信号接收单元的输出信号连接数据处理电路，数据处理电路连接被控用电电路。

（三）手机遥控的应用

手机要想充当遥控器就必须满足遥控系统的组成，手机充当发射器和微处理器，被控设备上必须装有遥控接收器才能实现手机遥控。根据传输方式的不同，遥控可实现的距离和效果也不同，接下来介绍三种不同传输方式下的手机遥控。

1. 网络 TCP/IP 协议

常见的手机控制计算机是现在各种商店里最多的控制类软件，控制原理和 VNC 相同。必须在 PC 上安装一个 Server 端，手机端控制用 TCP/IP 协议连接 Server，就能在手机上看到 PC 上的画面，同时进行键鼠控制。原理就是把被控制端的屏幕做成图像，经过压缩后传到控制端，控制端的控制信息（键鼠信息）传到被控端后进入消息队列，使用的传输方式是 TCP/IP 协议。基于这种网络传输方式的手机遥控需要网络支持，而且控制流畅度与网速有关，其使用范围受到很大的局限性。

2. 蓝牙传输

蓝牙是一种工作在 2.4GHz 波段的短距离通信的无线电技术。利用蓝牙技术，可以在各个蓝牙终端之间建立点对点或者点对多的网络，而这些终端可以是手机、PDA、耳机、计算机甚至鼠标蓝牙。目前，较为流行的 Class B 蓝牙版本的通信距离为 8 ～ 30m。

通过蓝牙传输技术可以实现对室内几乎所有电器的遥控，前提是受控终端装有蓝牙设备。手机蓝牙的控制可以实现一对多的控制，与之前的家用电器的红外遥控相比，省去了一对一的麻烦。基于蓝牙技术的手机遥控系统在技术上是完全可行的，有性能稳定、操作简单，价格低廉等优点，而且有着良好的功能伸缩性和扩展性。但此操作系统也有缺点，主要在于蓝牙设备连接数有限和连接距离有限，这些缺点就需要更优秀的无线网络技术来弥补。

3. 手机 WiFi 控制

随着现代电子技术的发展，WiFi 已经遍布我们身边，并且电子设备上大多配备 WiFi 模块。通过 WiFi 控制其他电子设备也变得越来越可行。其最大优点就是传输速度高、有效距离长、兼容性强。其主要特性为速度快，可靠性高。常见的有手机 WiFi 遥控飞机、汽车等，其原理是飞机中有一块中心控制模块和 WiFi 模块，WiFi 模块负责发生 WiFi 信号与遥控器通信。中心控制模块负责处理指令控制电机。遥控器可以是 android 手机或者 iPhone 等带有 WiFi 功能的设备，并且拥有可以控制遥控飞机的程序。当启动该程序时，程序会自动连接该遥控飞机发送的 WiFi 信号；连接之后，程序会根据约定好的指令通过 WiFi 发送对应的指令到遥控飞机的中心控制模块中；控制模块接收到指令，就会做对应的操作。

（四）电话短信控制

通过电话、短信控制其他电器。基于 GSM 网的电话、短信服务。超远距离控制，移动、联通或电信网络覆盖的区域就可以使用。此设备通过手机短信控制继电器的开关，手机振铃可以控制第一路继电器的开关，并把运行状态以短信的方式发送给管理员手机。可以设定多个管理员号码，只有管理员号码才可以通过电话、短信控制手机遥控器的继电器输出，可通过短信查询当前工作状态。工作原理大致就是把电话和短信内容作为编码进行控制，需要电路设备支持。此种控制方式成本较低，但是需要制定软件。

参考文献

[1] 刘向勇，黄锦旺 . 楼宇智能化系统的集成设计与施工 [M]. 重庆：重庆大学出版社，2017.

[2] 黄勤陆，李忠炳，赵聃敏 . 智能楼宇与网络工程 [M]. 武汉：华中科技大学出版社，2017.

[3] 刘向勇 . 楼宇智能化设备的运行管理与维护 [M]. 重庆：重庆大学出版社，2017.

[4] 刘向勇 . 楼宇通信网络系统的安装与维护 [M]. 重庆：重庆大学出版社，2017.

[5] 李春旺 . 建筑设备自动化 [M].2 版 . 武汉：华中科技大学出版社，2017.

[6] 侯正昌，梅奕 . 建筑电气与弱电工程制图 [M]. 西安：西安电子科技大学出版社，2017.

[7] 郭玉伟，王伟杰，张茜 . 远程联网消防监控系统研究 [M]. 北京：光明日报出版社，2017.

[8] 王公儒 . 视频监控系统工程实用技术 [M]. 北京：中国铁道出版社，2018.

[9] 王公儒 . 入侵报警系统工程实用技术 [M]. 北京：中国铁道出版社，2018.

[10] 王家鑫，何志宏，鄢颖 . 综合布线系统 [M]. 北京：北京工业大学出版社，2017.

[11] 陈家义，钟强 . 楼宇智能监控技术教程 [M]. 北京：北京理工大学出版社，2019.

[12] 刘谋黎，陈新平 . 智能楼宇技术与施工 [M]. 成都：西南交通大学出版社，2019.

[13] 伍银波，岑健 . 智慧建筑集成技术 [M]. 成都：西南交通大学出版社，2019.

[14] 李炎锋 . 建筑设备自动控制原理 [M].2 版 . 北京：机械工业出版社，2019.

[15] 杨欢，陈海洋，蒋珂 . 自动控制系统原理与应用 [M]. 西安：西安电子科技大学出版社，2019.

[16] 巨恩柱，朱江. 楼宇智能化工程实用技术 [M]. 武汉：湖北科学技术出版社，2019.

[17] 胡静憎. 新形势下智能建筑楼宇自动控制系统研究 [J]. 幸福生活指南，2020（36）：188.

[18] 刘华兴，张江涛. 智能建筑楼宇自控技术研究 [J]. 建筑工程技术与设计，2020（10）：333.

[19] 曾凯. 智能建筑楼宇自控技术研究 [J]. 名城绘，2020（1）：291.

[20] 李勇. 智能建筑楼宇自控技术研究 [J]. 中国电气工程学报，2020（11）.

[21] 陈向阳. 智能建筑中楼宇自控系统的应用 [J]. 智能建筑与工程机械，2020，2（11）：7-8.

[22] 赵昱. 智能楼宇建筑电气节能及设计分析 [J]. 中华传奇，2020（33）：271.

[23] 郭清峰. 楼宇智能化技术在智能建筑中的应用探析 [J]. 幸福生活指南，2020（47）：130.

[24] 邓捷. 智能建筑智能化系统楼宇自控施工技术探究 [J]. 居舍，2020（8）：51.

[25] 任萍. 楼宇智能化技术在智能建筑中的应用 [J]. 建筑工程技术与设计，2020（35）：3909.

[26] 林建平. 智能建筑智能化系统楼宇自控施工技术探究 [J]. 建筑工程技术与设计，2020（36）：1779.

[27] 董大拥. 智能建筑智能化系统楼宇自控施工技术探究 [J]. 建筑工程技术与设计，2020（18）：3602.